普通高等教育“十四五”规划教材

U0821033

作物育种学实验指导

孙丽芳　姜丽丽　主编

中国农业大学出版社
·北京·

内容简介

本书是系统介绍作物育种实验技术与实践的实用教材，吸收国内外育种技术的最新进展，符合新农科人才培养的目标要求，内容涵盖经典育种技术与现代生物技术相结合的实验体系，包括作物育种试验准备、作物有性杂交技术、作物品质分析及鉴定技术、作物抗性鉴定技术、作物育种与选择技术、生物技术在作物育种中的应用、作物育种田间生产实践、作物种子生产、新品种选育过程虚拟仿真实训和育种数据分析方法。本书注重理论与实践的结合，适用于农学、遗传育种相关专业的师生及科研人员，旨在培养读者的实际操作能力和创新思维，为作物遗传改良研究提供系统的指导。

图书在版编目(CIP)数据

作物育种学实验指导 / 孙丽芳，姜丽丽主编. -- 北京 ：中国农业大学出版社，2025. 5.
ISBN 978-7-5655-3446-1

Ⅰ. S33-33

中国国家版本馆 CIP 数据核字第 20251CE550 号

书　　名　作物育种学实验指导
作　　者　孙丽芳　姜丽丽　主编

策划编辑　张　玉　　**责任编辑**　杨俊梅
封面设计　中通世奥图文设计中心
出版发行　中国农业大学出版社
社　　址　北京市海淀区圆明园西路 2 号　　**邮政编码**　100193
电　　话　发行部 010-62733489，1190　　读者服务部 010-62732336
编辑部 010-62732617，2618　　出　版　部 010-62733440
网　　址　http://www.caupress.cn　　**E-mail** cbsszs@cau.edu.cn
经　　销　新华书店
印　　刷　天津鑫丰华印务有限公司
版　　次　2025 年 6 月第 1 版　　2025 年 6 月第 1 次印刷
规　　格　185mm×260mm　　16 开本　　17.75 印张　　434 千字
定　　价　49.00 元

编审人员

主　编　孙丽芳（黑龙江八一农垦大学）
姜丽丽（黑龙江八一农垦大学）

副主编　马　婧（黑龙江八一农垦大学）
邓　杰（黑龙江八一农垦大学）
王　霞（黑龙江八一农垦大学）

参　编　于永梅（黑龙江农垦职业学院）
刘丽滨（黑龙江八一农垦大学）
李保云（中国农业大学）
李志芳（黑龙江农业职业技术学院）
邢立伟（黑龙江农业经济职业学院）
何长安（黑龙江省农业科学院克山分院）
宋　阳（吉林农业大学）
吴　颖（天津农学院）
张嘉月（东北农业大学）
金光辉（黑龙江八一农垦大学）
扈光辉（黑龙江省农业科学院玉米研究所）
黄珊珊（北大荒垦丰种业股份有限公司）

主　审　高树仁（黑龙江八一农垦大学）

前言 Preface

党的二十大报告明确提出："深入实施种业振兴行动，强化农业科技和装备支撑。"品种选育与创新是农业新质生产力的核心所在，这为作物育种研究和人才培养指明了方向。建立"产、学、研、用"相结合的育种体系是实现种源自主可控、保障粮食安全的关键举措。"作物育种学"是农业科学的核心课程之一，其目标是通过遗传改良培育高产、优质、抗逆性强的新品种，以满足不断增长的粮食需求和实现农业可持续发展的要求。

作物育种学是一门实践性很强的学科，按照新农科认证及应用型本科示范校专业建设的要求，其实验和实习环节对于培养学生的实际操作能力和创新思维至关重要。《作物育种学实验指导》是配合"作物育种学总论"课堂教学而编写的实验指导用书，旨在通过系统的实验操作和理论讲解，使学生深入理解作物育种的基本原理、技术和方法。

本书是黑龙江八一农垦大学国家级线上线下混合式一流课程"作物育种学"的辅助教材，是在多位教学、科研及生产单位的教师和行业专家的共同努力下完成的。根据北方地区的作物分布特点，结合课程教学计划和作物生长的季节性，本书涵盖水稻、玉米、大豆等主要作物的育种实验内容。全书共分为 10 章，分别为作物育种试验准备、作物有性杂交技术、作物品质分析及鉴定技术、作物抗性鉴定技术、作物育种与选择技术、生物技术在作物育种中的应用、作物育种田间生产实践、作物种子生产、新品种选育过程虚拟仿真实训和育种数据分析方法。每个章节根据教学内容设计实验项目。通过这些实验项目，学生能够初步掌握品种选育的主要环节和技术，了解品种选育的整个过程，并获得作物育种和种子生产的基本技能。

本书由孙丽芳和姜丽丽担任主编，马婧、邓杰和王霞担任副主编，高树仁担任主审。全书共分为 10 章，具体编写分工如下：第一章由刘丽滨编写；第二章和第九章由孙丽芳编写；第三章实验一至实验四和第六章由马婧编写，第三章实验五和第五章由王霞编写，第三章实验六由宋阳和吴颖编写；第四章和第八章由姜丽丽编写；第七章实验一由张嘉月和何长安编写，第七章实验二由于永梅和扈光辉编写，第七章实验三由李志芳和李保云编写；第十章实验一至实验五由邓杰编写，第十章实验六由金光辉编写，第十章实验七由邢立伟和黄珊珊编写。

本书不仅适用于农学、种子科学与工程等相关专业的学生，也可作为从事作物育种工作的科研人员和农业技术推广人员的参考用书。希望本书的出版能够为作物育种学的教学和科研提供有力支持，推动作物育种事业的持续发展。由于编写人员水平有限，书中难免存在不足之处，欢迎广大读者批评指正，以便再版时修订、补充和完善。

编者

2024 年 8 月

目录 Contents

第一章

作物育种试验准备

实验一　作物育种计划的制订

实验二　育种材料的播前准备

实验三　育种试验田的区划

Ⅰ自花授粉作物育种试验田的区划

Ⅱ异花授粉作物育种试验田的区划

实验一 作物育种计划的制订

一、目的要求

初步掌握制订作物育种计划的方法,了解作物育种的基本过程。

二、内容说明

作物育种的过程即设计和实施育种方案的过程,而制订科学合理、可操作性强的育种计划是作物育种工作的关键环节。在进行任何作物的育种工作之前,都要根据已确定的育种任务和要求,结合本单位的具体条件,制订出切实可行的育种计划。育种计划是育种工作的基本蓝图和具体实施指南。只有制订出合理可行的育种计划,整个育种工作才能方向明确、技术路线合理、措施得力,从而保证育种任务的圆满完成。育种计划的内容应包括育种工作的全部过程及其说明。在育种计划中,从育种目标和要求、田间设计和实施、选择和收获、世代间的连续和工作要点到新品种的育成和鉴定试验的所有过程都要尽可能具体,以使育种工作能够有条不紊地进行,而且也便于检查,从而保证育种任务的完成和育种目标的实现。

三、方法步骤

(一)设定育种计划的名称

育种计划的名称要简明、扼要,并能表达出育种工作的基本任务和目标,如“优质耐旱小麦新品种的选育”。

(二)确定育种目标

育种目标是育种工作的依据,决定育种工作的成败。要在对当地条件、品种现状进行调查研究的基础上,根据当前国民经济和农业生产的实际情况,兼顾今后的发展,制订出科学合理的育种目标。育种目标的内容一定要具体,且主次得当。要将育种目标落实到具体的性状指标上,切忌一般化。

(三)选择种质资源

要根据育种目标选择并确定具有所要求的优异性状的种质资源;要明确种质资源的来源、表现特点,目标性状的遗传规律和不同种质资源间的亲缘关系;要注意尽量拓宽种质资源的遗传基础。

(四)选用育种途径

明确要采用的育种途径。先根据不同作物的遗传特点,确定选育的品种类型,然后进一步选择适宜的育种方法。例如,在选育自花授粉作物的纯系品种时,可根据具体情况,选用品种间杂交育种、远缘杂交育种、回交育种、诱变育种等育种途径,或采用常规育种技术与生物技术等现代育种技术相结合的育种途径。在此基础上,进一步确定具体的技术路线。以杂交育种为例,要选用恰当的亲本,配置合理的杂交组合,认真推敲、优化各个亲本杂交的先后次序。

(五)试验的具体实施方案

1. 试验田的设计及材料种植

说明采用的育种途径,规划好种质资源材料区、杂种后代选择区、品系鉴定比较试验区等育种试验区。根据育种任务和不同性质材料的数量,规划好各区的面积、排列方式以及不同材料群体的规模。另外,确定不同世代材料的株距、行距、排列方式及播种方法。

2. 田间管理

说明试验田的地势、土壤类型和肥力,制订出具体的间苗、定苗、中耕除草、防治病虫害、水肥管理及其他相应的管理措施。

3. 田间观察记载及室内考种项目

根据育种任务和作物种类的不同,田间观察记载及室内考种项目也不同,但一定要抓住主要项目,突出重点。一般来说,要在作物生长的全生育期内,根据不同生育阶段和不同性状的表现特点,分期进行观察记载。例如,在进行小麦育种时,要分别在出苗期、越冬期、返青期、起身期、拔节期、抽穗期、灌浆期、成熟期等分期进行观察,要明确各个时期观察的性状和标准。另外,要特别注意在育种的主要目标性状表现最明显的时期进行重点观察记载。

4. 选择和收获

选择优良变异植株是育种工作的一个重要环节,也是育种者的基本功。要根据具体的育种目标,作物的繁殖方式、杂交方式,以及性状的遗传特点等因素,制订出具体的选择方案。例如,进行杂交时,要选择典型、无病、生长健壮的植株作为杂交亲本;杂种第一代(F_1)的重点是评选组合,选择杂交优势大、性状互补好的 F_1 组合进行收获;杂种第二代(F_2)的重点是选择优良的个体;F_2 以后的重点是选择株系。要确定具体的选择时期、选择的性状标准、选株(或株系)的数量;要根据不同的育种要求和实际情况,确定收获的方法,如 F_2 是以组合为单位进行混收,还是进行单株收获。另外,还要根据具体情况,对杂种后代采用不同的处理方法,如系谱法、混合法、单籽传法等。

5. 特殊育种措施

为了实现育种目标和任务,需要采取一些特殊的育种措施。例如,当抗病育种需要采用人工诱发鉴定时,要说明采用的菌种、接种的时间和方法、是否需要特设鉴定圃等。为了加快育种进程,可采用加代措施,说明是采用异地加代还是本地加代,以及加代的设施和技术方法等。

6. 编写育种计划书

在做好以上各步工作的基础上,要编写出完整的育种计划书,以作为育种工作的指导。育种计划书的编写一定要经过广泛调研、充分讨论和论证。

育种工作要以育种计划为依据。一般情况下,不要随意更改和频繁变动育种计划,否则就失去了制订育种计划的意义,增加了育种工作的随意性和盲目性,或者反映出制订的育种计划质量不够高。值得注意的是,根据育种工作的实际进展及条件等因素的变化,适时地对育种计划进行适当的修改完善也是被允许和必要的,关键是要处理好并适度把握二者的关系。

四、作业与思考

1. 以某种作物的杂交育种为例,结合本校的研究课题,根据当地的具体情况,制订一份完整的育种计划。

2.制订育种计划有什么重要意义？应重点考虑哪些因素？

实验二　育种材料的播前准备

一、目的要求

1.了解和学习育种材料播前准备的内容；

2.通过实验，掌握育种材料播前准备的方法步骤。

二、材料及用具

（一）材料

作物（小麦、大豆、玉米等）育种试验的育种材料。

（二）用具

插地牌、皮尺、百米绳、划行器、锤子等。

三、内容说明

播前准备是育种工作的重要组成部分，是育种工作不可缺少的环节，是每一个年度育种工作的开始，也是承上启下、确保育种工作顺利进行的基础。作物育种是一个连续的过程，它的内容较多，既有室内准备，又有田间实施。因此，必须遵循一定的方法步骤和操作规程，以免发生差错，造成难以弥补的损失。播前准备是否充分和完善，直接影响以后的一系列工作。

四、方法步骤

播前准备大致可分为以下4个方面：

（一）编制作物育种方案

为使育种工作有目的、有计划地进行，在作物育种工作开始之前，要制订明确、切实可行的育种方案。对育种方案的要求如下：

①适应当前的生产水平及未来生产发展的需要；

②体现当前国内外的育种动向，采用先进的育种方法和技术（这是育种目标的具体落实）。

育种方案的内容包括育种目标、育种途径、组织领导、工作规模、育种材料和完成年限。育种的年度计划应根据总体育种方案来制订。

（二）编制田间种植计划书

田间种植计划书是每年进行田间管理的具体计划，要根据试验题目和目的要求，并结合本单位的具体条件来拟定，内容包括试验的全过程（从试验题目、目的要求、田间管理方法到试验收获计产为止的全部过程）和对全部情况的说明。田间种植计划书的内容要尽可能具体，以便进行试验时有所遵循和对试验进行检查，保证试验的质量。田间种植计划书的具体内容如下：

1. 试验地点和年份

说明试验的地点和年份。

2. 试验目的

说明试验要解决什么问题、达到什么效果。例如，进行品种比较试验的目的是比较观察在当地自然条件和栽培条件下，哪个参试品种较高产、稳产，综合性状表现较好，符合当前和今后的生产要求，为今后在当地推广新品种提供可靠的科学依据。

3. 供试材料

说明供试材料和对照材料的名称、代号和来源等。

4. 设计方法

不同试验所用的设计方法也不同，常用的设计方法有对比法、间比法、随机区组设计和正交设计等。

5. 田间布置

(1)育种试验圃的设计及田间布置

主要作物育种试验圃的设计参数见表 1-1。

表 1-1　主要作物育种试验圃的设计参数

作物	试验圃	行距/cm	株距/cm	行长/m	每行粒数	小区行数	对照设置	父、母本设置与备注
大豆	原始材料圃	65	6	2～5	33～83	2～3		
	杂交圃	65	15	6	41	3		
	F_1	65	15	6	41	1	逢 0 设	组合前设
	F_2	65	10	6	61	1	逢 0 设	
	F_3	65	10	6	61	1	逢 0 设	
	F_4	65	10	6	61	1	逢 0 设	
	F_5	65	6	6	101	1	逢 0 设	
	鉴定圃	65	同大田	10		2	逢 0 设	
	品种比较圃	65	同大田	10		3～5		
	区域试验圃	65	同大田	10		6		
玉米	原始材料圃	65	20	3～5	32～52	3～5		
	杂交圃	65	20	3～5	32～52	3		
	S_1	65	10～20	5	52～102	1		
	S_2	65	10～20	5	52～102	1		
	S_3	65	10～20	5	52～102	1		
	S_4	65	20	5	52	1		
	S_5	65	20	5	52	1		

续表 1-1

作物	试验圃	行距/cm	株距/cm	行长/m	每行粒数	小区行数	对照设置	父、母本设置与备注
玉米	鉴定圃	65	同大田	5		2	逢 5 或 0 设	
	品种比较圃	65	同大田	5～10		4	每个区组设 1 个对照	
	区域试验圃	65	同大田	10		6	每个区组设 1 个对照	
小麦	原始材料圃	30	5	3	61	1		
	杂交圃	30	5～10	3	31～61	2～4		
	F_1	30	10	3	31	1	逢 0 设	组合前设
	F_2	30	5～10	6	61～121	1	逢 0 设	
	F_3	30	5～10	6	61～121	1	逢 0 设	
	F_4	30	5～10	6	61～121	1	逢 0 设	
	F_5	30	5	6	121	1	逢 0 设	
	鉴定圃	15	同大田	10		5	逢 0 设	
	品种比较圃	15	同大田	10		10		
	区域试验圃	15	同大田	10		10		

(2)绘制田间种植图

根据以上设计参数绘制田间种植图，图上标明试验田的方位、相邻地块的名称、保护行、试验小区的起止号码等。

6. 试验田的基本情况及管理措施

说明试验田的地势、土壤类型和肥力、前茬作物、整地日期、整地方法，施用基肥的数量、质量、方法及要求，种子的准备、播种量、播种方法，间苗、定苗，中耕除草的时间、次数，防治病虫害，追肥时间和次数等。

7. 田间观察记载及室内考种项目

根据试验目的和作物种类的不同以及人力的多少，田间观察记载及室内考种项目也有所不同，一定要抓住本试验的主要项目，突出重点。例如，小麦要调查主要的农艺性状(株高、穗长、主穗粒重、单株粒重、小穗数、千粒重等与产量关系密切的性状)和病虫害等。田间观察记载及室内考种项目均需要列成表格。

8. 气象纪要

最好调查田间小气候的变化情况，以便为今后的试验总结提供资料，如月平均降水量、平均气温、光照等。

9. 田间试验设计方法

在育种工作中，根据试验材料的特点及试验目的，采用相应的试验设计和统计分析方法。例如，早期的产量鉴定试验一般需要的材料较多，多采用间比法，只能获得比对照(CK)增产的百分数，无法进行显著性比较。对于一些表现优良的少数品系，则可以采用随机区组设计，以获得更为可靠的试验结果。此外，还有用于遗传理论研究的各种遗传交配设计试验、区域试验和生产试验。不同的试验要求采用不同的试验设计和统计分析方法。

10. 设备和经费预算

按照试验内容列出所需要的仪器设备，如品质分析、分子生物学研究等。试验需要较多的仪器设备，应及早做好规划。经费主要包括差旅费、劳务费、试验材料费、测试化验加工费和燃料动力费等。在试验计划中，要列出经费明细，做好预算。

（三）种子准备

一般情况下，播前准备的种子包括原始材料、亲本、杂种后代，以及要进行的区域试验、品种比较试验、鉴定试验的种子和高倍繁殖的种子。

1. 种子装袋

将各圃（原始材料圃、杂交圃、选种圃）的种子分别按照设计方案装袋，一行一袋。根据各圃的行长和株距来确定每行的粒数。鉴定圃的品种比较试验和区域试验可称重分包装进行，一行一包。在 15 cm 的行距下，小麦的每行播种量可按式(1-1)进行计算：

$$每行播种量=(千粒重\times 亩保苗数\times 每区行长)\div(发芽率\times 1\ 000\times 4\ 444) \tag{1-1}$$

在种子装袋的同时，在种子袋上写好品种名称及代号。

2. 编号

育种材料的数量有很多，品种名称多样，可通过对育种材料进行编号来予以简化。编号分为两类：一类是田间种植号，另一类是育种材料的代号。

田间种植号是根据每年播种材料的多少确定的号码数，以田间插地牌为标记，按一定顺序落实在试验田上。在每个种子袋上，按一定顺序编上当年的田间种植号。播种前，按顺序把插地牌插好，此时，在试验田上已经确定了田间种植号的具体位置。此外，必须在播种前将种子袋上的田间种植号登记在育种台账上，并清楚地注明一个田间种植号种植的是什么材料或品种。也就是说，在一个田间种植号后边写清各类育种材料的代号或品种名称，并在播种时将种子袋上的田间种植号“对号入座”。将种子安放在应播种的位置且进行播种后，在田间所能见到的只是插地牌上的田间种植号，而根据台账就能知道哪一号上种植的是什么材料或品种，有利于观察和查找。台账须有一份纸质版和一份电子版，以免丢失。田间种植号可简称为“行号”或“小区号”。

原始材料圃、选种圃多以单行进行编号，一行一号；品种比较试验和区域试验的各小区可直接写品种或品系名称，前面冠以罗马数字Ⅰ、Ⅱ、Ⅲ等来表示重复的代号；杂交圃可用两位数进行编号，以便于杂交时写标牌。

不同于田间种植号，育种材料的代号是根据育种材料各世代之间和同一世代不同系统之间的亲缘关系进行编号的，这样有利于简化育种工作中的大量文字记载手续，又有利于选择杂种后代。育种材料的代号是将大量的杂种后代通过编号的方式形成一个系谱，其本身并不代表材料种在试验田的什么位置，但可以反映材料的系谱，如材料是哪一年的，是由什么品种杂交的，现在是第几代等。杂种后代的编号，也可以说是杂种后代的具体名称。每个具体的杂种后代在升入鉴定试验前，一般是由编号代表的，称为组合代号。

现举例如下：

F_1:2001 年共做了 10 个组合，如第 1 个组合"克 70-444×罗 5"、第 2 个组合"兔 194×索诺拉 64"等。第 1 个组合的编号是 200101，第 2 个组合的编号是 200102。2001 是"2001 年进行的杂交"的意思；"01"是克 70-444×罗 5 的简称，即这一材料的代号，代表克 70-444×罗 5 F_0 的种子，也代表 F_1 的植株。F_1 产生的种子一般按组合进行收获，且仍以组合代号为代表。如果是复交，F_1 选择单株并进行脱粒，即复交 F_1 也要进行编号。例如，在"20010"复交组合中选35 株，其编号应为 20010(1)～20010(35)。复交 F_1 的单株代号也是复交 F_2 的系统代号。

F_2:一般以 F_1 组合为单位进行种植。在 F_2 中选择若干单株，并将单株进行脱粒、入袋。每株单株编一个号，将这个 F_2 单株的种子种成 F_3 的系统。因此，F_2 的单株编号是 F_3 的系统编号。例如，在"200101"单交组合中选择 50 株单株，则其编号为 200101-1～200101-50。

F_3:将 F_2 单株种成一行或几行，使其成为若干系统。在优良系统中继续选择单株，对每株单株进行编号。例如，在 200101-3 中选择 3 株，则其编号分别为 200101-3-1、200101-3-2 和 200101-3-3。它们也是 F_4 的系统编号。

F_4:F_5 以下各系统所选单株的编号方法同上。

在鉴定圃中，每份材料的编号是在选种圃入选的种植行号前冠以当年的年号作为品系号，直到被命名前均使用这一编号，如"2001-5635"代表 2001 年选种圃的第 5 635 行的系统。这种编号便于考察材料在各世代的性状表现，以决定材料的取舍。

前面介绍的是系谱法编号，如果采用混合选择法，则可在组合或系统编号后加一个"混"字或其他方法的编号。

育种材料的性状记录本宜准备两套，或者将其做成电子版，以免遗失或损坏。先将种子袋上编的当年行号用打号机打在记录本上，再逐袋登记材料代号或品种号。为了便于查找材料来源，应注明材料上一年的田间种植号。

(四)试验田的区划

1. 选地

①土壤类型要有代表性，能代表本地区的土壤。

②土壤肥力应一致，地势应平坦。如果地势不平坦或倾斜，则要求不同坡度土壤的水、肥、气、热等条件都不同。另外，前茬作物的耕作情况也应一致，以免条件不一致影响试验结果。

③试验田的位置要恰当，应使其管理、照顾方便，也要避免人、畜的伤害。

2. 整地

选好地后应进行整地，使土地质量达到标准要求，以备播种。最好对小麦地进行秋翻秋耙，对大豆、玉米地进行秋起垄、秋整地。

3. 试验田的区划

试验田的区划是将各试验田、场、圃按设计方案落实于田间。

(1)区划原则

服从试验田的统一规划，便于作物轮作；节省用地，尽量减少空行，便于管理；测量精确，整齐美观；因地制宜，确保试验田的准确性。

(2)区划方法

根据试验设计的田间种植图，把试验的重复和小区落实到具体地段上。为保证试验田、场、圃方向的准确，可利用勾股定理先画好当地的总轮廓(四周基准线)，然后按照播种顺序进行分圃规划，并将预先写好编号的插地牌按位置放好。经仔细查对后，将插地牌整齐地钉入土中。

五、作业与思考

1. 参加一天的育种材料播前准备工作，并详细描述育种材料播前准备工作的任务有哪些，具体操作是如何完成的。

2. 进行种子编号的原则有哪些？种子编号具体操作是如何完成的？

实验三　育种试验田的区划

在实施育种计划的过程中，鉴定和选择主要是通过田间试验进行的。

田间试验的基本要求是环境条件应具有一致性。因为对于作物本身而言，无论是个体还是群体，它表现的所有特征特性都是基因型和环境条件相互作用的结果。要正确地鉴定和选择优良的基因型，就必须尽力消除试验中环境条件的差异。田间试验小区规划得正确与否，直接影响鉴定和选择的效果，从而影响育种的成效。

Ⅰ自花授粉作物育种试验田的区划

一、目的要求

1. 以小麦杂交育种为代表，学习育种试验田的区划设计技术；

2. 通过观察小麦育种各试验圃的播前准备过程和参观田间育种试验田，掌握自花授粉作物育种试验田区划设计和工作计划实施的方法步骤。

二、材料、用具及资料

(一)材料

小麦教学区的播种材料。

(二)用具

纸袋、种子盒、数粒板、天平、打号机、大针、线、百米绳、插地牌、防水记号笔、铁锨、开沟锄、划行器、钢卷尺、铅笔和记录本等。

(三)资料

小麦杂交育种材料的编号、世代资料；试验圃(原始材料圃、亲本圃、选种圃、品系鉴定圃和品系比较圃等)的基本情况，包括形状、面积、行长、行距、行数、行向、土壤肥力和周围地貌等；育种计划书。

三、方法步骤

(一)各试验圃区划前的准备

1. 原始材料圃和亲本圃

种植从国内外收集来的原始材料，包括小麦的近缘种、属等，一般按类型进行归类种植。

每份材料播种 2～3 行，行长为 1.5～2 m。根据行距（20～25 cm），以 120 万～150 万粒/hm^2 的标准折算每行粒数。若种子量较少，也可只种一行。灵活掌握种植密度，但各个小区的面积及播种原则应力求一致，以便于田间观察和鉴定。如果是亲本圃的材料，应适当加大行距，以利于杂交操作。在每种材料中挑选典型、饱满的种子，数取或称取每行种子数（量），并将种子分别装入一个纸袋内；在纸袋上用铅笔写明材料的名称、上一年的行号、粒数、播种行数等，并将纸袋按顺序排放在种子盒内，然后每隔 9 袋或 19 袋插入一袋对照品种的种子（可用专一颜色的纸袋盛装对照品种的种子），用回形针将每 10 个或每 20 个种子袋夹在一起，再将种子袋放回种子盒内，以备编制田间试验计划书。

2. 选种圃

种植各杂种世代入选的材料。

（1）F_1

将 F_1 按杂交组合顺序进行排列，行长为 1.5～2 m，行距为 25 cm，株距为 5 cm。依据杂交所得种子的多少，将每一个组合种植 1～3 行。在每个单交组合前播种父、母本各一行，或在杂交组合的两侧分别种植父、母本行。

（2）F_2

F_2 的行长为 3～4 m，行距为 20～25 cm，株距为 3～4 cm，以杂交组合为单位进行种植。种植群体的大小一般在 2 000～6 000 株，重点组合多种，一般组合少种。如果是复交组合，一般也种植比单交组合大的群体。因此，各杂交组合种植的行数不相等。在单交组合前播种父、母本各一行。

（3）F_3 及以后世代

F_3 及以后世代应播种上一代当选的单株。世代间按顺序进行种植，种完一个世代，再种另一个世代；每世代组合间按顺序进行种植，种完一个组合，再种另一个组合；组合内按系谱、株号顺序进行排列。将每株单株的后代种植成一个株行，一般种 3 行区或 4 行区，行长为 3～4 m，行距为 20～25 cm，株距约为 3 cm。

选种圃内的各世代材料均按照相应播种规格的要求数取或称量每行的种子。完成种子分装后，仍每隔 9 袋或 19 袋插入一袋对照品种的种子。随后，需要按照种植计划的要求进行检查，并核对是否插入了对照品种，以及插入的位置是否恰当等。经仔细核对无误后，从 F_1 的第 1 袋开始，依次在每个种子袋的右（或左）上角用打号机按顺序打上行号，以备填写田间试验计划书。选种圃的各个世代也可以分别单独编号。

3. 品系鉴定圃和品系比较圃

在品系鉴定圃内，种植由选种圃升级的新品系和上一年鉴定圃留级的品系，并种植对照品种。小区面积为 5～10 m^2，行长为 5～6 m，可用随机区组设计，设 2～3 次重复。若参试品系的数目较多，也可进行顺序排列（如间比法）设计，设重复或者不设重复。在品系比较圃内，一般参试品系（含对照品种）较少，通常小区的面积较大（如 20～40 m^2），并多采用随机区组设计，设 3～5 次重复。

根据对照品种在当地大田生产时的一般播种量，确定品系鉴定圃和品系比较圃内对照品种和各供试品系的播种量。为了使各品系（或品种）在单位面积上达到计划要求的发芽种子数，必须对参试材料的种子进行精选，并分别测定其发芽率和千粒重，按式（1-2）计算各个试验小区每行的实际播种量：

$$X=\frac{A\times B\times C\times D\times 1.5\times 10^{4}}{E} \tag{1-2}$$

式中，X—品系（或品种）每行的播种量，g/行；

A—该品系（或品种）计划每公顷的基本苗数，万株/hm^2；

B—该品系（或品种）种子的千粒重，g；

C—小区行长，m；

D—小区行距，cm；

E—该品系（或品种）种子的发芽率，%。

将每一行播种的种子分别装袋，一行一袋，这样可以保证播种均匀。每一个品系（或品种）应准备的种子袋数＝试验重复次数×小区播种行数。在种子袋的右（或左）上角用铅笔写明品系（或品种）名称、重复号和区号等，同时将不同的区组分开；将同一区组内的各个品系（或品种）按试验方案预先设计的顺序排列好。

如果有品系参加区域试验或生产试验，也应按要求准备试验种子。

（二）绘制田间区划示意图

以小麦育种试验田为例，绘制田间区划示意图，如图1-1所示。

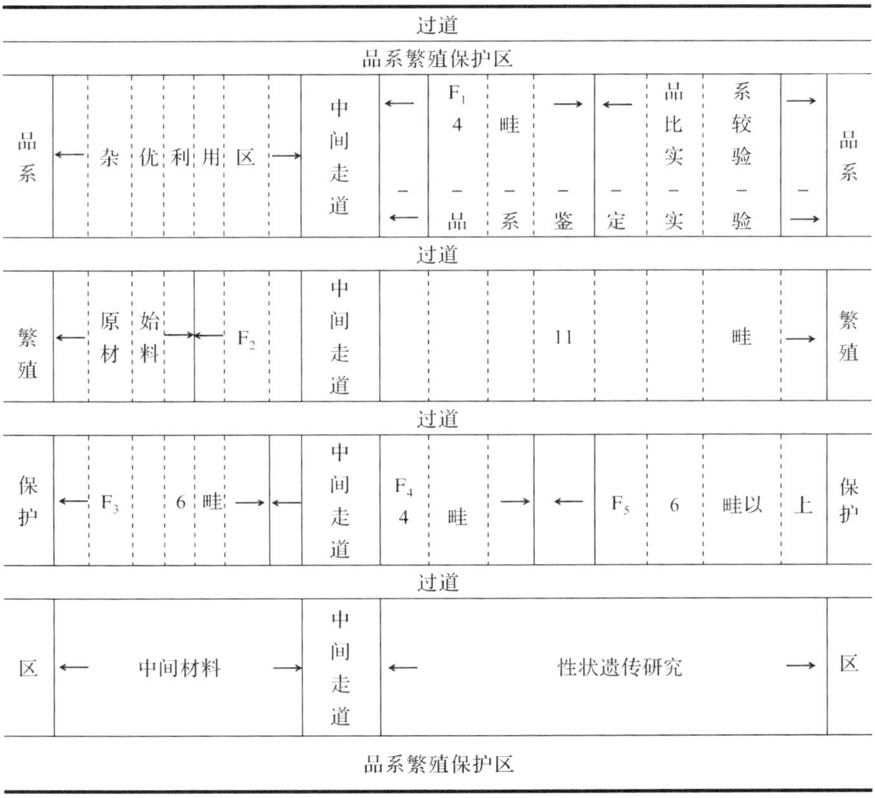

图1-1　小麦育种试验田间区划示意图

（三）编制田间试验计划书

编制田间试验计划书是为了更好地针对研究计划落实具体的实施方案，避免或减少试验的盲目性，并有助于试验过程的检查调整和试验资料的归类存档等。田间试验计划书应装订成册，并备有副本，将一本用于存档，另一本用于田间试验的执行；应妥善进行保存，严防丢失，以免造成难以弥补的损失。现将田间试验计划书通常包含的内容列举如下：

1. 试验计划的基本情况

试验计划的基本情况包括试验名称、目的要求、试验田概况（地点、面积、地形、土质、肥力和前茬作物等）、试验年限、试验设计（试验区名称，试验行或区的起止号，处理或参试材料的数目和名称，小区的大小、形状、排列方式，重复次数等）、播种方式（播种期、播种量、播种方法、种植密度、行长、行距和株距等）、栽培管理措施（整地、施肥、浇水、中耕和病虫害防治等）、当年的气象条件、试验资料统计分析方法、检查汇报制度、试验设备和经费预算、主持单位和协作单位、主持人和执行人等。

2. 试验材料田间种植计划

原始材料和中间材料的种植计划见表 1-2。

表 1-2　原始材料和中间材料的种植计划

材料来源	材料名称	去年行号	今年行号	记载项目	备注

选种圃种植计划见表 1-3。

表 1-3　选种圃种植计划

去年行号 （含株号）	今年行号	种子来源或 杂交组合	去年鉴定 结果摘要	记载项目	备注

田间试验计划书的观察记载及室内考种项目必须用铅笔填写。

（四）试验田区划

试验田区划的一般原则是使各个试验区排列有序、整齐美观；节省用地，便于管理；因地制宜，确保精确。为了减少因地力不均对试验结果的影响，同一个试验区（尤其是产量比较试验区）的试验地段应尽可能呈方形，而不要设计成狭长形。

在进行田间区划时，根据地形走势确定各个试验区的位置，计算整个试验区的总长度和总宽度。用百米绳量出试验区一条边的长度，在两端钉上木桩（或木牌）作为标记，拉上细绳并使其固定，将细绳作为标定整个试验区的基本线。如图 1-2 所示，以其中一个木桩为起点，沿试验田的另一条边拉一条与基本线垂直的线。应用勾股定理，用钢卷尺分别量出 3、4、5 m 长的 3 条线段，将 3 条线段做成一个直角三角形，即把 3 m 长的线段放在基本线上，将 4 m 长的线段放在垂直线上，将 5 m 长的线段用作斜边。通过该方法，可以确定试验田的第 2 条边已经与第 1 条边（基本线）垂直。采用同样的方法确定其他两条边。第 4 条边必须与第 1 条边的另一头相衔接，如果不衔接，则应加以调整。

各试验区的区组和试验小区的划分是按照试验设计要求进行的。首先，在总宽线上分别量出小区、保护行、走道的宽度，在总长线上量出小区、保护行、渠道和走道的长度，边量边插上插地牌做好标记。其次，扶埂做畦，平整畦面，并把渠道修好。通常畦埂宽约 30 cm，渠道宽约 1 m，走道宽 50～60 cm，保护行宽 2 m 以上。最后，根据各试验区的计划行距，用划行器（如镐）在畦面上划出播种行。

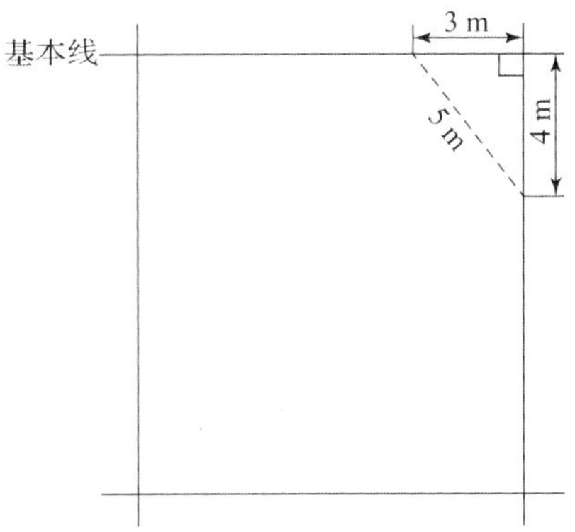

图 1-2　区划图中 4 条边的确定

四、作业与思考

1. 参加某一种自交作物育种试验的种子播前准备和田间区划工作，思考并总结在实际操作过程中应注意哪些问题。

2. 如果有 10 个品系将参加下一年度的品系比较试验，请设计一份完整的田间试验计划书，并绘制田间区划示意图。

Ⅱ 异花授粉作物育种试验田的区划

一、目的要求

1. 以玉米单交种育种为例，学习育种试验田的区划设计技术；

2. 掌握异花授粉作物育种试验田的区划设计和工作计划实施的方法步骤。

二、材料、用具及资料

（一）材料

玉米教学区的播种材料和玉米育种材料。

（二）用具

纸袋、种子盒、天平、打号机、大针、线、百米绳、插地牌、防水记号笔、铁锹、开沟锄、划行器、钢卷尺、铅笔和记录本等。

（三）资料

育种计划书。

三、方法步骤

玉米单交种选育试验播种前的种子准备和田间区划，一般按以下步骤进行：

（一）各试验区进行区划前的准备

试验区包括自交系选育区、初配杂交组合鉴定区和初选杂交组合比较区等。

1. 自交系选育区

(1)基本材料的种植与基本株的选择和自交

品种、杂交种、人工创造与新引进的材料和类型都可以作为分离自交系的基本材料。根据育种目标，将预选的基本材料分区种植在原始材料圃内。为了便于田间调查和基本株(S_0)自交，种植密度一般比生产大田小一些，如 30 000 株/hm^2。每一个基本材料种植群体的大小视遗传组成成分的复杂程度而定。遗传基础丰富的材料，如自由授粉品种和综合杂交种，其种植群体要大一些(一般为 200 株)；单交种和其他遗传简单的材料，其种植群体可适当减小(50～100 株)。在基本材料抽雄至开花前，选择优良的基本株进行套袋自交。

(2)自交第一代(S_1)的选择和自交

将上一年自交果穗的每个果穗种植一个小区(30～50 株)，S_1 明显地出现性状分离和生活力严重衰退两种现象。S_1 着重于穗行选择，在入选穗行内再选株进行套袋自交。S_1 淘汰穗行数的 1/2～2/3，在每行入选穗行内选留 5～8 个果穗进行自交。

(3)自交第二代(S_2)的选择和自交

上一年选择的 S_1 自交果穗仍以果穗为单位相邻地种植成区，一个自交果穗一般种 20～40 株。S_2 的性状仍在分离，生活力也仍在下降。对于每行入选穗行，一般初选自交果穗 8～10 个，经过以后各个阶段的严格选择，最后保留 3～5 个果穗即可。

(4)自交第三代(S_3)及以后各代的选择和自交

S_3 及以后各代的选择基本与 S_2 相同，但要注意系内株间的整齐性。一般在 S_3 以后，各个系内的性状逐渐趋向一致，但仍要进行选株自交和定向选择，以便加速性状的稳定。因此，S_3 及以后各世代主要根据自交株的形态、生理功能以及本身的产量和产量因素进行选株自交。自交代数越高，选株标准越严格，每行穗行选择自交的果穗就越少(1～2 个果穗即可)。

(5)自交系配合力测定

自交系配合力测定常与单交组合选配相结合，即把各个被测自交系与本地常用的骨干系分行种植在一个测交区内，根据育种目标和各个自交系间的遗传表现、亲缘关系、性状互补等特点，有预见性地进行相互套袋杂交，组配成各种不同的单交组合，每个杂交组合有 2～3 个果穗。在下一个生长季节进行单交组合产量比较试验，一方面从中选出优良的单交种，另一方面通过各个单交组合的产量，推算出每个被测自交系产量性状的一般配合力和特殊配合力。

2. 初配杂交组合鉴定区

初配杂交组合的数量多，每个组合的种子少，对种子质量的好坏全然不了解，因此小区的面积较小，一般为 1～2 行区。每行种 20～30 株，每隔 4 个小区或 9 个小区设一个对照区，设重复1～2 次。在初配杂交组合鉴定区，主要目测鉴定各个杂交组合的丰产性、抗病性、适应性、生育期等重要的经济性状，以判断其优劣。从初配杂交组合中选出少数优于对照种或具有一定特点的组合进行室内考种和产量分析，然后选优升入初选杂交组合进行比较试验。初配杂交组合鉴定一般只进行 1 年。

3. 初选杂交组合比较区

从初配杂交组合鉴定区中选出的优良组合升入本试验，进一步比较其优劣。参加试验的组合一般不超过 20 个。试验设计一般为 4～6 行区，每行种 20～40 株，设重复 2～4 次，主要根据各组合的性状表现和产量高低比较其优劣。产量比较试验通常进行 2 年，从中选出 1～2

个最好的杂交组合于第 2 年进行多点区域试验。

(二)绘制田间区划示意图

要根据试验田的面积适当地调整(增减)并最终确定各试验区参试材料的数量和具体种植行数。田间区划示意图是编制田间试验计划书和试验田区划的依据,可参阅实验三"Ⅰ自花授粉作物育种试验田的区划"中的相关内容。

(三)编制田间试验计划书

编制田间试验计划书是为了更好地针对研究计划落实具体的实施方案,避免或减少试验的盲目性,并有助于试验过程的检查调整和试验资料的归类存档等。田间试验计划书应装订成册,并备有副本,将一本用于存档,另一本用于田间试验的执行;应妥善进行保存,严防丢失,以免造成难以弥补的损失。现将田间试验计划书通常包含的内容列举如下:

试验计划的基本情况包括试验名称、目的要求、试验田概况(地点、面积、地形、土质、肥力和前茬作物等)、试验年限、试验设计(试验区名称,试验行或区的起止号,处理或参试材料的数目和名称,小区的大小、形状、排列方式,重复次数等)、播种方式(播种期、播种量、播种方法、种植密度、行长、行距和株距等)、栽培管理措施(整地、施肥、浇水、中耕、病虫害防治等)、当年的气象条件、试验资料统计分析方法、检查汇报制度、试验设备和经费预算、主持单位和协作单位、主持人和执行人等。

试验材料田间种植计划参阅实验三"Ⅰ自花授粉作物育种试验田的区划"中的相关内容。

(四)试验田区划

异花授粉作物试验田的区划请参阅实验三"Ⅰ自花授粉作物育种试验田的区划"中的相关内容。

四、作业与思考

参加玉米或其他异交作物育种试验的种子播前准备、田间区划和播种工作,思考并总结实际操作过程中应注意哪些问题。

第二章

作物有性杂交技术

- 实验一　大豆杂交技术
- 实验二　水稻杂交技术
- 实验三　小麦杂交技术
- 实验四　玉米杂交技术
- 实验五　高粱杂交技术
- 实验六　马铃薯杂交技术
- 实验七　棉花杂交技术
- 实验八　花粉生活力测定
- 实验九　雄性不育系鉴定技术

实验一　大豆杂交技术

一、目的要求

1. 观察大豆花器的构造，了解大豆的开花习性；
2. 了解大豆有性生殖的生物学特性；
3. 通过练习，初步掌握大豆的有性杂交技术。

二、材料、用具及试剂

（一）材料

大豆育种的杂交亲本材料。

（二）用具

剪刀、镊子、放大镜、塑料牌、铅笔、大头钉、酒精棉盒和小板凳等。

（三）试剂

75％酒精。

三、方法步骤

（一）确定组合

根据育种目标和任务要求，确定杂交组合。

（二）种植亲本

制订好种植计划，然后按照种植计划种植亲本。为了便于授粉，每个组合的父、母本要相邻种植。父、母本种植1～2行，一般行长为4～5 m。母本穴播，穴距为50～80 cm，每穴留3株。穴播通风、透光条件好，植株健壮，分枝较多，花蕾也长得好。父本株距为10 cm，单粒点播，种于母本的一侧，以便于随做杂交随取花粉。

杂交亲本种植的行数、行长、行距、株距因地区及条件的不同而不同，一般父、母本同期播种。如果两个杂交亲本的花期不同，就必须采取相应措施来调节花期，使二者的花期相遇，以利于杂交。

（三）杂交技术

1. 选株定蕾

选择具有母本品种典型性状、生长健壮、无病虫害、基部已有1～2个花序开花的植株作为母本。

从选定的母本植株上确定合适的花蕾去雄。无限结荚习性的品种宜选主茎中上部的花蕾，有限结荚习性的品种宜选主茎中部各节的花蕾（因主茎基部和顶端的花蕾易脱落或发育不正常，一般不予选用）。每株植株选2～4个花序，每个花序选留1～2个花蕾，将已开过的花蕾和幼嫩的花蕾全部摘除。留作去雄的花蕾以花冠尚未完全伸出花萼，但已能看出花冠的颜色，即在萼片间隙露出1～2 mm的花蕾为宜。

2. 去雄

大豆花在开放时已完成自花授粉，所以应在花蕾期去雄。去雄最好在杂交前一天下午的4:00—5:00进行，也可在杂交当天的上午7:00以前进行。

(1)去萼瓣

用左手拇指和食指夹住花蕾，右手持镊子先将萼片的上半部分摘除，再将花瓣逐一摘除，或用镊子斜夹花冠上部，轻轻上拔，将整个花冠连同雄蕊一起拔除，使柱头露出。

(2)不去萼瓣

如果不去萼瓣，则用镊子将旗瓣和翼瓣分开，使龙骨瓣露出，再用镊子尖沿龙骨瓣的凸起部位将龙骨瓣剖开，最后用手指压住龙骨瓣，使雄蕊露出。

(3)去雄

用镊子轻轻夹住花丝去除全部花药，尤其应注意去除易隐藏在柱头下面、花丝较短的单体雄蕊的花药。必要时，用放大镜检查去雄是否彻底。如果花药已成熟并已散粉，或去雄时花药被碰破，应将该花摘除，并将镊子尖浸入酒精中，以杀死所蘸的花粉。

(4)隔离

去雄后，采摘邻近的新鲜叶片包裹住整个去雄的花朵，并用叶柄扣好隔离。

3. 授粉

上午去雄后即可进行授粉。如果是前一天下午去雄的，则可待第2天上午的7:00—10:00再进行授粉。

(1)采粉

在具有父本品种典型性状的植株上选摘花瓣未开、龙骨瓣尚未裂开的花朵。

(2)授粉

将采集花朵的萼片摘除，剥开花瓣，露出花药。如果花药开裂散粉，则可以打开包裹在去雄花朵上的叶子，将花药轻轻地在柱头上进行涂抹授粉。授粉后，用新鲜叶片包裹住整朵去雄的花朵，并用叶柄扣好隔离，这样既可以起到隔离保护的作用，又可以保持一定的湿度。

4. 去赘芽

授粉后，将花序基部发育较迟缓的花芽去除，否则杂交不易成功。

5. 挂牌

授粉完毕后，在杂交花的花柄上挂上塑料牌，写明杂交组合的代号或名称、授粉日期及操作者姓名，并在工作本上做好记录。

6. 管理

授粉一周后，去掉杂交花上包裹的叶片。如果杂交成功，则杂交花的子房开始膨大，检查并摘去杂交花旁新长出的花蕾。为提高杂交成荚率，应加强水分管理。如果遇到干旱，杂交圃要及时进行灌溉，以保持土壤水分充足、田间小气候湿润。

(四)收获和保存

杂交豆荚成熟后，要按组合及时进行收获。经过晒干脱粒，将同一组合的杂交种子连同塑料牌一起装入种子袋中妥善保存。由于大豆花较小，杂交较难，脱落率较高，杂交时，需按计划多杂交一些花，以确保F_1的种子数量。

四、作业与思考

1. 大豆的开花习性有几种类型？各有何特点？
2. 大豆花器构造由哪几部分组成？雄蕊有何特点？雄蕊对杂交有何影响？
3. 大豆为何在去雄时要进行整枝？为何在授粉后要去赘芽？
4. 大豆授完粉后，用什么方法进行杂交花的隔离？有何作用？
5. 如何安排大豆杂交中去雄和授粉的时间？
6. 每人做 10 朵花的杂交，其中的 2 朵花只去雄不授粉，以检查去雄效果。一周后，统计结实花率。

实验二 水稻杂交技术

一、目的要求

1. 熟悉水稻的花器构造和开花习性；
2. 通过练习，初步掌握水稻有性杂交的方法与技术；
3. 熟悉水稻杂交育种的一般程序。

二、材料、用具及试剂

（一）材料

从亲本圃中选择不同类型的水稻品种，最好用糯性和非糯性品种（将糯性品种作为母本，将非糯性品种作为父本，以便于在授粉结实后根据胚乳的直感鉴定杂交种的真假）。

（二）用具

小热水瓶、温汽杀雄器、温度计、小剪刀、镊子、硫酸纸袋、牛皮纸袋（7 cm×20 cm）、放大镜、回形针、塑料牌、铅笔等。

（三）试剂

75%酒精、1% I_2-KI 溶液。

三、方法步骤

（一）选配亲本，调节花期

亲本选配是杂交育种成败的关键，它是根据育种目标和亲本选配的一般原则进行的。亲本应具有突出的目标性状，配合力好，遗传差异大，优、缺点可互补。组配时，通常是将综合性状优良、对当地生态和生产条件适应性较强的材料作为母本。

当父、母本生育期不同时，为了使父、母本的花期相遇，需要调节二者的花期，常用的方法如下：

1. 温度调节

水稻属于喜温作物，提高温度可促进开花，反之则可推迟开花。可对水稻进行遮光、温水（43 ℃）浸穗（1～2 min）处理。

2. 分期播种

根据父、母本生育期的长短进行分期播种，生育期短的迟播，生育期长的早播。如果不清楚双亲的生育期，可每隔 10～15 d 播 1 期，分 2～3 期播种，以确保二者的花期相遇。

3. 光照处理

当早、晚稻进行杂交时，在春季需对晚稻品种在 5 叶期进行 10～12 h 的短日照处理，约 30 d 即可明显地使抽穗提早。或推迟早稻的播种期，使早、晚稻的花期相遇。

在生产实践中，一般将上述 3 种方法结合使用。以其中某一种方法为基础，参考另外 2 种方法来加以调节，可获得更好的效果。

（二）种植亲本

根据杂交所需要的穗数来确定种植株数，将杂交亲本材料种植在亲本圃中。一般来说，单交 2 穗，三交或回交 7 穗，双交 11 穗。田间每个亲本的种植群体一般为 1～2 行，每行 8～10 株（丛）。根据所需要的杂交种子量，按约 40％的结实率来估算应杂交的花数和穗数。

（三）杂交方法

常用的水稻杂交方法按杂交方式可分田间杂交和室内杂交 2 种。

1. 田间杂交

整个杂交过程在田间完成。在田间直接选取露出叶鞘 2/3～4/5、上部颖花已开放 1/4～1/3 的母本穗进行去雄和授粉杂交。

2. 室内杂交

将选中的母本茎秆从基部切断，连茎带穗取回室内，在室内进行去雄和授粉。杂交完成后，用清水或营养液进行插花式培养。此方式方便、快捷，但生活力持续的时间有限，常常因茎秆早枯而收不到饱满的种子，杂交种子的成活率也较低。

（四）杂交技术

1. 选株

选株主要是指选择母本植株。要选择具有本品种典型性状、生长健壮和没有病虫害的植株作为母本。

2. 整穗

先用剪刀剪去稻穗上部和下部枝梗上的小穗，将中部枝梗上的小穗留下来，然后在中部枝梗上留下 20～30 穗当天或第 2 天能够开花的小穗，并将其他小穗统统剪去。当天能够开花的标志是花丝已经伸长，花药即将顶到内稃上端；第 2 天开花的标志是雄蕊的长度已达到内稃长度的 2/3。可以将小穗对着太阳观看，从其外表能隐约看到雄蕊在花里的位置。

3. 去雄

水稻杂交去雄的方法一般有温汤去雄法、剪颖去雄法和真空去雄法，其中，第 1 种方法的应用较为普遍。但一些育种家更喜欢使用剪颖去雄法。

(1)温汤去雄法

温汤去雄法的原理是利用雄蕊比雌蕊对高温更敏感的特性，控制一定的水温和处理时间，使能在当天开花的全穗的雄蕊丧失生活力而雌蕊仍保持较好的生活力。只要掌握好处理的温度和时间，便能有效地杀死花粉而不伤害柱头，达到去雄的目的。具体操作步骤如下：

①在稻穗自然开花前 1～1.5 h，用热水瓶盛好一定量的热水，用冷水将水温调节到 43～45 ℃（一般籼稻用 43～44 ℃水，粳稻用 44～45 ℃水）。切勿提高水温，以免烫死雌蕊。

②将母本穗小心、倾斜地浸入热水瓶中，持续 3～5 min。注意：切勿延长处理时间，切忌将稻穗折断。

③取出稻穗，抖去穗上的积水，等待 5～10 min，只有当天开花的颖花的雄蕊才会被烫死。

④尚未成熟的颖花经过处理后不会开花，但其花粉仍具有生活力，应将它们全都去掉，这一点应特别注意。可用剪刀先剪去处理后未开放的颖花，然后将已开放的颖花逐一斜剪，去除上端 1/3 的颖壳。

(2)剪颖去雄法

在杂交前一天下午的 3:00 以后或当天水稻开花之前 1～2 h，用剪刀将穗部已开过的颖花和在 2～3 d 内不会开放的幼嫩颖花剪去，仅留 10 余朵用于去雄杂交（有芒品种还应该去芒）。

去雄时，将稻穗对着阳光透视，选择花药已上升至颖壳上端的颖花。用剪刀将保留的颖花逐一斜剪，剪去其上端约 1/3 的颖壳。稍待片刻，花药将伸出剪口，用镊子轻轻地将每一朵颖花内尚未成熟且带黄绿色的 6 枚花药全部完整地取出。如果母本品种的柱头较短，也可在花药上升到颖壳顶端时，将颖花从颖壳的 1/2 处剪去（注意：去雄时，如果花药破裂或已有成熟的花药散粉，则应去除该小穗，并将镊子放入酒精中，以杀死所蘸的花粉）。

虽然剪颖去雄法的工作效率很低，但有些粳稻品种采用温汤去雄法时不易促使稻穗开花去雄，这时就不得不采用剪颖去雄法。

(3)真空去雄法

真空去雄法就是用配有特殊装置的真空泵代替人工吸取花药。其他步骤和注意事项同剪颖去雄法。

4. 套袋隔离

将去雄后的稻穗套上牛皮纸袋（用牛皮纸袋要比用硫酸纸袋好，所结种子明显较重），下端斜折，用回形针固定，以待授粉，但绝不能用回形针夹住茎秆。挂好塑料牌，用铅笔写明母本名称、去雄日期和操作者姓名等。

5. 授粉

授粉在去雄后当天上午的盛花期进行。授粉方法有人工控制授粉法和自由授粉法 2 种。

(1)人工控制授粉法

选择具有该品种典型性状、生长健壮的父本植株。从父本穗上选择即将开放的颖花（花药已伸到颖花顶端），取出其中外形饱满、蓬松、柔韧，颜色鲜黄的花药，将花药放于小瓷杯中。

打开母本纸袋，用镊子夹取成熟、饱满的花药放入母本颖花内，或再用镊子将花药夹破，使花粉散出，然后夹着蘸满花粉的花药在每一朵花的柱头上进行涂抹。按颖花依次进行授粉，以免出现遗漏。

注意：水稻花粉保持生活力的时间很短，必须在 3 min 内完成授粉。因此，授粉速度要快，最好边采集花药边进行授粉。

(2)自由授粉法

选择具有该品种典型性状、生长健壮的父本植株。将正处于盛花期的父本穗小心地剪下，或在去雄之后立即选择当天可开较多花的父本穗，逐一剪去每个颖花 1/2 的颖壳。将剪下的稻穗插在母本植株附近的田里，当其花药伸出、开始散粉时，即可进行授粉。

打开已去雄稻穗上端折叠的纸袋口，将正在开花的父本穗插入纸袋的上方，凌空轻轻抖动和捻转几次，使花粉散落在母本的柱头上。

自由授粉法操作简便、快速，只要去雄和授粉时间掌握得好，其结实率可以提高，又能多做杂交组合。

6. 授粉后的管理

授粉后，稻穗上的颖花不会立即闭合。为了防止串粉，必须用酒精将手和镊子等擦洗干净，还必须立即套上硫酸纸袋，袋口上端用回形针别好。需要的套袋时间因授粉方法而异：剪颖去雄时，需套袋 4～5 d；温汤杀雄时，可只套袋 1 d。为了防止风将硫酸纸袋吹落或将稻穗吹折，可在母本植株旁插一根小竹竿，将稻穗系于竹竿上。后期还应防止稻穗被鸟食用。

在纸袋或穗颈基部所挂的塑料牌上，用铅笔写明组合代号或名称、杂交日期和操作者姓名，并在工作本上做好记录。

7. 收获种子

一般在授粉后 17～25 d 即可收获种子，收获过早或过晚对种子的生活力均不利。应按组合进行收获，并将种子装入小纸袋中，在纸袋上写明组合名称，然后将种子晒干，妥善保存并做好记录。水稻杂交结实情况见表 2-1。

表 2-1　水稻杂交结实情况

组合	去雄方法	去雄方式	结实粒数	结实率/%	备注

四、作业与思考

1. 分组观察水稻的花序结构及颖花构造。观察水稻的开花习性，并比较不同品种水稻开花习性的差异。

2. 将糯性品种作为母本，非糯性品种作为父本，每人分别用温汤去雄法和剪颖去雄法各做杂交 2 穗。1 周后，分别检查 2 种杂交方法各一穗的结实率；3 周后，将剩余的 2 穗用 1% I_2-KI 溶液检查杂交种子胚乳的染色反应，以检查杂交效果，并按照杂交方式、杂交颖花数、结实率、I_2-KI 染色反应的顺序逐项写出试验结果。

实验三　小麦杂交技术

一、目的要求

1. 了解小麦的花器构造和开花习性；

2. 通过练习，初步掌握小麦杂交技术。

二、材料、用具及试剂

（一）材料

抽穗期至扬花期的不同小麦品种。

（二）用具

剪刀、镊子、硫酸纸袋、塑料牌、回形针、铅笔、小杯等。

（三）试剂

75%酒精。

三、方法步骤

（一）确定组合，种植亲本

根据育种目标，确定杂交组合。根据双亲的生育期调整播种期，迟熟的早播，早熟的迟播。或分 2～3 期进行播种，每期相隔 10～15 d，也可通过温光处理等措施确保父、母本的花期相遇。

（二）杂交技术

1. 选株定穗

（1）选株

选择具有该亲本典型性状且健壮、无病虫害的植株作为母本。

（2）定穗

确定已抽穗但尚未开花、中部小穗的花药呈黄绿色的穗作为去雄穗。技术熟练者，可选穗部抽出较多的稻穗去雄；技术不熟练者，在去雄时易将花药弄破造成自交，因此应选穗部抽出较少的稻穗去雄。

2. 整穗

用镊子去除上、下部发育不良或过嫩的小穗（有芒品种剪去芒），每穗留中上部发育一致的小穗 10 穗，同时用镊子夹去小穗上部的小花。每个小穗只保留基部外侧的 2 朵小花，以供去雄。全穗约留 20 朵小花。

3. 去雄和套袋

小麦杂交去雄的方法一般有剪颖去雄法和裂颖去雄法 2 种。裂颖去雄后不便于授粉，因此目前多采用剪颖去雄法，然后采用普通授粉法、捻穗法或父本移植法进行授粉。

（1）剪颖去雄法

①剪颖：用剪刀逐一剪去小花上部约 1/3 的颖壳。

②去雄：先用剪刀逐一剪去所选母本穗小花上部 1/3 左右的颖壳，然后用左手大拇指和中指夹住麦穗，用食指轻轻压住要去雄小花的稃片顶部，用右手将镊子轻轻插入内、外稃之间，夹住 3 个雄蕊的顶部，并将 3 个雄蕊全部轻轻夹出。

③套袋：去雄后立即套袋，将纸袋的下端斜折并用回形针固定，切忌用回形针夹住茎秆。

（2）裂颖去雄法

①裂颖：将整穗后的麦穗用左手的大拇指和中指夹住，用食指轻压外颖的顶部，使内、外颖

分开;用右手将镊子插入内、外颖的合缝里,利用镊子本身的弹力使内、外颖分开;用左手食指固定内、外颖,使内、外颖张开。

②去雄:用右手将镊子伸入内、外颖张开的小花中,将雄蕊的 3 枚花药轻轻取出(注意:不要夹破花药和碰伤柱头)。

③套袋:方法同剪颖去雄法。

4. 授粉

可在去雄当天或去雄后 2～4 d 进行授粉。授粉通常在上午 8:00 以后(8:00—11:00)、下午 4:00 以前的盛花期进行,如果遇到阴雨天气可略推迟。授粉前,先检查柱头有无损伤。如果柱头已呈羽毛状分叉、有光泽,表明正是授粉适合期。

(1)普通授粉法

①选择即将开花的父本穗,剪去各小花 1/2 的颖壳,用手抚摸穗部,以刺激颖花集中开放。一般颖花在几分钟后即可开花,且花丝伸长。

②用镊子将父本花药取出,放入花粉瓶或取粉袋中。将开始散粉的花药在母本柱头上进行涂抹,或将开花的父本穗压弯,使其进入取粉袋中,用镊子轻振穗茎,刚开花的花粉便落入取粉袋中,然后用镊子蘸取一些花粉轻抖在去雄母本小花的柱头上。

③授粉完毕后,立即套上纸袋,将纸袋下端斜折,用回形针固定,10 d 后将纸袋去掉。

(2)捻穗法

①选择即将开花的同一植株的父本穗 1～2 穗,逐一将小花上部 1/3 的颖壳剪去,待花药开始伸出散粉时剪下麦穗。

②将母本穗所套纸袋上端折叠的袋口打开,将正在散粉的父本穗小心地插入纸袋中,围绕母本穗捻转几次,使花粉散落在母本的柱头上。

③取出父本穗后,立即折叠好纸袋上端的袋口并用回形针夹住。

(3)父本移植法

①将剥开中部 1～2 穗小穗后花药变黄而未开花的父本穗从其基部第 2 节剪下(2～3 穗父本穗)。

②将父本穗插入捆在竹竿上的瓶子中(瓶中盛有水,如果瓶子太低,可想办法垫高),使父本穗均匀围绕母本穗(父本穗要略高于母本穗,这样有利于自由授粉),并用细线轻轻地将父、母本穗捆住,然后套上一个大纸袋,这样有利于父本穗在开花时将花粉散在母本穗的柱头上。

5. 挂牌

授粉后,在塑料牌上写明组合代号或名称、授粉日期和操作者姓名,将塑料牌挂在麦穗和剑叶叶鞘间,并在工作本上逐一进行记录。

(三)收获

待种子成熟后,及时按组合将杂交穗收回、晒干、脱粒,并按代号或组合进行登记、编号,以备下一年种植。

四、作业与思考

1. 在小麦杂交过程中,应注意哪些事项?比较几种不同杂交方法的优缺点和异同点。

2. 每人用剪颖去雄法去雄 5 个果穗,并采用普通授粉法和捻穗法进行授粉。其中一个果穗只去雄不授粉，以检查去雄效果。经过1～2周，收取杂交麦穗，按授粉小花数、结实小花数、结实率等统计结果，并填写表2-2，同时评价普通授粉法和捻穗法的效果。

表2-2　小麦结实情况

组合	去雄日期	授粉日期	授粉小花数	结实小花数	结实率/%

实验四　玉米杂交技术

一、目的要求

1.了解玉米的花器构造和开花习性；
2.通过练习，初步掌握玉米杂交技术。

二、材料、用具及试剂

(一)材料

不同的玉米品种或自交系。

(二)用具

牛皮纸袋(35 cm×20 cm)、硫酸纸袋(11 cm×18 cm)、剪刀、回形针、棉纱线、塑料牌和铅笔等。

(三)试剂

75%酒精。

三、方法步骤

(一)选株和雌穗(母本)套袋

当玉米雌穗膨大，从叶腋中露出且尚未吐丝时，选择具有亲本典型性状、健壮且无病虫害的优良单株，将其雌穗用硫酸纸袋套上，并用回形针将袋口夹牢。每天定期用手触摸硫酸纸袋，检查花丝的长度变化。

(二)雄穗套袋

当雌穗花丝的长度为3～5 cm时，在当天下午用硫酸纸袋将父本株已开花的雄穗套住，同时使雄穗在纸袋内自然平展，然后将袋口对称地进行折叠，用回形针卡住穗轴基部，以进行固定。

(三)玉米授粉

授粉过程主要包含采粉和授粉两个过程。雄穗套袋后的第2天上午,在露水干后的盛花期进行授粉。在每次去雄和授粉前,需要用酒精擦拭剪刀和手,进而达到杀死所蘸花粉的目的。

1. 采粉

用左手轻轻地使套袋的雄穗弯下,右手轻拍纸袋,使花粉抖落在纸袋内。小心取下纸袋,折紧袋口,使袋口略微呈向下倾斜的状态,轻拍纸袋,进而使花粉集中在袋口的一角。

2. 授粉

取下套在雌蕊上的纸袋,将采集的花粉均匀地撒在花丝上,随即套上雌花纸袋,将纸袋用回形针夹牢,封紧袋口。此时需注意:授粉时,动作要快,切忌触动周围植株和用手接触花丝;如果花丝过长,用浸过酒精的剪刀将花丝裁剪成约2 cm即可。

(四)挂牌登记

授粉后,在果穗所在的节位挂上塑料牌,用铅笔标明杂交组合的代号或名称、授粉日期和操作者姓名等基本信息,并在工作本上做好相应记录。

(五)果穗管理

在授粉后1周内、花丝未全部枯萎前,要经常检查雌穗上的纸袋有无破裂或掉落的情况发生。凡是花丝枯萎前纸袋已破裂或掉落的果穗,都应该予以淘汰处理。

(六)收获和保存

杂交的果穗成熟后应该及时进行收获。将塑料牌与果穗系在一起,将果穗晒干后脱粒装入牛皮纸袋中,将塑料牌也装入袋内。袋外写明杂交组合的代号或名称,并将纸袋进行妥善保存,以供下一年种植。

四、作业与思考

1. 玉米的花器构造有何特点?玉米的开花习性如何?

2. 每人用套袋法做自交和杂交果穗各2穗,收获后评述二者的结实率,并说明其存在差异的原因。

实验五 高粱杂交技术

一、目的要求

1. 了解高粱的花器构造和开花习性;

2. 通过练习,初步掌握高粱的杂交技术。

二、材料、用具及试剂

(一)材料

不同的高粱品种。

(二)用具

剪刀、镊子、牛皮纸袋(35 cm×20 cm)、硫酸纸袋(30 cm×40 cm)、回形针、塑料牌、铅笔等。

(三)试剂

75%酒精。

三、方法步骤

(一)确定组合,种植亲本

①根据育种目标,确定杂交组合;

②根据父、母本的生育期适时进行播种,以确保二者的花期相遇。

(二)杂交技术

1. 选株整穗

(1)选株

选择具有母本品种典型性状、生长健壮且无病虫害的植株。

(2)整穗

选择抽穗后3～4 d、顶端已有个别小花开放的主穗,用剪刀剪去上部已开放的和基部发育不良的枝梗,保留中部将要开花的4～6条枝梗。为了方便去雄,剪去枝梗上过密的小穗,一般每穗约留50穗小穗。

2. 去雄

为防止去雄时外来花粉杂交,最好是在下午去雄。去雄时,应从上到下,逐枝梗、逐小穗地依次进行,以免发生遗漏。

①用左手的小指、无名指和中指握住高粱穗和穗梗,用拇指和食指捏住准备去雄的无柄小穗的护颖下部。将捏紧的镊子尖斜插入内、外颖之间,再慢慢松开镊子,利用镊子的弹力将内、外颖分开,露出花药,然后用镊子逐一将花药拔出。注意:切勿损伤柱头和夹破花药。去雄后,可将旁边的有柄小穗去掉,这样一方面可以防止串粉,另一方面可以将它作为已去雄的标志。

②去雄时,若发现花药破裂,则应将该花摘除,并将镊子尖浸入酒精中,以杀死所蘸的花粉。

③全穗去雄完毕后,套上硫酸纸袋,将下端袋口斜折并用回形针固定。在穗柄上系上塑料牌,写明母本的代号或名称、去雄日期和操作者姓名。

3. 授粉后的管理

当父本套袋隔离、母本去雄完成后,根据杂交组合,选择具有父本品种典型性状、生长健壮、处于盛花期的穗子,拍打抖落穗上所蘸的花药和花粉后,套上硫酸纸袋,将下端袋口斜折并用回形针固定,以供第2天采粉。

4. 授粉

一般在去雄后第2天的早晨进行授粉,如果遇到晴天或有风天气,因散粉较早,应提前进行授粉;如果遇到阴天或露水较多时,则可适当推迟授粉。

(1)采粉

用左手将父本套袋的穗子轻轻弯下,右手拍打纸袋,使花粉散落在纸袋的一角;将装有花粉的纸袋一角斜折并用手捏住，然后取下纸袋。

(2)授粉

取下母本穗上所套的纸袋，随即将装有采集的父本花粉的纸袋套到母本穗上。这时，松开装有花粉的纸袋一角，用手掌拍打纸袋，使花粉均匀地撒在柱头上进行授粉，再将纸袋下端斜折并用回形针加以固定。

(3)记录

在塑料牌上写上父本的代号或名称、授粉日期，并在工作本上做好记录。

(三)收获和保存

①授粉后 10～15 d 即可去掉纸袋，以利于籽粒的发育。

②待种子成熟后，将杂交穗连同塑料牌一起进行收获。将杂交穗晒干后按组合进行脱粒，连同塑料牌一起放入种子袋中。袋上注明杂交组合的代号或名称，妥善保存纸袋，以备下一年种植。

四、作业与思考

1. 每人选定一个组合，采用人工单花去雄法做杂交穗 1～2 穗。成熟后，统计杂交结实率，写出试验报告，并上交收获的杂交穗。

2. 高粱的杂交技术与其他作物的杂交技术相比有何不同？要提高高粱的杂交结实率，应该注意哪些问题？

实验六　马铃薯杂交技术

一、目的要求

1. 了解马铃薯的花器构造和开花习性；

2. 通过练习，初步掌握马铃薯的杂交技术。

二、材料、用具及试剂

(一)材料

不同的马铃薯品种。

(二)用具

剪刀、镊子、培养皿、回形针、硫酸纸袋(10 cm×15 cm)、麦管(长约 2 cm)、塑料牌、铅笔、棉线等。

(三)试剂

75%酒精、95%酒精、乙酸、0.1%萘乙酸羊毛脂膏。

0.1%萘乙酸羊毛脂膏的配制方法：将 200 mg 萘乙酸溶于 2 mL 95%酒精中，然后将其倒入 100 g 羊毛脂膏中调配即成。将配好的 0.1%萘乙酸羊毛脂膏贮存于瓶中备用。

三、方法步骤

(一)确定组合,种植亲本

①根据育种目标,确定杂交组合;

②按春薯或秋薯适时进行播种,以确保父、母本的花期相遇。

(二)杂交技术

1. 选株整序

(1)选株

于杂交的前一天下午进行选株,选择具有母本品种典型性状、生长健壮、前期开花较多的植株,并选择已有几朵花开放或开放不久的主茎花序进行整序。

(2)整序

用剪刀将所选花序上已经开过的很小或发育不全的花朵全部剪去,留下 3～5 朵刚开花但粉囊顶孔尚未破裂,或第 2 天即将开放的花朵,以供去雄。

2. 去雄

对自交亲和的品种必须进行去雄,自交不育的品种可不去雄而直接进行授粉。

①左手固定花蕾,右手用镊子小心地剖开花冠,使雄蕊露出,然后用镊子逐一地将 5 枚花药取出。如果花药破裂或粉囊顶孔开裂散粉,应将该花去除,并将镊子尖浸入酒精中,以杀死所蘸的花粉。

②去雄完毕后,用硫酸纸袋套上整个花序进行隔离。将下端袋口斜折并用回形针固定,挂上塑料牌,写明母本的代号或名称、操作者姓名。

3. 授粉

授粉一般可在去雄后的第 2 天上午 8:00—10:00 或下午 4:00—6:00 进行。

①采粉:在早晨露水干后,摘取父本花朵已开但粉囊顶孔尚未开裂散粉的花朵,置于培养皿中。

②授粉:取下母本花序上的隔离纸袋,然后用镊子尖将采集的花朵沿粉囊的背缝剖开,用镊子尖蘸取花粉,或取下花药,将粉囊顶孔的花粉轻轻地涂在母本柱头上。

③授粉后,在花柄离层处涂上 0.1%萘乙酸羊毛脂膏,以防花果脱落,提高杂交结实率。

④用硫酸纸袋套上整个花序,以进行隔离。在塑料牌上补写父本的代号或名称和授粉日期,并在工作本上做好记录。

套麦管法:应用该方法时,可选用母本粉囊顶孔尚未开裂散粉的花朵,不去雄而直接授以父本花粉。授粉后,只要将粗细适中的麦管套在花柱上进行隔离即可。然后,在花柄离层处涂上 0.1%萘乙酸羊毛脂膏,在塑料牌上写明组合名称、杂交日期及操作者姓名,并在工作本上做好记录。

4. 管理

杂交 1 周后,取下纸袋。为防止杂交果脱落或受外伤,此时最好用纱布口袋将杂交果包起。

(三)收获和保存

①在马铃薯收获前,一般浆果已成熟,应连同塑料牌一起及时进行收获,以防浆果脱落;浆果收获后风干 2～3 d,以促进后熟作用。

②风干后，将浆果浸入清水中；当第 2 天浆果被浸泡得柔软后，把果内的种子洗出、晾干，妥善保存，以备下一年种植。

四、作业与思考

每人分别用套袋隔离法和套麦管法各杂交 2 个花序，2 周后统计杂交结实率。

实验七 棉花杂交技术

一、目的要求

1. 了解棉花的花器构造；
2. 熟悉棉花开花的生物学特性；
3. 通过练习，掌握棉花有性杂交技术。

二、材料、用具及试剂

(一)材料

陆地棉品种若干。

(二)用具

镊子、剪子、红毛线、麦管或饮料吸管（长 3～4 cm，一端折叠封口或用别针卡住）、塑料牌、马克笔或铅笔等。

(三)试剂

75％酒精。

三、内容说明

棉花属于锦葵科棉属，是常异花授粉作物，一般在正常环境下的天然异交率为 3％～20％。

棉花的花为单花、无限花序、两性花，包括苞片、花萼、花冠、雄蕊和雌蕊。其中，苞片通常为 3 片，形状似三角形，基部联合或分离，因棉种而异。苞片中间的苞齿较长，两边较短。苞片的外侧基部有圆形蜜腺（苞外蜜腺）。花萼有 5 片，围绕在花冠基部。在花萼的外侧基部有萼外蜜腺，花萼内侧有一圈萼内蜜腺。花冠由 5 片似倒三角形的花瓣组成，基部有或无红斑，因棉种和品种而异。花冠为乳白色。花瓣有左旋和右旋之分，与对位叶的侧向相同。一般每朵花有 60～90 个雄蕊，花丝基部联合成雄蕊管，与花冠基部连接，花粉呈浅黄色或白色。雌蕊由柱头、花柱、子房组成，子房有 3～5 个心皮，每个心皮有 7～11 粒胚珠，胚珠受精后发育成棉籽。在柱头纵棱上有柱头毛，便于黏附花粉粒。

陆地棉一般在 8～10 片真叶时现蕾。从现蕾到开花一般需要 25～30 d，农谚有“蕾见花，二十八”的说法。棉花现蕾开花的顺序比较稳定，“由下而上，由内到外”，即以第 1 条果枝的第 1 个果节为中心，呈圆锥形螺旋式沿主茎由下而上、由内到外依次开放。相邻果枝相同果节的花蕾称为“同位花蕾”，开花间隔为 2～4 d；同一果枝相邻果节的花蕾为“邻位花蕾”，开花间隔为 5～7 d。棉花刚开的花为乳白色，下午逐渐转变成微红色，第 2 天转变成紫红色，第 3 天花冠凋谢脱落。在盛花期，同一植株可能会同时开放 2～3 朵花。

棉花开花要求的最低温度为 23 ℃，适宜温度为 25～30 ℃。温度过高、过低都不利于棉花开花：日平均气温低于 23 ℃，可能会引起雌蕊异常，以致不能受精；日平均气温高于 30 ℃，特别是夜间温度高于 30 ℃，则会导致大多数陆地棉品种的雄蕊发育不正常。

在棉花开花的前一天下午，花冠急剧伸长，并伸出苞叶外。第 2 天上午的 8:00—10:00 花苞开放，而开花早晚与温度有关。开花时，花药开裂散粉。花粉和柱头的生活力维持时间较短，花粉的生活力可维持 1 d，上午最强。柱头的生活力可维持 2 d，最适宜的授粉时间是上午的 9:00—11:00。花粉粒落在柱头上，吸取柱头毛的水分，一般在 1 h 内可萌发花粉管。当柱头上的花粉粒较多时，花粉管到达子房只需 8 h，一般 20～30 h 完成受精过程。如果受精过程中的温度低于 20 ℃或高于 38 ℃，花粉的生活力会降低，从而影响散粉，甚至引起败育。强光有利于提高花粉的生活力。如果开花时下雨，花粉粒吸水胀破，则会丧失受精能力。

棉花杂交技术除用于杂交育种外，还广泛应用于杂交棉的杂种制种。

四、方法步骤

（一）静态观察

观察棉花花器的各个部分，并绘制出形态图。

（二）持续观察

按指定的品种选定 5 株棉花，做好标记。于始花期（整个小区有 10％的棉株开花结铃的时期，约 6 月 20 日）每天观察开花情况（开花的日期、位置、数量），并在记录本上绘制开花顺序图，同时还须注明当时小气候的情况。连续观察 1 周。

（三）棉花杂交

1. 选株定蕾

选择性状典型、纯度高、生长良好的棉株作为母本株。在母本株上，选择中部果枝上靠近主茎第 1、2 节位的正常花作为杂交花朵，并用塑料牌或红毛线进行标记。

2. 去雄

（1）去雄时间

适宜的去雄时间是开花前一天的下午 3:00 左右。判断花朵第 2 天开放的标准是花冠已经伸长，并伸出副萼之外。这样的花在第 2 天早晨即可开放。

（2）去雄方法

棉花去雄常用的方法有徒手去雄和工具去雄 2 种。

①徒手去雄：先用手将花冠和雄蕊管一起撕去，只保留雌蕊。操作时，不要碰伤子房，不要压破花药，不要破坏苞叶。去雄后，用顶端带节的长 3 cm 的麦管套住柱头并一直压到子房上端，但麦管上端有节的部分须离开柱头 1 cm 以上。套好麦管后，在铃柄上挂上塑料牌，塑料牌上写明母本名称和去雄时间。

②工具去雄：先用剪刀剪去花冠，再用镊子除去花药。如果有残留花粉，可用清水洗净。去雄后，用麦管套好柱头，并在铃柄上挂好塑料牌。

(3)授粉

选择与母本花朵同时开花的父本花蕾，在开花前一天用纸袋将花蕾套好，或用棉线系好，以防止昆虫进入花内，带进其他花粉。

第2天上午9:00—10:00，将父本花朵摘下，将花瓣向外翻卷。同时，摘下母本花朵中柱头上的麦管，用父本雄蕊在母本柱头上轻轻涂抹几下(肉眼可见柱头上附有充足的花粉粒为合格)，完成授粉工作。涂抹时，花粉的量要多一些，以利于受精，然后用麦管套好柱头，并在塑料牌上写明父本名称、授粉日期和操作者姓名。

在实际工作中，可以同时摘取大量父本花朵，收集花药后，将花药用毛笔依次刷到母本柱头上进行授粉。或直接用父本花朵进行授粉，每一朵父本花朵可给5～6朵母本花朵授粉。早晨授粉时，如果父本花药未散裂，可用手指隔着花瓣将花药捻破，再进行授粉。如果授粉时遇到下雨，需待雨停、花柱上露水干后补授粉。授粉后，为保证杂交铃的结铃率，应摘除自花授粉的棉铃。更换父本花粉时，要用75%酒精对毛笔进行消毒，以防止花粉混杂。

(4)日常管理和收获

授粉后，应将母本植株的老叶摘除，加强整枝，改善通风、透光条件，疏去过多的蕾铃，以保证杂交铃的正常生长发育。收获时，将杂交铃和塑料牌一起收获，杂交铃单独进行脱粒和保存。

(四)结果统计与分析

①根据观察结果，绘制棉花花器构造图。

②根据观察结果，绘制棉花开花顺序图；整理结果，并将其填入表2-3中。

表2-3 棉花开花情况

品种名称	每日开花数					
	第1天	第2天	第3天	第4天	第5天	第6天

③每人做2～3个组合，每个组合杂交5～10朵花。其中，留1～2朵花去雄后套麦管不授粉，以便检查去雄效果。将收获后的杂交铃拍照留存，并将结实情况填入表2-4中。

表2-4 棉花有性杂交结实情况

组合名称	授粉方式	去雄花数	授粉花数	结铃数	结实率/%

五、作业与思考

1. 不同棉花组合杂交时的结实率有何差异？为什么？
2. 利用人工杂交技术进行棉花杂种制种有何意义？存在什么问题？

实验八 花粉生活力测定

一、目的要求

1. 学习和了解植物花粉生活力测定的方法及原理；
2. 初步掌握水稻、小麦花粉生活力的测定方法。

二、材料、用具及试剂

(一)材料

当天采集的水稻、小麦的新鲜花粉。

(二)用具

冰箱、荧光显微镜、普通显微镜、恒温箱、载玻片、盖玻片、培养皿、滴管、镊子、解剖针、吸水纸、滤纸、标签、铅笔等。

(三)试剂

硝酸钾、氢氧化钠、硫酸镁、硫酸锰、硝酸钙、硼酸、1% I_2-KI溶液、双乙酸荧光素、丙酮、乳酸、苯酚、甘油、棉蓝、苯胺蓝、冰醋酸、蔗糖、琼脂、马铃薯淀粉、蒸馏水等。

三、内容说明

在农业常规育种工作，尤其是杂交育种工作中，为解决亲本花期不一致和远距离杂交的问题，通常需要早期采集和贮藏花粉。不同类群植物的花粉在自然条件下的寿命、贮藏条件以及花粉生活力的测定有所区别，这是由两个因素决定的：一是由花粉本身的特征决定；二是由贮藏条件决定。一般来说，禾谷类作物花粉的寿命较短，自花授粉植物花粉的寿命尤其短。如小麦花粉在花药开裂后30 min，即由鲜黄色变为深黄色，此时已有大量花粉丧失生活力。

在许多特殊条件下，花粉生活力的差异对于研究花粉与柱头的相互作用、作物改良与育种操作、基因库的保持、不亲和性与受精的关系、生理调节对花粉萌发的影响和基因流等，均具有非常重要的实践意义。因此，对于外地采集花粉的短暂贮藏、花粉的生物学研究、自交或远缘杂交时分析结实率或不结实原因、鉴定雄性不育系(以下简称“不育系”)等，花粉生活力的测定很重要。

花粉生活力有很多表述方法，为方便起见，现将各种表述方法列表(表2-5)如下，以供参考。

表 2-5　花粉生活力的各种表述方法

中文名称	英文名称	表述内容
生活力	Viability	花粉具有存活、生长、萌发或发育的能力
可染性	Stainability	花粉根据其酶的活性、胞质情况所表现出的着色能力
花粉质量	Pollen Quality	花粉酶的活性高低、胞质的完整性以及萌发能力
活力	Vigour	花粉的生活力，指其存活和萌发的能力
萌发力	Germinability	指花粉在适宜条件下萌发的能力
可育性	Fertility	指花粉的发育和生殖能力
受精力	Fertilization Ability	指花粉中包含有效精子及其受精的能力

花粉生活力的测定方法较多，通常可分为萌发测定和不萌发测定 2 大类，常用的方法有以下 3 种：

(一)形态鉴定法

形态鉴定法是一种简便的鉴定新采集花粉的方法。可通过直接观察花粉在形态上有无明显差异来鉴定花粉有无生活力。发育不正常的花粉，其内含物不充实而空瘪，形状也不规则，大小参差不齐；正常花粉的内含物充实饱满、形状规则、大小整齐，因内部含有较多淀粉粒而遇 1% I_2-KI 溶液呈深紫色，遇水易胀而破裂。形态鉴定法一般适用于不育系及远缘杂交后代花粉形态和育性的鉴定。

(二)染色鉴定法(TTC)

有生活力的花粉能引起某些化学物质的显色反应，如氧化三苯基四氮唑(2,3,5-triphenyl tetrazolium chloride，简称“TTC”或“四唑”)、联苯胺-萘酚等。具有生活力的花粉经 TTC 或联苯胺-萘酚染色后呈红色，而不具生活力的花粉则不会被染色，呈黄色或无色。

(三)花粉发芽测定法

配制一定浓度的蔗糖溶液作为培养基，在人工控制条件下进行花粉发芽试验。根据花粉发芽率的高低衡量花粉的生活力，也可以在授粉数小时后直接观察柱头花粉萌发伸长的情况。

四、方法步骤

花粉的生活力可由浅入深按以下顺序观察鉴定：外形观察→I_2-KI 测定内含物的充实度→染色鉴定法鉴定花粉的酶学性质→花粉发芽试验→观察花粉在柱头上萌发和伸长的情况。

(一)形态鉴定

①将少量正常的水稻、小麦的新鲜花粉用解剖针拨于一般载玻片上，于低倍显微镜下观察花粉形态，根据形态特征来判断花粉的生活力状况。一般来说，畸形、皱缩、小型化的花粉均为无生活力的花粉，而有光泽、饱满、具有本品种花粉典型特征等性状的花粉均为有生活力的花粉。

②形态鉴定的方法与形态观察的方法相同，但在有花粉的载玻片上滴 1 滴 1% I_2-KI 溶液，再观察花粉是否被染色和染色的深浅情况，以判断花粉内含物的充实度。正常花粉应有较多的淀粉粒，遇 I_2-KI 溶液呈紫黑色；不正常的花粉染色浅或不被染色。

(二)染色鉴定

1. TTC 染色鉴定

(1)TTC 染色

取已成熟但尚未开花的水稻、小麦花药 5～10 枚。切断花药两端,将花药放入小烧杯中,加入 0.2% TTC 溶液,使花药完全浸入反应液中,在 30 ℃左右的温度下染色 30～60 min。

(2)压片镜检

取出花药,置于载玻片上,用解剖针压出花粉,去掉花药的药壁组织,盖上盖玻片,进行镜检观察。取 5 个视野,统计着色花粉的百分比。花粉粒变红,说明花粉有生活力;染色越深,说明花粉的生活力越强。

2. 联苯胺-萘酚染色鉴定

取已成熟但尚未开花的水稻、小麦花药 3～5 枚,置于载玻片上,先加已配制好的联苯胺、α-萘酚、碳酸钠混合液 1 滴,再加 0.3%过氧化氢 1 滴。用镊子夹破花药,压出花粉,夹除花药的药壁组织,盖上盖玻片,3～4 min 后在显微镜下进行镜检观察。凡具有生活力的花粉粒均被染成红色或浅红色,不具有生活力的花粉则仍呈黄色或无色。

(三)花粉发芽测定

1. 配制培养基

(1)水稻

称取马铃薯淀粉 6 g、蔗糖 20 g、硼酸 0.01 g,加入 100 mL 蒸馏水。将混合物煮沸呈糊状,然后置于恒温箱内保温、保湿,备用。

(2)小麦

称取蔗糖 10 g、琼脂 3.5 g、硼酸 0.02 g,加入 100 mL 蒸馏水,将混合物加热溶解后置于恒温箱内保温、保湿,备用。

以上培养基的 pH 为 5.2～6.0。

2. 置床发芽

趁未凝结,将配制好的培养基均匀地在载玻片上涂一薄层,制成发芽床,并置于 27～29 ℃下 5 min,然后用毛笔蘸取刚开花的花粉,轻轻地将花粉弹落在发芽床上。花粉的密度要稀而均匀,以使花粉的发芽力保持正常、均一,也便于观察统计。

3. 镜检观察

将花粉置于发芽床上后,把载玻片放入铺有湿润滤纸的培养皿中,将培养皿加盖。水稻在 27～29 ℃下保温、保湿培养 5 min,小麦于 22～26 ℃下保温、保湿培养 1～2 h,然后进行镜检观察。凡花粉管伸长长度超过花粉粒直径的花粉即为发芽的花粉。

(四)花粉萌发观察

花粉萌发率是衡量花粉生活力的主要标志,同时花粉管长度也可在一定程度上反映花粉的生活力。一般根据花粉在柱头上的萌发率判断花粉的生活力。

1. 棉蓝染色法

取授粉后一定时间(水稻授粉后 10～30 min,小麦授粉后 2～4 h)的整个雌蕊,将其放在载玻片上，在载玻片上滴几滴棉蓝溶液（按 $V_{乳酸}:V_{苯酚}:V_{甘油}:V_{蒸馏水}:m_{棉蓝}=25\ mL:25\ mL:25\ mL:25\ mL:0.8\ g$ 的比例进行配制），盖上盖玻片。在盖玻片的一侧滴入 40% 甘油，在另一侧用滤纸将染料吸去。如此重复进行，直至盖玻片下面都被甘油浸透，然后将玻片置于显微镜下进行观察，花粉管为蓝色，而柱头组织为无色或淡蓝色。注意：染色时间不宜过长。

2. 荧光显微镜观察法

（1）固定

取水稻开花授粉后 10～15 min、小麦开花授粉后 2～4 h 的整个雌蕊，用卡诺固定液固定，2 h 后移入 75% 酒精中保存备用。

（2）软化

制片前，水稻、小麦的材料用 8 mol/L 氢氧化钠软化 10 min（煮沸），然后水洗去碱。

（3）镜检

将被染色的材料置于载玻片上，盖上盖玻片，压片后置于荧光显微镜下进行观察。以 BG12 为激发光源（蓝紫光），以 0515 为激光滤片。在该光源下，花粉粒呈暗红色，花粉管呈淡黄色，组织背景为黑色。

五、作业与思考

1. 测定花粉生活力的意义有哪些？
2. 观察荧光显微制片，比较不同作物花粉管的伸长情况。
3. 用不同的方法测定花粉的生活力，填写表 2-6，并对测定结果进行分析比较。

表 2-6　不同方法测定花粉生活力的结果

测定方法	供试品种	收集日期	测定日期	第 1 视野	第 2 视野	第 3 视野	第 4 视野	第 5 视野	备注
形态鉴定法									
染色鉴定法									
花粉发芽测定法									

实验九　雄性不育系鉴定技术

一、目的要求

学习和初步掌握不育系的植物形态学特征和花粉育性鉴定技术。

二、材料、用具及试剂

（一）材料

水稻、玉米或油菜的不育系及其雄性不育保持系（以下简称“保持系”）或雄性不育恢复系（以下简称“恢复系”）的植株。

(二)用具

放大镜、显微镜、镊子、载玻片、盖玻片、回形针、透明纸带、标签和吸水纸等。

(三)试剂

1% I_2-KI 溶液：称取 2 g KI 溶于 100 mL 蒸馏水中，再加入 1 g 碘片，充分溶解后用蒸馏水定容至 300 mL，装入棕色瓶中备用。

三、内容说明

不育系是指雄性器官发育不正常，无花粉或虽有花粉但不具有受精能力，而雌性器官发育正常，能接受外来正常花粉受精结实。作物的杂交优势主要是利用不育系、保持系和恢复系进行“三系”配套。

一个优良的不育系必须不育性稳定，不育株率和不育度都达到 100%，农艺性状整齐一致，柱头外露率高，开花习性良好，以利于提高制种产量。

作物不育系的鉴定一般采用植株形态、花粉育性镜检、套袋自交鉴定等方法。

四、方法步骤

(一)不育系和保持系植株形态特征的识别

在不育系繁殖田或杂交种制种田中，对不育系及其保持系(或恢复系)逐行、逐株地进行观察，比较株型、株高、分蘖、叶色、抽穗开花时间，以及花药形态、色泽、开裂情况和开颖角度(开花时内、外颖颖尖张开的角度)等的区别。水稻、玉米和油菜的不育系与保持系植株的形态比较分别见表 2-7 至表 2-9。

表 2-7　水稻不育系与保持系植株的形态比较

性状	不育系	保持系
株型	较紧凑，植株较矮	较松散，植株较高
分蘖	分蘖力较强	分蘖力较弱
抽穗开花时间	较长且较分散	有明显的高峰期
穗颈	有包颈现象	正常
花药形态、色泽和开裂情况	瘦小、干瘪，呈白色或淡黄色水浸状，不开裂	肥大、饱满，鲜黄色，开裂

表 2-8　玉米不育系与保持系植株的形态比较

性状	不育系	保持系
雄蕊	不发达	发达，松散
小穗着生	在主轴上着生，稀而扁平	饱满而个体大
颖花开放	关闭，不开放	开放，花丝伸长
花药形态	短小、干瘪，浅褐色，不伸出颖片外，不开裂	大而饱满，黄绿色，开花时伸出颖片外，开裂散粉
花粉	无花粉或花粉败育，不散粉	花粉量很多，散粉

表 2-9 油菜不育系与保持系植株的形态比较

性状	不育系	保持系
花蕾	短缩,呈尖细状,色浅	肥大而饱满,色泽深
花瓣	花冠短小,花瓣短缩、细窄,约为正常花瓣的1/2;花瓣基端部突然束细,色浅	花冠大,花瓣长而宽,色深
花药	萎缩短小,约为正常花药的1/2,顶端无钩,白色	长而肥大,鲜黄色
雄蕊	短,呈短颈瓶状或柱状,色浅,有的弯曲	长,呈长颈瓶状

(二)不育系花粉形态鉴定

当前生产上利用的不育系多属于核质互作的花粉败育类型。败育花粉经 I_2-KI 溶液染色处理,在显微镜下进行观察,按花粉粒的形状和染色反应可分为典型败育型、圆形败育型和染色败育型。在镜检过程中,为了更准确地鉴定各种类型的花粉,将不育系败育型花粉的 3 种类型与正常可育花粉的特点列入表 2-10 中。

表 2-10 不育系败育型花粉与正常可育花粉的特点

项目	典型败育型	圆形败育型	染色败育型	正常可育花粉
花粉形状	不规则形	圆形	圆形	圆形
碘反应	不染色	不染色或少量浅蓝色	蓝色	蓝黑色
套袋自交结实情况	不结实	不结实	不结实	结实

(三)不育系花粉育性镜检鉴定

1. 取样

分别从不育系、保持系(或恢复系)中随机选取即将开花的穗或花序 2～4 个,挂上标签,带回室内。从中选择花药已伸长且达颖壳(或花蕾)2/3 的花朵 3～4 朵,剥开内、外颖(或花瓣),从每朵花中取 3 枚花药进行制片和镜检。

2. 制片

将花药分别置于载玻片上,用镊子轻轻捣碎,滴上一小滴 I_2-KI 溶液染色;去掉花药壁后,盖好盖玻片,用吸水纸吸去多余的 I_2-KI 溶液,待镜检观察。

3. 镜检

将制好的玻片置于 100 倍显微镜下进行仔细观察。每片玻片各选择有代表性的视野 2～3 个,观察花粉粒的形状和染色反应,按表 2-11 的标准计数每个视野内各类型花粉粒的数量,再分别按式(2-1)计算不育花粉率:

$$\text{不育花粉率}=\frac{\text{不育花粉粒数}}{\text{总花粉粒数}}\times 100\% \tag{2-1}$$

最后,根据不育花粉率判定花粉的育性等级。水稻花粉育性分级标准见表 2-11。

表 2-11　水稻花粉育性分级标准　%

育性等级	不育花粉率	育性等级	不育花粉率
正常育	＜50	高不育	95～99
低不育	50～69	全不育	100
半不育	70～94		

(四)不育系套袋自交结实性鉴定

套袋自交是鉴定育性最准确、最可靠的方法，即在不育系中选择刚抽穗或刚现花蕾而尚未开花的花序 3 个，套上硫酸纸袋，用回形针进行固定，让株(穗)自交结实。15 d 后，取下纸袋，分别统计株(穗)自交结实的情况。凡套袋的株(穗)中只要有一粒结实就算为结实株(穗)，再分别按式(2-2)和式(2-3)计算不育株(穗)率和不育度：

$$\text{不育株(穗)率}=\frac{\text{不育株(穗)数}}{\text{套袋总株(穗)数}}\times 100\% \qquad (2\text{-}2)$$

$$\text{不育度}=\frac{\text{不育花(朵)数}}{\text{总花(朵)数}}\times 100\% \qquad (2\text{-}3)$$

最后，根据不育度确定育性等级。水稻、油菜不育系育性分级标准见表 2-12，玉米雄花育性分级标准见表 2-13。

表 2-12　水稻、油菜不育系育性分级标准　%

育性等级	水稻不育度	油菜不育度
正常育	＜20	＜10
低不育	20～49	10～49
半不育	50～89	50～80
高不育	90～99	81～99
全不育	100	100

表 2-13　玉米雄花育性分级标准

级别	雄花育性描述	育性等级
0	花药不外露，无花粉或花粉败育	全不育
1	花药外露约 5%，花药干瘪，花药败育	高不育
2	花药外露 25%以下，花药小，半开裂，有少量可育花粉	半不育
3	花药外露 50%以下，花药稍小，半开裂，有较多可育花粉	半可育
4	花药外露约 75%，花药饱满，正常散粉，有少量败育花粉	高可育
5	花药全部外露，花药饱满，正常散粉	全可育

五、作业与思考

1. 在不育系繁殖田或杂交种制种田中逐行、逐株地观察比较不育系与其保持系植株的形态区别。

2. 将不育系、保持系花粉进行育性镜检鉴定，并写出鉴定结果。

第三章

作物品质分析及鉴定技术

实验一　小麦面粉品质分析

Ⅰ小麦面粉面筋含量测定

Ⅱ小麦面粉沉淀值测定

Ⅲ小麦烘烤品质鉴定

Ⅳ小麦高分子量谷蛋白亚基SDS-PAGE鉴定

实验二　稻米主要品质分析

Ⅰ 稻谷碾磨品质和稻米外观品质鉴定

Ⅱ稻米蒸煮食味品质评定

Ⅲ稻米胶稠度测定

Ⅳ稻米直链淀粉含量测定

实验三　玉米籽粒品质分析

Ⅰ玉米可溶性糖含量测定

Ⅱ玉米淀粉含量测定

Ⅲ鲜食糯玉米蒸煮食味品质鉴定

Ⅳ鲜食糯玉米果穗外观品质鉴定

实验四　大豆品质分析

Ⅰ大豆含油量测定

Ⅱ油脂食用品质鉴定

实验五　马铃薯品质分析

Ⅰ马铃薯淀粉含量测定

Ⅱ马铃薯还原糖含量测定

Ⅲ马铃薯维生素C含量测定

实验六　利用近红外光谱分析仪测定作物品质的性状

实验一 小麦面粉品质分析

Ⅰ小麦面粉面筋含量测定

一、目的要求

通过实验，初步掌握小麦面粉中面筋含量和面筋品质的测定方法。

二、材料、用具及试剂

(一)材料

不同品种的小麦种子各 300 g，磨粉后过筛备用，或直接利用不同等级的面粉备用。

(二)用具

天平(感量为 0.01 g)、CQ20 筛绢或金属筛(100 目)、玻璃棒、搪瓷杯、移液管(25 mL 和 50 mL)、铝盒、烘箱、表面皿、玻璃板、面筋指数专用筛盒等。

(三)试剂

I_2-KI 溶液、2%氯化钠溶液。

三、方法步骤

(一)面粉中面筋含量的测定

1. 和成面团

称取小麦面粉 10.0 g，放入洁净的搪瓷杯中，用移液管加入 5 mL 清水。先用玻璃棒搅拌面粉，将黏附在器皿和玻璃棒上的粉屑刮下，并入面团内，然后用手将面粉揉成面团，直到面团均匀一致为止。将球形面团置于搪瓷杯内静置 20 min，使水分均匀渗透。

2. 洗出面筋

向搪瓷杯内加入 15～20 ℃的适量清水或 2%氯化钠溶液，然后用手在水中揉捏面团，洗去淀粉、麸皮和水溶性物质，中间需更换清水 3～4 次。换水时，要用网筛过滤，并将留存在网筛上的面筋碎屑收集并入面团内。将面筋洗至清水中不出现浑浊为止。为准确起见，可用 I_2-KI 溶液进行测试，即将洗涤水或面筋中挤出的水滴入表面皿中，再滴入 1～2 滴 I_2-KI 溶液，无蓝色反应时即为洗涤完成。

3. 湿面筋称重

用手挤压洗好的面筋团，将其中的水分挤出，直至面筋团开始黏糊为止，此时的面筋称为湿面筋(如果有条件，采用离心装置排水，控制离心机转速在 3 000 r/min，离心时间为 3 min)。将湿面筋捏成球形，并放入已知质量的铝盒盖上称重(精确至 0.01 g)，按式(3-1)计算湿面筋含量：

$$\text{湿面筋含量}=\frac{\text{湿面筋质量(g)}}{\text{样品质量(g)}}\times 100\% \tag{3-1}$$

4. 干面筋含量的测定

先将烘干过的硫酸纸称重，然后将洗出的面筋放在硫酸纸上，再一同放入烘箱内(140～150 ℃)2 h左右，使面筋的体积充分膨胀。待面筋体积不再增大时，即可降温到100～105 ℃，并用针在面筋球的顶部刺几个小孔，以便放出面筋内残余的水分。经过5～6 h后，按式(3-2)计算干面筋含量：

$$\text{干面筋含量}=\frac{\text{干面筋质量(g)}}{\text{样品质量(g)}}\times 100\% \tag{3-2}$$

(二)面粉中面筋指数的测定

1. 面筋洗涤

洗涤方法同"面粉中面筋含量的测定"中面筋洗涤的方法。

2. 离心

将洗出的面筋放入特制的面筋指数专用筛盒中进行离心，在每个筛盒中各放一个样品。注意：不要把同一个样品的面筋分开。

3. 湿面筋称重

用镊子取出筛网下面(通过筛网)的面筋，称其质量(精确至0.01 g)，记录通过筛网的面筋质量，再取出筛网上面保留的面筋(未通过筛网)，用天平称重，得到湿面筋的总质量。

4. 结果计算

以保留在筛网上的湿面筋质量占湿面筋总质量的百分率表示面筋指数，计算公式见式(3-3)：

$$\text{面筋指数}=\frac{\text{筛网上的湿面筋质量(g)}}{\text{筛网上的湿面筋质量(g)}+\text{筛网下的湿面筋质量(g)}}\times 100\% \tag{3-3}$$

四、作业与思考

测定几个品种的小麦面粉中的面筋含量和面筋品质(湿面筋含量、面筋色泽、面筋弹性、拉力长度、干面筋含量和面筋吸水率等)，并评述哪些品种的品质较好。

Ⅱ 小麦面粉沉淀值测定

一、目的要求

1. 了解小麦面粉沉淀值的测定原理及其在小麦品质育种中的应用；
2. 掌握小麦面粉沉淀值的测定方法。

二、材料、用具及试剂

(一)材料

高筋面粉、强筋面粉、中筋面粉、低筋面粉各若干。

(二)用具

定量加液装置、沉淀值测定专用量筒(100 mL,带塞)、振荡器、电子天平(感量为 0.01 g)、实验用碾磨机、筛子(净筛孔径为 150 pm)和停表振荡器等。

(三)试剂

1. 4 mg/L 溴酚蓝水溶液

称取溴酚蓝 4 mg,溶于蒸馏水中,稀释至 1 000 mL。

2. 乳酸原液

取 250 mL 85%浓乳酸(分析纯),用蒸馏水稀释至 1 000 mL,然后在回流条件下煮沸6 h。用氢氧化钾溶液进行标定,所得溶液浓度应为 2.7～2.8 mol/L。

3. 沉淀试验试剂

将 180 mL 乳酸原液与 200 mL 异丙醇充分混合,然后加蒸馏水至 1 000 mL,摇匀。将试剂保存在带塞的容器中,以防蒸发。试剂应至少静置 48 h。

三、内容说明

小麦面粉的沉淀值是反映小麦面粉中蛋白质质量和含量的综合指标。根据小麦面粉沉淀值的大小(标准法测定),可以将小麦面粉分为高筋面粉(沉淀值≥50 mL,适合制作优质面包)、强筋面粉(35 mL≤沉淀值≤49 mL,适合制作优质面条和馒头)、中筋面粉(20 mL≤沉淀值≤34 mL,适合制作面条和馒头)和低筋面粉(沉淀值<20 mL,适合制作饼干和糕点)。

小麦面粉沉淀值的测定原理为小麦面粉在特定条件下,于弱酸介质中吸水膨胀,形成絮状物并缓慢沉淀,在规定时间内的沉淀体积称为沉淀值。在小麦面粉沉淀试验中,膨胀面筋的形成数量及沉淀速度取决于面筋中蛋白质的水合能力和水合率。在乳酸-异丙醇溶液中,面筋中蛋白质的氢键等疏水键被打破,增强了分子的水合作用,使膨胀的面粉颗粒形成絮状物。因此,面筋数量越多、质量越好,形成的絮状物就越多,沉淀的速度就越缓慢,一定时间内沉淀物的体积就越大。

四、方法步骤

(一)样品制备

将供试小麦品种籽粒的水分调节至 15%,用同一种合适型号的实验用碾磨机磨粉,再经净筛孔为 150 μm 的筛子筛分 90 s,筛下物构成面粉样品。实验前,需要测定面粉样品的含水量。

(二)沉淀值测定

1. 称样

称取面粉样品 3.2 g(含水量为 14%),即称取(2.75±0.04)g 干物质 2 份,精确至 0.05 g。将面粉小心放入带塞的 100 mL 沉淀值测定专用量筒中。

2. 悬浮面粉

在面粉样品中加入 50 mL 溴酚蓝水溶液,用塞子塞紧量筒,然后用力振荡 5 s,即把量筒置于水平位置,并且从右到左地摇动 12 次(摇动间距 18 cm),使面粉和试剂彻底混合,并使面粉完全悬浮起来。

3. 振荡

将量筒放入振荡器中振荡 5 min，取出，快速加入 25 mL 沉淀试验试剂。将量筒再次放入振荡器中继续振荡，时间总计为 10 min，然后将量筒取出并使其在实验台上竖直放置，马上开始计时。

4. 沉淀读数

准确停放 5 min 后，立即读取量筒中沉淀物的体积(精确至 0.5 mL)。2 次重复测定结果的平均值即为沉淀值，以 mL 为单位。2 次测定结果不应相差 2 个单位以上。

五、作业与思考

1. 测定各供试品种的沉淀值，并结合面筋测定结果评价各品种的品质。
2. 在测定面粉沉淀值的过程中，应着重注意哪些环节？

Ⅲ 小麦烘烤品质鉴定

一、目的要求

1. 学习蛋糕加工实验技术，了解蛋糕品质的鉴定方法；
2. 提高对蛋糕粉的认识。

二、材料及用具

(一)材料

鸡蛋、白糖、强筋面粉、中筋面粉和低筋面粉等。

(二)用具

电子天平、打蛋器、各种蛋糕模具、烤炉和面包体积仪等。

三、方法步骤

(一)称量材料

按表 3-1 中的配方称量材料。先称取鲜鸡蛋液，然后称取按配方中的比例算得的绵白糖和小麦粉。

表 3-1 海绵蛋糕配方 g

配料	质量
小麦粉(14%湿基)	100
鲜鸡蛋液	130
绵白糖	110

(二)制备蛋糊

将称量好的鲜鸡蛋液和绵白糖放入打蛋器的搅拌缸中，先慢速(60 r/min)搅打 1 min，再快速(200 r/min)搅打 19 min。

(三)制备面糊

将称量好的小麦面粉均匀地倒入蛋糊中，慢速(60 r/min)搅拌 90 s，停机；取下搅拌缸，以自流淌出的方式将面糊分别倒入各种蛋糕模具中。将装入面糊的模具用力震几下，以赶走其中的大气泡。

(四)烘烤

把装入面糊的模具放入烤炉(烤炉预先加热到设定温度)中进行烘烤。设定炉温为 190℃，烘烤时间为 18～20 min。

(五)品质评价标准

1. 密度(30 分)

蛋糕出炉后，在室温下放置 2～3 min。将蛋糕从模具中取出，冷却 30 min，然后放在电子天平上称重(精确至 0.01 g)，再用面包体积仪测量蛋糕的体积(精确至 5 mL)，计算蛋糕密度(g/mL)。蛋糕密度评分标准见表 3-2。

表 3-2　蛋糕密度评分标准

密度/(g/mL)	评分/分	密度/(g/mL)	评分/分	密度/(g/mL)	评分/分	密度/(g/mL)	评分/分
2.5	7	3.4	16	4.3	25	5.2	26
2.6	8	3.5	17	4.4	26	5.3	25
2.7	9	3.6	18	4.5	27	5.4	24
2.8	10	3.7	19	4.6	28	5.5	23
2.9	11	3.8	20	4.7	29	5.6	22
3.0	12	3.9	21	4.8	30	5.7	21
3.1	13	4.0	22	4.9	29	5.8	20
3.2	14	4.1	23	5.0	28	5.9	19
3.3	15	4.2	24	5.1	27	6.0	18

2. 表面状况(10 分)

蛋糕表面状况评分标准见表 3-3。

表 3-3　蛋糕表面状况评分标准　　分

评分项目	评分
表面光滑，无斑点和环纹，上部有较大弧度	8～10
表面略有气泡和环纹，稍有收缩变形，上部有一定弧度	5～7
表面有深度环纹，收缩变形且凹陷，上部无弧度	2～4

3. 内部结构(30 分)

蛋糕内部结构评分标准见表 3-4。

表 3-4　蛋糕内部结构评分标准　　分

评分项目	评分
亮黄色或淡黄色，有光泽，气孔较均匀，光滑细腻	23～30
黄色或淡黄色，无光泽，气孔略大、稍粗糙、不均匀，无坚实部分	16～22
暗黄色，气孔较大且粗糙，底部气孔紧密，有少量坚实部分	8～15

4. 弹柔性(10 分)

蛋糕弹柔性评分标准见表 3-5。

表 3-5　蛋糕弹柔性评分标准　　分

评分项目	评分
柔软有弹性，按下去后复原很快	8～10
柔软且较有弹性，按下去后复原较快	5～7
柔软性、弹性差，按下去后很难复原	2～4

5. 口感(20 分)

蛋糕口感评分标准见表 3-6。

表 3-6　蛋糕口感评分标准　　分

评分项目	评分
味道纯正，口感绵软、细腻，稍有潮湿感	16～20
口感绵软，略有坚韧感，稍干	12～15
松散发干，坚韧，粗糙或较黏牙	6～11

四、作业与思考

根据实验结果进行蛋糕综合评分，见表 3-7。

表 3-7　蛋糕综合评分　　分

评分项目	评分
密度	
表面状况	
内部结构	
弹柔性	
口感	
总分	

Ⅳ小麦高分子量谷蛋白亚基 SDS-PAGE 鉴定

一、目的要求

1. 了解小麦高分子量谷蛋白亚基与小麦品质的关系；

2. 熟悉小麦高分子量谷蛋白亚基提取和十二烷基硫酸钠聚丙烯酰胺凝胶电泳(SDS-PAGE)鉴定的原理；

3. 掌握小麦高分子量谷蛋白亚基的提取方法和 SDS-PAGE 鉴定方法。

二、材料、用具及试剂

(一)材料

6 个不同的高分子量谷蛋白亚基小麦品种。

(二)用具

稳压稳流电泳仪及其配套电冰槽、摇床、台式离心机、微量移液器、电子天平、制胶专用玻璃板等。

(三)试剂

样品提取液、1.5 mol/L Tris-HCl(pH 8.8)溶液、0.5 mol/L Tris-HCl(pH 6.8)溶液、30% 丙烯酰胺(Acr)-0.8% N,N′-亚甲基双丙烯酰胺(Bis)溶液、10%十二烷基硫酸钠(SDS)溶液、1.5%过硫酸铵(AP)溶液、Tris-甘氨酸电极缓冲液、考马斯亮蓝染色液和脱色液等。

1. 样品提取母液

将 6 g SDS、37.5 mL 0.5 mol/L Tris-HCl(pH 6.8)、30 mg 溴酚蓝和 30 mL 甘油溶于 17.4 mL 蒸馏水中。

2. 样品提取液

将 27.2 mL 样品提取母液和 4.8 mL 巯基乙醇加入 64 mL 蒸馏水中。

3. 1.5 mol/L Tris-HCl(pH 8.8)溶液

将 18.17 g Tris 溶于 40 mL 蒸馏水中,加浓 HCl 调节 pH 至 8.8,用蒸馏水定容至 100 mL。

4. 0.5 mol/L Tris-HCl(pH 6.8)溶液

将 6.05 g Tris 溶于 40 mL 蒸馏水中,加浓 HCl 调节 pH 至 6.8,用蒸馏水定容至 100 mL。

5. 30% Acr-0.8% Bis 溶液

将 30 g Acr 和 0.8 g Bis 溶于 40 mL 蒸馏水中,用蒸馏水定容至 100 mL。

6. 10% SDS 溶液

将 10 g SDS 溶于 40 mL 蒸馏水中,用蒸馏水定容至 100 mL。

7. 1.5% AP 溶液

将 0.15 g AP 溶于 10 mL 蒸馏水中,现用现配。

8. Tris-甘氨酸电极缓冲液

称取 3.032 g Tris、1 g SDS 和 14.4 g 甘氨酸溶于蒸馏水中,用蒸馏水定容至 1 000 mL。

9. 考马斯亮蓝染色液

将 250 mL 甲醇、100 mL 乙酸和 0.6 g 考马斯亮蓝加入 250 mL 蒸馏水中。

10. 脱色液

将 50 mL 甲醇和 50 mL 乙酸加入 400 mL 蒸馏水中即得到脱色液，也可以直接用自来水作脱色液。

三、内容说明

小麦储藏蛋白主要由麦谷蛋白和麦醇溶蛋白组成，它是决定小麦面团流变特性的主要因素，也是衡量小麦品质的重要因素。其中，麦谷蛋白决定面团的弹性，麦醇溶蛋白决定面团的延展性。

麦谷蛋白由不同的谷蛋白亚基组成。根据麦谷蛋白不同亚基在 SDS-PAGE 中迁移率的不同，可将麦谷蛋白分为高分子量谷蛋白亚基（High Molecular Weight Glutenin Subunits，HMW-GS）和低分子量谷蛋白亚基（Low Molecular Weight Glutenin Subunits，LMW-GS）。

控制小麦 HMW-GS 的基因位于小麦第 1 部分同源群染色体上的 *Glu-A1*、*Glu-B1* 和 *Glu-D1* 位点，统称 *Glu-1*。每个 *Glu-1* 位点有两个紧密连锁的基因，分别编码分子量不同的 HMW-GS，即分子量较大的 x-型亚基和分子量较小的 y-型亚基。

控制小麦 HMW-GS 的基因存在广泛的变异。其中，*Glu-A1* 位点的 null（表示无带）、1 和 2^* 较为常见；*Glu-B1* 位点的 7、7＋8、7＋9、13＋16、14＋15、17＋18 和 20 较为常见；*Glu-D1* 位点的 2＋12 和 5＋10 较为常见（图 3-1）。

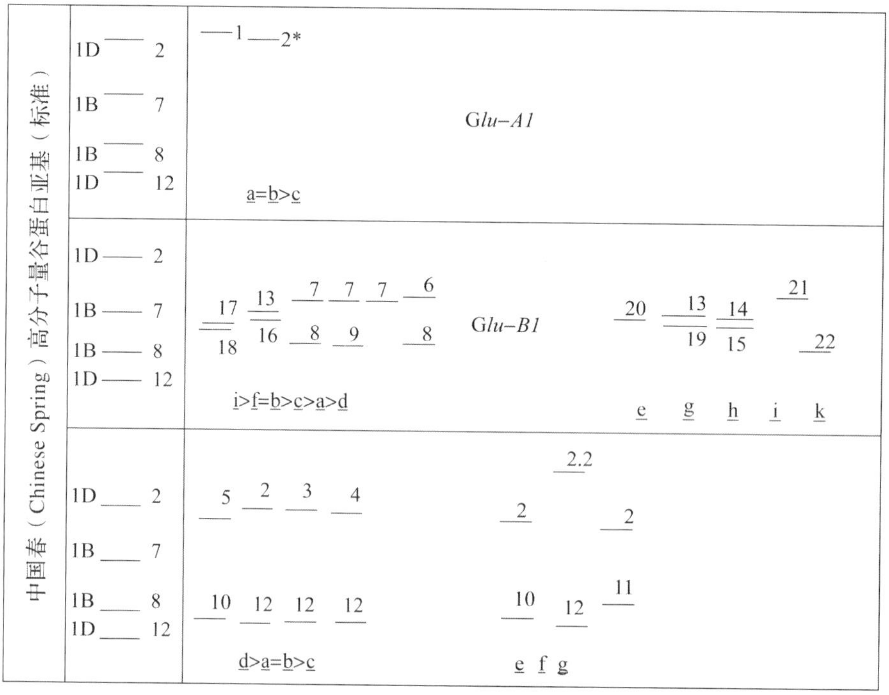

图 3-1　以中国春（Chinese Spring，CS）为基准的各种小麦 HMW-GS 的 SDS-PAGE 谱带及亚基的编号（a，b，c，d 等）

(一)小麦 HMW-GS 与小麦品质的关系

控制小麦 HMW-GS 的基因位点 *Glu-A1*、*Glu-B1* 和 *Glu-D1* 对小麦品质的贡献不同。一般认为,3 个控制小麦 HMW-GS 的基因位点对小麦品质的贡献大小为:*Glu-D1*>*Glu-B1*≥*Glu-A1*。同一小麦 HMW-GS 基因位点不同等位的变异对小麦品质的贡献也不同。一般认为,不同小麦 HMW-GS 对小麦品质的贡献大小在 *Glu-A1* 位点为 2*>1>null,在 *Glu-B1* 位点为 17+18>13+16>7+8>7+9,在 *Glu-D1* 位点为 5+10>2+12。

(二)实验原理

1. 小麦 HMW-GS 的提取原理

变性剂 SDS 破坏蛋白质的分子结构。强还原剂巯基乙醇使半胱氨酸残基之间的二硫键断裂,裂解后的氨基酸侧链和 SDS 充分结合,形成带负电荷的蛋白质-SDS 胶束,如图 3-2 所示。

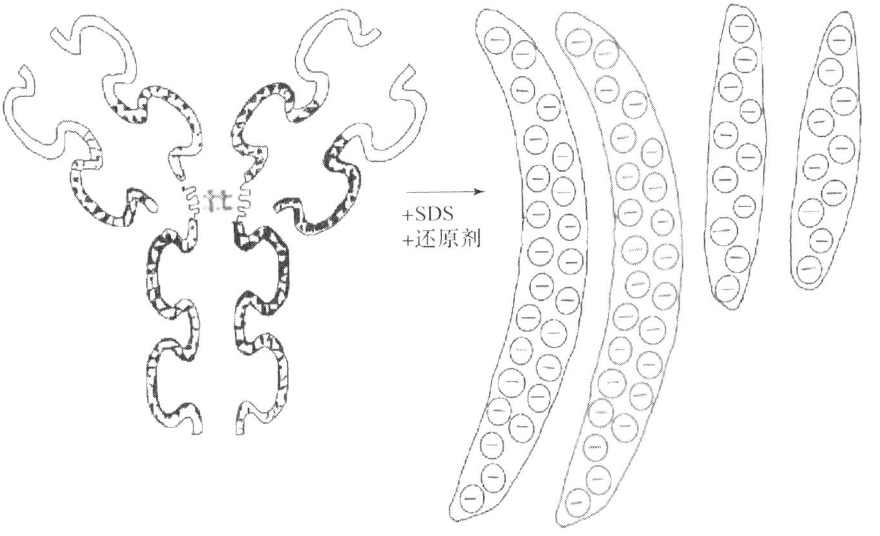

图 3-2　蛋白质样品径 SDS 和还原剂处理后解聚成亚基

蛋白质-SDS 胶束在水溶液中的形状像一根长椭圆棒。不同蛋白质-SDS 胶束椭圆棒的短轴长度基本上是相同的,长轴的长度则与亚基分子量的大小成正比。

蛋白质-SDS 胶束在 SDS-PAGE 中的迁移率主要取决于椭圆棒的长轴长度,即蛋白质或亚基分子量的大小。SDS-PAGE 电泳不仅可以分离蛋白质,还可以根据迁移率的大小测定蛋白质或亚基的分子量。

2. 小麦 HMW-GS 的 SDS-PAGE 原理

小麦 HMW-GS 的 SDS-PAGE 为不连续凝胶电泳。不连续凝胶电泳包括 2 种不同孔径的凝胶——浓缩胶和分离胶,如图 3-3 所示。

浓缩胶的浓度较低,孔径相对较大。把较稀的样品加在浓缩胶上,样品经过较大孔径凝胶的迁移作用而被浓缩至一个狭窄的区带。

分离胶又称电泳分离胶,通常孔径较小。选择合适的分离胶浓度,可使样品组分很好地进行分离。分离胶又可分为均一胶和梯度胶,本实验用的是均一胶。

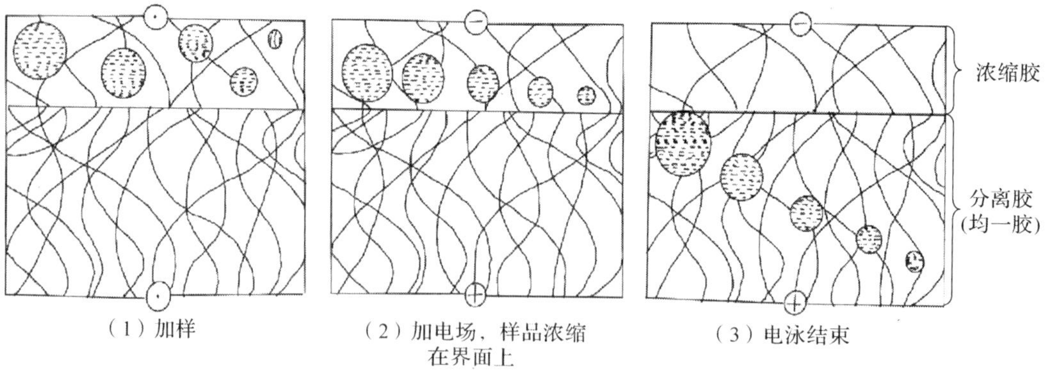

图 3-3 SDS-PAGE 不连续凝胶电泳

四、方法步骤

(一)小麦 HMW-GS 的提取

①将小麦籽粒砸碎后，放入 1.5 mL 离心管中。

②向离心管中加入 400 μL 50%异丙醇溶液，60 ℃水浴 30 min，其间摇晃 2 次，然后以 10 000 r/min 的转速离心 3 min，弃去上清液。

③重复步骤②2 次。

④向离心管中加入 100 μL 提取液 B1(50%异丙醇+0.3%二硫代苏糖醇)，60 ℃水浴 30 min。

⑤向离心管中加入 100 μL 提取液 B2(50%异丙醇+体积分数为 1.4%的 4-乙烯基吡啶)，60 ℃水浴 1 h，然后以 10 000 r/min 的转速离心 10 min。

⑥将 160 μL 上清液转移到新的离心管中，并在其中加入 600 μL 丙酮，于 4 ℃下放置 1.5～2 h。

⑦以 10 000 r/min 的转速离心 10 min，弃去上清液；在沉淀物中加入 100 μL 样品提取液，放置 2 h 以上，使沉淀物充分溶解，备用。

(二)制胶与电泳

①取 1 套或 2 套干净的制胶专用玻璃板，将其在制胶架上固定好。

②先按照表 3-8 的比例配制好分离胶工作液，将分离胶工作液摇匀后灌到制胶专用玻璃板内，在制胶专用玻璃板的上端留约2.5 cm 的空间，向其中加入蒸馏水。

表 3-8 分离胶工作液的配制

试剂	单板
30%Acr-0.8%Bis 溶液	13.3 mL
1.5 mol/L Tris-HCl(pH 8.8)	10.0 mL
10%SDS	0.4 mL
蒸馏水	13.3 mL
1.5%AP	3.0 mL
TEMED(四甲基乙二胺)	30 μL

③分离胶凝结后，胶面与水面之间会出现清晰的界面，此时将分离胶上面的水倒出来，用滤纸把剩余的水吸干。

在浓缩胶预工作液中，按表3-9中的量加入1.5%AP和TEMED，混匀后灌进制胶专用玻璃板内，迅速插入样梳。

表3-9 浓缩胶工作液的配制

试剂	双板	
30%Acr-0.8%Bis溶液	2.5 mL	浓缩胶预工作液
1.5 mol/L Tris-HCl(pH 8.8)	5.0 mL	
10%SDS	200 μL	
蒸馏水	11.2 mL	
1.5%AP	1.0 mL	
TEMED	20 μL	

④待浓缩胶凝固后，将制胶专用玻璃板从制胶架上取下来，拔出样梳，用蒸馏水将点样孔冲洗干净；将制胶专用玻璃板夹在电泳槽上，在电泳槽中倒入电极缓冲液，上样(上样量为4 μL)。

⑤接通电源，每板胶稳流至12～15 mA；指示剂出胶2 h后，停止电泳。

⑥揭开制胶专用玻璃板，切下浓缩胶；将分离胶放到染色液内，染色15～30 min(视染色液新旧而定)；用脱色液或水脱色至背景清晰。

五、作业与思考

提交一张SDS-PAGE电泳图片，并根据实验结果完成表3-10。

表3-10 小麦*Glu*-1位点HMW-GS的组成

材料名称	编号	*Glu-1*位点HMW-GS的组成				
		Glu-A1 x	*Glu-B1* x	*Glu-B1* y	*Glu-D1* x	*Glu-D1* y
	1					
	2					
	3					
	4					
	5					
	6					

实验二 稻米主要品质分析

稻米的品质比较复杂，不同用途的稻米对品质的要求也不同。稻米品质主要由稻谷碾磨品质、稻米外观品质、稻米蒸煮食味品质和稻米营养品质组成。稻谷碾磨品质和稻米外观品质是确定稻米价格的重要依据,也是水稻优质育种的重要性状。稻米蒸煮食味品质包括稻米的糊化温度、胶稠度和直链淀粉含量,它是稻米品质的重要理化指标,对米质优劣起决定性作用。稻米直链淀粉含量是决定稻米品质优劣的最重要的性状之一,它与米饭的黏性、柔软性、光泽和蒸煮食味品质密切相关。

Ⅰ 稻谷碾磨品质和稻米外观品质鉴定

一、目的要求

掌握稻谷碾磨品质的内容和稻米外观品质的鉴定方法。

二、材料及用具

(一)材料

不同品质和粒形的籼稻和粳稻样品各 4～5 份,含水量为(13±1)%。

(二)用具

实验室用小型胶辊电动稻谷糙米机、电动砻米机、天平(感量为 0.01 g)、磨口的广口玻璃瓶(150 mL)、镊子、游标卡尺、黑布或黑色工作台桌、圆孔筛(孔径分别为 1 mm 和 2 mm)、放大镜、搪瓷盘、铝盘(直径为 20 cm)等。

三、内容说明

(一)稻谷碾磨品质

稻谷碾磨品质是指稻谷在碾磨后保持的特性。稻谷碾磨品质包括糙米率、精米率和整精米率。糙米是指脱去谷壳的谷粒,精米是指去掉糠皮和胚的米粒,整精米是指完整而无破碎的精米粒。

糙米率是指干净的稻谷经出糙机脱去谷壳后的糙米质量占稻谷样品质量的百分率,一般为 80%～84%。精米率是指糙米或稻谷经碾米机碾磨加工,碾去糠层(包括果皮、种皮和糊粉层)及胚,用筛孔直径为 1 mm 的圆孔筛筛去米糠后的米粒质量占稻谷样品质量的百分率,一般为 70%～75%。整精米率是指完整无损的精米粒质量占稻谷样品质量的百分率。因品种不同,整精米率的差异很大,一般为 25%～65%。

优质水稻品种要求"三率"高,即糙米率高、精米率高和整精米率高。其中,整精米率是稻谷碾磨品质中较重要的一个指标。整精米率高,说明同样数量的稻谷能碾出较多的整精米,稻谷具有较高的商品价值。

(二)稻米外观品质

外观品质也称商品品质。稻米外观品质包括精米粒长、精米粒型(精米粒长宽比)、透明度、垩白粒率、垩白大小和垩白度等外观物理特性。其中,垩白的有无、大小及垩白粒率是水稻品种最重要的外观品质性状。垩白无或小、垩白粒率低的水稻品种是米质较优的品种。

四、方法步骤

(一)稻谷碾磨品质的鉴定

1. 糙米率的测定

将稻谷样品中的泥沙等杂质挑除干净后，称取样品 2 份，每份 100 g。先清理、调试好糙米机，开启电源，待糙米机运转正常后，将稻谷样品缓缓地倒入进料斗中，脱壳完成后关机。抽出糙米斗检查样品，除去颖壳，如果有少量谷粒，需再次脱壳或人工剥去谷壳，使之全为糙米；如果有较多的稻谷未能脱壳，可将橡皮辊的间距调小一些，重新脱壳。最后称量糙米的质量(精确到 0.1 g)，按式(3-4)计算糙米率：

$$糙米率=\frac{糙米质量(g)}{稻谷样品质量(g)}\times 100\% \tag{3-4}$$

重复测定 2 次，2 次测定结果的平均值即为最终的测定结果(误差不超过 1%，取小数点后 1 位，下同)。

2. 精米率的测定

将洁净、新鲜的糙米混合均匀，称取样品 2 份，每份 30 g(精确到 0.01 g)。调试好砻米机，待砻米机正常运转后，将糙米装入小斗中，让糙米落入精碾室内。使砻米机稍微转动一下，让糙米全部漏下去，缓慢地放下重锤，加压碾磨 5～10 min，然后将开关旋钮转到“开”的位置，使精米沿导管流入盛料斗中，随后关机。取出精米，用孔径为 1 mm 的圆孔筛筛去糠层。将轻压成团的米糠筛净，称取精米质量(精确到 0.01 g)，按式(3-5)计算精米率：

$$精米率=\frac{精米质量(g)}{稻谷样品质量(g)}\times 100\% \tag{3-5}$$

重复测定 2 次，2 次测定结果的平均值即为最终的测定结果(误差不超过 1%)。

3. 整精米率的测定

①筛选法：将上一步实验中得到的精米样品放在孔径为 2 mm 的圆孔筛内，下接筛底，上盖筛盖；将套筛放在电动筛选器的托盘上，启动电源，让筛选器自动顺时针、逆时针各筛 1 min。保留在筛面上的是整粒精米和大碎米，按分类标准从中分拣出整粒精米，称其质量(精确到 0.1 g)。

②手选法：称取精米样品 10 g，放在干净的搪瓷盘中人工手选分拣出整精米，称出整精米的质量。

按式(3-6)计算整精米率：

$$整精米率=\frac{整精米质量(g)}{稻谷样品质量(g)}\times 100\% \tag{3-6}$$

重复测定 2 次，2 次测定结果的平均值即为最终的测定结果(误差不超过 2%)。

(二)稻米外观品质的鉴定

稻米外观品质是决定稻米市场价格的重要因素，包括垩白粒率、垩白大小、垩白度和精米粒长宽比等性状。

1. 垩白粒率的测定

垩白粒率即垩白米粒占样品总粒数的百分率，测定方法如下：随机取整精米 100 粒，逐粒目测，拣出明显的、白色、不透明的垩白米粒，并计数。按式(3-7)计算垩白粒率：

$$垩白粒率=\frac{垩白米粒数}{稻米样品总粒数}\times 100\% \tag{3-7}$$

重复测定 2 次，2 次测定结果的平均值即为最终的测定结果(误差不超过 5%)。

2. 垩白大小和垩白度的测定

从挑出的垩白米粒中随机选取 10 粒(不足 10 粒者按实有数选取)，将米粒平放，正视观察。目测每一粒米的垩白面积占整粒米投影面积的百分率。按式(3-8)计算垩白米粒垩白面积百分率的平均值：

$$垩白米粒垩白面积百分率的平均值=\frac{\sum 各米粒垩白面积百分率}{稻米样品总粒数} \tag{3-8}$$

重复测定 2 次，2 次测定结果的平均值即为垩白大小(误差不超过 10%)。

根据垩白大小计算垩白度，计算公式见式(3-9)：

$$垩白度(\%)=垩白粒率\times 垩白大小 \tag{3-9}$$

3. 精米粒长宽比的测定

精米粒的长度是指整精米粒两端最大的距离，宽度是指整精米粒两端最宽处的距离。随机取整精米 10 粒，用游标卡尺量出每粒精米的长度和宽度，以 mm 为单位，精确到 0.1 mm。重复测定2 次，2 次测定结果的平均值即为精米粒的长度和宽度(误差不超过 10%)。

根据精米粒的长度和宽度，计算精米粒的长宽比。

五、作业与思考

1. 全班分小组分别测定一个粳稻品种和一个籼稻品种的糙米率、精米率和整精米率，并评价各品种的稻谷碾磨品质。

2. 根据供试水稻品种的米粒形状、大小和垩白性状，评价其稻米外观品质。

3. 填写表 3-11。

表 3-11　稻谷碾磨品质和稻米外观品质

品种名称：

测定项目	重复	测定结果	测定项目	重复	测定结果
糙米率/%	1 次重复		精米粒长宽比		
	2 次重复				
	平均值				
精米率/%	1 次重复		垩白粒率/%	1 次重复	
	2 次重复			2 次重复	
	平均值			平均值	

续表 3-11

测定项目	重复	测定结果	测定项目	重复	测定结果
整精米率/%	1 次重复		垩白大小	1 次重复	
	2 次重复			2 次重复	
	平均值			平均值	
精米粒长/mm	1 次重复		垩白度		
	2 次重复				
	平均值				
精米粒宽/mm	1 次重复				
	2 次重复				
	平均值				

Ⅱ稻米蒸煮食味品质评定

一、目的要求

掌握稻米蒸煮食味品质的评定方法和评价标准。

二、材料及用具

(一)材料

供评定的精米样品 3 个,并标注为样品 1、样品 2 和样品 3。

(二)用具

精度为 0.01 g 的电子天平、3 L 电饭煲 3 个、烧杯、饭碗和筷子等。

三、方法步骤

(一)样品米饭的制备

称取 3 个精米样品各 250 g,用清水淘洗 2 次后,分别放入电饭煲中,按稻米与水的质量比例为 1∶1.5 加入清水(加水量可依据米饭的软硬适当增减)。将稻米浸泡 30 min 后按下电饭煲煮饭开关。在蒸煮过程中,不得打开锅盖,待煮饭结束 15 min 后再开盖。用筷子搅拌煮好的米饭,先从锅的周边松动米饭,使米饭与锅壁分离,再按横、竖两个方向各平行滑动 2 次,接着用筷子上下搅拌 4 次,使多余的水分蒸发之后盖上锅盖,再焖 10 min。

将样品米饭蓬松地盛入饭碗中(从电饭煲中间部分取样),碗上标注好样品序号,趁热进行品尝。

(二)蒸煮食味品质评定

按照米饭的气味结构、外观、适口性和冷饭质地的顺序进行蒸煮食味品质评定。趁热打开锅盖，先评定米饭是否有香味，接着观察米饭的颜色、光泽和饭粒完整性，然后通过咀嚼、品尝等评定米饭的柔软性及滋味。1 h后，评定冷饭质地，看冷饭是否柔软松散，是否黏结成团。

评定人员根据感官鉴定进行评价，评价内容包括米饭的气味（趁热将米饭置于鼻腔下方，适当用力地吸气，仔细辨别米饭的气味）、外观结构（米饭的颜色、光泽和饭粒完整性）、适口性（黏性、软硬度、弹性）和冷饭质地（米饭在室温下放置 1 h 后，品尝并判断冷饭的黏弹性、黏结成团性和硬度）。米饭感官评价的内容与描述见表 3-12。

表 3-12　米饭感官评价的内容与描述

评价内容		描述
气味	特有香气	香气浓郁；香气清淡；无香气
	异味感	陈米味
外观结构	颜色	颜色正常，米饭洁白；颜色不正常，发黄、发灰
	光泽	表面对光的反射程度：有光泽；无光泽
	饭粒完整性	保持整体的程度：结构紧密；部分结构紧密；部分饭粒爆花
适口性	黏性	滑爽；黏性；有无黏牙
	软硬度	软硬适中；偏硬或偏软
	弹性	有嚼劲；无嚼劲；疏松；干燥、有渣
冷饭质地	黏弹性、黏结成团性、硬度	黏弹性和回生性（黏结成团性、硬度等）

四、作业与思考

评定 3 个精米样品的蒸煮食味品质，并对各样品的蒸煮食味品质进行描述和评价，填写表 3-13。

表 3-13　稻米蒸煮食味品质的评分标准　　分

品种名称	气味	外观结构	适口性	冷饭质地	综合评分
样品 1					
样品 2					
样品 3					

注：各项目的最高分为气味 1 分，外观结构 2 分，适口性 6 分，冷饭质地 1 分。若为香米品种，则为气味 2 分，外观结构 1 分，适口性 6 分，冷饭质地 1 分。

Ⅲ 稻米胶稠度测定

一、目的要求

1. 了解和掌握稻米胶稠度的测定方法；

2. 通过实验操作，掌握大米胶稠度的分类标准，并根据所得的结果做出正确的判断。

二、材料、用具及试剂

(一)材料

不同品质的稻米(籼米、粳米、糯米)。

(二)用具

高速样品粉碎机、100 目(孔径为 0.15 mm)铜丝筛、水浴锅、分析天平(感量为 0.000 1 g)、圆形铁丝笼(能放入水浴锅中)、冰水浴箱(约 0 ℃)、玻璃弹子(直径为 1.5 cm)、玻璃试管(13 cm×1.1 cm)、小玻璃瓶、移液管(1 mL 和 2 mL)、坐标纸、小培养皿、镊子、单面刀片、小木板(方形,边长为 15 cm)、10 mL 小坩埚、小搪瓷盘、橡皮吸管、5 倍放大镜等。

(三)试剂

医用氢氧化钠、氢氧化钾(85%,分析纯)、95%酒精(分析纯)、麝香草酚蓝等。

三、内容说明

胶稠度通过浓度为 4.4%的米胶在冷却后所表现出来的黏稠程度来测定。胶稠度以米胶冷却时延伸的长度(mm)表示。米胶延伸得越长,则胶稠度越软。胶稠度通常可分为硬胶稠度(≤40 mm)、中胶稠度(41～60 mm)和软胶稠度(≥61 mm)3 个等级。胶稠度与米饭的柔软性和冷却后的适口性直接相关,因此胶稠度的软硬也成为影响蒸煮食味品质优劣的重要因素。

四、方法步骤

①称取氢氧化钾(分析纯)11.2 g,溶于 1 000 mL 蒸馏水中,配成 0.2 mol/L 氢氧化钾溶液。称取麝香草酚蓝 0.125 g,溶于 500 mL 95%酒精中,配成含 0.025%麝香草酚蓝的 95%酒精溶液。

②将供试精米样品放在室内 2 d 以上,使样品的含水量一致。称取样品 2 g(含水量约为 12%),将其磨成细粉,过 100 目铜丝筛,然后放入磨口小玻璃瓶中,塞好瓶盖,再放于干燥器中备用。

③准确称取米粉样品 2 份,每份 100 mg(按含水量 12%计算。当含水量不为 12%时,则应折算并相应增减样品的质量),分别放入试管中。注意:米粉不要黏附在试管壁上。

④向每支试管中加入 0.2 mL 含 0.025%麝香草酚蓝的 95%酒精溶液(酒精能防止糊化时米粉结块;麝香草酚蓝能使碱性胶糊着色,以辨认米胶前沿),轻摇试管,使米粉分散而不沉淀结块,然后加入 2 mL 0.2 mol/L 氢氧化钾溶液,摇匀。

⑤将试管放入铁丝笼中,在试管口上放一个玻璃弹子,再把铁丝笼放入沸水浴中煮沸 8 min。注意:在将试管放入水浴锅之前,应再一次摇动试管,以防米粉结块;在放入水浴锅之后,试管内的液面应低于水浴锅的液面,使沸腾的米胶高度始终维持在试管长度的三等分至二等分处,过高的米胶将会溢出;如果发现米胶溶液不上升,则可能是米粉在底部结块,应立即摇动试管,否则测定结果将不准确。

⑥加热结束后,取出试管放在试管架上,在室温下冷却 5～10 min,再放入冰水浴箱(约 0 ℃)中冷却 20 min。

⑦在水平的桌面上放一张坐标纸，将含米胶的试管平放在坐标纸上，试管底部排列在同一条基准线上。将试管在(25±2)℃的温度下静置 1 h。观察、测量各个样品的米胶长度，单位为 mm。

重复测定 2 次，2 次实验结果的允许差距为：硬胶稠度样品≤3 mm，中胶稠度样品≤5 mm，软胶稠度样品≤7 mm。求出 2 次实验结果的平均值。

五、作业与思考

分组测定供试稻米样品的胶稠度，确定其级别并予以评价。

Ⅳ稻米直链淀粉含量测定

一、目的要求

通过学习，初步掌握稻米蒸煮食味品质中直链淀粉含量的测定技术。

二、材料、用具及试剂

（一）材料

含不同直链淀粉含量的稻米(籼米或粳米)样品 5 个以上。

（二）用具

分光光度计、分析天平(感量为 0.000 1 g)、电热恒温水浴锅、100 mL 容量瓶、5 mL 移液管、高速样品粉碎机、样品筛(60 目，孔径为 0.25 mm)等。

（三）试剂

1.00 mol/L 氢氧化钠溶液、0.09 mol/L 氢氧化钠溶液、碘试剂、1.00 mol/L 乙酸溶液、95%酒精等。

三、内容说明

稻米中含有直链淀粉和支链淀粉 2 种不同的淀粉，它们的相对含量与稻米的蒸煮食味品质密切相关。稻米直链淀粉含量是决定稻米品质优劣的最重要的因子之一，主要影响稻米的胀饭性、黏性、柔软性、光泽和蒸煮食味品质。直链淀粉含量与优质食用稻米品质等级的划分标准见表 3-14。将待测定的稻米样品在收获晒干后存放 3 个月以上，待其理化性状稳定后，方可进行理化分析。本实验只学习简化的稻米直链淀粉含量的测定方法。

表 3-14 直链淀粉含量与优质食用稻米品质等级的划分标准

等级	直链淀粉含量/%		
	籼米	粳米	糯米
1	17～22	14～18	0
2	<25	<20	<2

四、方法步骤

(一)样品的测定

①称取待测稻米样品 2～3 g,在高速样品粉碎机中磨细,通过直径为 0.25 mm 的筛孔。

②称取 0.1 000 g 米粉样品,置于 100 mL 容量瓶中。

③加入 1.0 mL 95%酒精,轻摇容量瓶,使样品湿润分散,再加入 9.0 mL 1.00 mol/L 氢氧化钠溶液,使碱液沿颈壁缓慢流下,并旋转容量瓶,使碱液将黏附于瓶壁上的样品冲洗下去。

④将容量瓶置于沸水浴中煮沸 10 min,取出冷却至室温后,加入蒸馏水定容至 100 mL。将溶液摇匀后,从中吸取 5.0 mL 样品溶液,加入已盛有半瓶蒸馏水的 100 mL 容量瓶中。向容量瓶中加入 1.0 mL 1.00 mol/L 乙酸溶液,使样品酸化。

⑤加入 1.50 mL 碘液,充分摇匀,用蒸馏水定容,静置 20 min。

⑥用 5 mL 0.09 mol/L 氢氧化钠溶液代替样品溶液,作为空白溶液。

⑦将分光光度计在 620 nm 波长下用空白溶液调节零点,并测定有色样品溶液的吸光度值。

(二)标准曲线的绘制

称取与待测样品在同样条件下保存 3 d 以上的且已知直链淀粉含量(高、中、低)的标准样品各 0.100 0 g,分别测定出它们的吸光度值,再以标准样品的直链淀粉含量为纵坐标、相应的吸光度值为横坐标,绘制出标准曲线。

(三)直链淀粉含量的计算

稻米中的直链淀粉含量可用样品的吸光度值从直链淀粉标准曲线上直接读出。重复测定 2 次,求 2 次测定结果的平均值。2 次测定结果允许的差距应<1%。

五、作业与思考

1. 分组测定供试样品的直链淀粉含量。
2. 将整个稻米品质分析项目的测定结果进行综合分析评价,评定供试样品米质的优劣。

实验三　玉米籽粒品质分析

Ⅰ 玉米可溶性糖含量测定

一、目的要求

1. 掌握玉米可溶性糖含量测定的原理;
2. 掌握玉米可溶性糖含量测定的方法。

二、材料、用具及试剂

(一)材料

玉米籽粒干粉末样品 0.02 g(或新鲜样品 0.08 g)。

(二)用具

电子天平、分光光度计、恒温水浴锅、移液管(1 mL、2 mL、5 mL 各 1 支)、容量瓶(根据需要稀释的倍数选择 25 mL 或 50 mL)、10 mL 刻度试管或离心管、试管架(不要用橡胶材质)、指形管、漏斗、滤纸、洗瓶、具塞比色管等。

(三)试剂

蒽酮(分析纯)、乙酸乙酯、蔗糖(分析纯)、浓硫酸(优级纯或分析纯)和蒸馏水。

三、内容说明

可溶性糖可与浓硫酸反应生成羟甲基糠醛,羟甲基糠醛可与蒽酮反应生成黄绿色或蓝绿色的糠醛衍生物。该物质在 630 nm 处有最大吸收峰,其浓度与可溶性糖的含量成正比。

四、方法步骤

(一)标准液的配制

(1)蒽酮-乙酸乙酯试剂

称取分析纯蒽酮 1 g,溶于 50 mL 乙酸乙酯中。将试剂贮于棕色瓶中,将棕色瓶置于黑暗中保存。如果有结晶析出,可加热使结晶溶解。

(2)1%蔗糖标准液

精确称取 1.000 g 分析纯蔗糖,加少量蒸馏水溶解后转入 100 mL 容量瓶中,向容量瓶中加入 0.5 mL 浓硫酸,用蒸馏水定容至刻度线。

(3)100 mg/L 蔗糖标准液

精确吸取 1%蔗糖标准液 1 mL,加入 100 mL 容量瓶中,加蒸馏水定容至刻度线。

(二)标准曲线的绘制

取 5 支洁净的具塞比色管,编号,按表 3-15 的量加入试剂。于 630 nm 波长下测定吸光度值,记录结果,并绘制标准曲线。

表 3-15　可溶性糖标准曲线的绘制

项目	各试剂的量					
	0	1	2	3	4	5
蔗糖/μg	0	20	40	60	80	100
100 mg/L 蔗糖标准液/mL	0	0.2	0.4	0.6	0.8	1.0
蒸馏水/mL	2.0	1.8	1.6	1.4	1.2	1.0
蒽酮-乙酸乙酯试剂/mL	0.5	0.5	0.5	0.5	0.5	0.5
浓硫酸/mL	5	5	5	5	5	5

(三)样品测定

①称取 0.05 g 样品于干燥的 10 mL 刻度试管中,加蒸馏水 10 mL,然后将刻度试管放入水浴锅内沸水浴 30 min,再将样品溶液过滤到 50 mL 容量瓶内混匀。

②取干燥的指形管，分别加入 1.5 mL 蒸馏水、0.5 mL 蒽酮-乙酸乙酯试剂、0.5 mL 样品溶液和 5 mL 浓硫酸，快速振荡、摇匀后，冷却至室温进行比色（摇匀后反应 10 min 左右，即可放入冷水中冷却）。

（四）可溶性糖含量计算

按式（3-10）计算可溶性糖含量：

$$可溶性糖含量=\frac{\rho \times V \times D}{m \times 100\ 000}\times 100\% \tag{3-10}$$

式中，V—样品总体积，mL；

ρ—提取液中可溶性糖的质量浓度，mg/L；

D—稀释倍数；

m—样品质量，g。

五、作业与思考

1. 含脂肪多的样品应该如何测定可溶性糖的含量？
2. 可溶性糖含量的测定数据可应用于哪些科研实验？

Ⅱ 玉米淀粉含量测定

一、目的要求

1. 掌握玉米淀粉含量测定的原理；
2. 掌握玉米淀粉含量测定的方法。

二、材料、用具及试剂

（一）材料

玉米籽粒干粉末样品 0.02 g（或新鲜样品 0.08 g）。

（二）用具

自动指示旋光计（附钠光灯）、100 mL 容量瓶、100 mL 烧瓶、标准筛（40 目以上）。

（三）试剂

（1）氯化钙溶液

将 54 g 氯化钙（$CaCl_2 \cdot 2H_2O$）溶于蒸馏水中，并将其稀释到 1 000 mL。调整氯化钙溶液的相对密度为 1.30（20 ℃），再用 1.6%醋酸调整其 pH 为 2.3～2.5，过滤后备用。

（2）氯化锡溶液

将 2.5 g 氯化锡（$SnCl_4 \cdot 5H_2O$）溶于 75 mL 上述的氯化钙溶液中。

三、内容说明

淀粉具有旋光性。在一定条件下，旋光度的大小与淀粉的浓度成正比。用氯化钙溶液提取淀粉，使之与其他成分分离；用氯化锡溶液提取样品溶液中的蛋白质后，测定旋光度，即可计算出淀粉含量。

四、方法步骤

①将玉米籽粒干粉末样品研磨，并使其通过 40 目以上的标准筛。称取 2 g 过筛后的样品，置于 250 mL 烧杯中。

②向烧杯中加水 10 mL，搅拌使样品湿润，再加入 70 mL 氯化钙溶液，盖上表面皿，在 5 min 内加热至沸腾，然后继续加热 15 min。加热时，要随时搅拌样品，以防止样品附着在烧杯壁上。如果泡沫过多，可加 1～2 滴辛醇消泡。

③待样品迅速冷却后，将其移入 100 mL 容量瓶中，用氯化钙溶液洗涤烧杯壁上附着的样品，并将洗涤液并入容量瓶中。

④向容量瓶中加入 5 mL 氯化锡溶液，用氯化钙溶液定容至刻度线，混匀，过滤，弃去初始滤液。收集滤液并将其装入旋光管中，于自动指示旋光计中测定样品溶液的旋光度。

⑤根据式(3-11)计算淀粉含量：

$$\text{淀粉含量}=\frac{\alpha\times100}{L\times203\times m}\times100\% \tag{3-11}$$

式中，α—自动指示旋光计读数，(°)；

L—旋光管长度，dm；

m—样品质量，g；

203—淀粉的比旋光度，(°)。

五、作业与思考

1. 样品加氯化钙溶液进行处理时，煮沸时间少于或多于 15 min 会对测定结果产生什么影响？

2. 为什么过滤时要弃去 15 mL 初始滤液？

Ⅲ鲜食糯玉米蒸煮食味品质鉴定

一、目的要求

1. 学习和了解鲜食糯玉米蒸煮食味品质包含的内容；
2. 学习鲜食糯玉米蒸煮食味品质的鉴定方法。

二、材料及用具

(一)材料

不同品种或经过不同处理的新鲜糯玉米果穗。

(二)用具

蒸锅、电磁炉、漏勺、菜板、刀、饮用水、打分表等。

三、内容说明

蒸煮食味品质决定了鲜食糯玉米的食用总体接受性。对蒸煮后的鲜食糯玉米可以从不同的感官方面进行评价;在嗅觉方面,主要对鲜食糯玉米具有独特风味和香气的程度,以及是否清香、无异味进行评价;在味觉方面,对籽粒皮的薄厚,渣滓感的强烈程度,入口是否软糯细腻、是否有适当的嚼劲、是否有明显的糯性,柔嫩度是否适中等进行评价。

(一)评价指标

1. 糯性

糯性是指蒸煮后的玉米籽粒在咀嚼过程中的黏润、绵软、细腻和滞留感程度。

2. 皮的薄厚

皮的薄厚是指蒸煮后的玉米籽粒在咀嚼过程中的皮厚感和化渣程度。

3. 脆(柔)嫩度

脆(柔)嫩度是指蒸煮后的玉米籽粒在咀嚼过程中的脆爽(柔嫩)程度,与果皮的薄厚相关。

4. 气味

气味是指蒸煮后的玉米籽粒特有香味的浓厚程度。

5. 甜度

甜度是指蒸煮后的玉米籽粒甜味的浓厚程度。

6. 色泽

色泽是指蒸煮后的玉米籽粒具有亮丽的、泛珠光颜色的程度。

7. 滋味

滋味是指咀嚼时的糯玉米味、甜味和异味等。

甜玉米、糯玉米和甜加糯玉米蒸煮食味品质评分标准分别见表 3-16 至表 3-18。

表 3-16　甜玉米蒸煮食味品质评分标准　　分

指标		评分	具体描述
蒸煮食味品质(70)	气味(7)	6～7	具有甜玉米特有的清香气味,香气明显
		4～5	具有甜玉米特有的清香气味,香气不明显
		1～3	无香味,但无异味
		0	有异味
	色泽(7)	6～7	具有玉米本来的颜色,有光泽
		4～5	具有玉米本来的颜色,较暗,光泽不明显
		1～3	具有玉米本来的颜色,灰暗,无光泽
	甜度(18)	15～18	咀嚼时甜味明显
		10～14	咀嚼时甜味稍不明显
		5～9	咀嚼时甜味较不明显
		1～4	咀嚼时基本无甜味

续表 3-16

指标			评分	具体描述
蒸煮食味品质(70)	适口性	脆嫩度(10)	8～10	籽粒脆爽，鲜嫩感好
			5～7	籽粒脆爽，鲜嫩感稍差
			1～4	籽粒脆爽，鲜嫩感较差
		皮的薄厚(18)	15～18	籽粒皮薄，基本无渣
			10～14	籽粒皮较厚，有渣但不明显
			5～9	籽粒皮厚，明显有渣
			1～4	籽粒皮过厚，渣感过于明显
	滋味(10)		8～10	咀嚼时有较浓郁的甜香味
			5～7	咀嚼时有较淡的甜香味
			1～4	咀嚼时基本无甜香味，但无异味
			0	咀嚼时无甜香味，有异味

表 3-17 糯玉米蒸煮食味品质评分标准 分

指标			评分	具体描述
蒸煮食味品质(70)	气味(7)		6～7	具有糯玉米特有的糯香气味，香气明显
			4～5	具有糯玉米特有的糯香气味，香气不明显
			1～3	无香味，但无异味
			0	有异味
	色泽(7)		6～7	具有玉米本来的颜色，有光泽
			4～5	具有玉米本来的颜色，较暗，光泽不明显
			1～3	具有玉米本来的颜色，灰暗，无光泽
	糯性(18)		15～18	咀嚼时糯(黏)性明显
			10～14	咀嚼时糯(黏)性稍差
			5～9	咀嚼时糯(黏)性一般
			1～4	咀嚼时无糯(黏)性
	适口性	柔嫩度(10)	8～10	籽粒柔滑，柔嫩度好，软硬适当
			5～7	籽粒柔滑感减弱，柔嫩度稍差，稍软或稍硬
			1～4	籽粒过硬或过嫩
		皮的薄厚(18)	15～18	籽粒皮薄，基本无渣
			10～14	籽粒皮较厚，有渣不明显
			1～9	籽粒皮厚，明显有渣
			1～4	籽粒皮过厚，渣感过于明显

续表 3-17

指标		评分	具体描述
蒸煮食味品质(70)	滋味(10)	8～10	咀嚼时有浓郁的糯玉米味
		5～7	咀嚼时有较淡的糯玉米味
		1～4	咀嚼时基本无糯玉米味，但无异味
		0	咀嚼时无糯玉米味，但有异味

表 3-18　甜加糯玉米蒸煮食味品质评分标准　　分

指标			评分	具体描述
蒸煮食味品质(70)	气味(7)		6～7	具有甜加糯玉米特有的糯香和清香气味，香气明显
			4～5	具有甜加糯玉米特有的糯香和清香气味，香气不明显
			1～3	无香味，但无异味
			0	有异味
	色泽(7)		6～7	具有玉米本来的颜色，有光泽
			4～5	具有玉米本来的颜色，较暗，光泽不明显
			1～3	具有玉米本来的颜色，灰暗，无光泽
	糯甜性(18)		15～18	咀嚼时糯(黏)性明显，同时伴有明显甜味
			10～14	咀嚼时糯(黏)性稍差，甜味稍不明显
			5～9	咀嚼时糯(黏)性一般，甜味较不明显
			1～4	咀嚼时无糯(黏)性，基本无甜味
	适口性	柔嫩度(10)	8～10	籽粒柔滑，柔嫩度好，软硬适当
			5～7	籽粒柔滑感减弱，柔嫩度稍差，稍软或稍硬
			1～4	籽粒过硬或过嫩
		皮的薄厚(18)	15～18	籽粒皮薄，基本无渣
			10～14	籽粒皮较厚，有渣不明显
			1～9	籽粒皮厚，明显有渣
			1～4	籽粒皮过厚，渣感过于明显
	滋味(10)		8～10	咀嚼时有浓郁的糯玉米味和甜香味
			5～7	咀嚼时有较淡的糯玉米味或甜香味
			1～4	咀嚼时基本无糯玉米味和甜香味，但无异味
			0	咀嚼时无糯玉米味和甜香味，但有异味

(二)品评要求

1. 品评人员

挑选出 5～10 名优秀品评员。品评员在品评前 1 h 内不得吸烟，不得吃东西，但可以喝水;品评期间,应保持正常的生理状态,不得使用化妆品或其他有明显气味的用品。

2.品评份数和品评时间

每次实验时,每名品评员的品评样品应保持在9份以内(含参照样品)。当样品数量>9份时,应分2次以上进行实验;当样品<4份(含参照样品)时,可以将同一样品重复品评,但不得告知品评员。同一品评员每天的品评次数不得超过2次,品评时间安排在饭前1 h或饭后2 h。评分时,品评员不能进行讨论,主持人也不要向品评员说明样品的质量情况。

四、方法步骤

(一)样品制备

在糯玉米适宜采收期(一般为授粉后22～27 d)内,从田间收获6 h以内的糯玉米中随机选取具有代表性的样品5～10穗,除净苞叶和玉米须。

(二)蒸煮

将每个样品放入单独的蒸锅内,盖上锅盖并加热。将蒸锅中的水加热至沸腾后开始计时,蒸20～25 min后停止加热。取出样品,选取每穗正中段8～10 cm,将其切成约5 cm的小段,作为品评样品。

(三)品评

每次品评时,需将制成的样品依次放在白瓷盘上(每人1盘),趁热直接闻样品的气味,再观察籽粒的色泽,依次品评样品的糯性、柔嫩度、皮的薄厚和滋味,按品质评分标准进行评分。参照样品应选择有代表性的样品,如选择当地栽培面积较大、品质较好的品种。每项指标评分可设定为:气味5分,色泽6分,糯性15分,柔嫩度8分,皮的薄厚14分,滋味8分。

(四)结果表示

评定结果取总分的算术平均值,精确至整数位。

五、作业与思考

1.调查5个糯玉米果穗的蒸煮食味品质。

2.在鲜食糯玉米的蒸煮食味品质鉴定中要注意什么?如何减少人为误差?

Ⅳ鲜食糯玉米果穗外观品质鉴定

一、目的要求

1.学习和了解鲜食糯玉米果穗外观品质包含的内容;

2.学习鲜食糯玉米果穗外观品质的调查方法。

二、材料及用具

(一)材料

不同品种的糯玉米果穗。

（二）用具

铅笔、外观品质评分表等。

三、内容说明

鲜食糯玉米外观的好坏将直接影响其经济效益，无机械损伤、虫蛀、发霉等现象是鲜食糯玉米外观品质的最低要求。在鲜食糯玉米的品质评分中，外观品质评分占 30%。相关标准对苞叶、包被、果穗穗型、籽粒饱满程度、色泽等多个方面均有不同的要求，也对会影响鲜果穗商品品质的秃尖长度做出了具体要求。

甜玉米/糯玉米/甜加糯玉米外观品质评分体系见表 3-19。

表 3-19　甜玉米/糯玉米/甜加糯玉米外观品质评分体系　分

指标		评分	具体描述
鲜食糯玉米穗外观状况（30）	苞叶外观（10）	9～10	新鲜整洁，苞叶深绿，包被完整，收口良好，无露尖
		7～8	新鲜整洁，苞叶绿，包被较完整，收口稍差，无露尖
		4～6	较新鲜整洁，苞叶浅绿，包被基本完整，露尖≤1 cm
		1～3	不新鲜，发黄、发干，整洁度差，苞叶、包被不完整，露尖>1 cm
	果穗外观（10）	9～10	穗型一致，基本无秃尖，无秃尾
		7～8	穗型基本一致，秃尖≤1 cm，无秃尾
		5～6	穗型稍有差异，秃尖≤2 cm，秃尾≤1 cm
		1～4	穗型差异较明显，秃尖>2 cm，秃尾>1 cm
	籽粒表面状况（4）	3～4	籽粒具有乳熟时应有的色泽，无虫咬，无霉变，损伤粒<5 粒
		2～3	色泽较差，无霉变，虫咬、损伤粒≤10 粒
		1	籽粒失去乳熟时应有的色泽，虫咬、霉变、损伤粒>10 粒
	籽粒整体情况（6）	5～6	籽粒饱满、平整，粒型基本一致；粒深较深，排列整齐紧密；穗行直
		3～4	有个别籽粒不饱满、不平整，粒型稍有差异；粒深较浅，排列较为整齐紧密；穗行较直，有轻微螺旋
		1～2	籽粒饱满度和平整度较差，粒型有差异；粒深浅，排列不整齐、松散；穗行紊乱且螺旋明显

以品质评分确定糯玉米等级，品质评分为外观品质与蒸煮食味品质评分之和。糯玉米品质定级标准见表 3-20。

表 3-20　糯玉米品质定级标准　分

等级	评分（X）
一	$X \geq 90$
二	$85 \leq X < 90$
三	$80 \leq X < 85$

四、方法步骤

在糯玉米适宜采收期(一般为授粉后22～27 d)内，从田间收获6 h以内的糯玉米中随机选取5个具有代表性的鲜玉米穗，进行外观品质评价。先观察苞叶外观，剥下苞叶后依次观察果穗外观、籽粒表面状况和籽粒整体情况，根据鲜食糯玉米果穗的整体情况给出评分。糯玉米外观品质评分见表3-21。

表3-21　糯玉米外观品质评分　　分

品种	苞叶外观	果穗外观	籽粒表面状况	籽粒整体情况	总分(30)
N01					
N02					
N03					
N04					
N05					

糯玉米品质定级见表3-22。

表3-22　糯玉米品质定级

品种	外观品质/分	蒸煮食味品质/分	总分/分	等级
N01				
N02				
N03				
N04				
N05				

五、作业与思考

1. 调查5个鲜食糯玉米果穗的外观品质并填于表3-21中。
2. 在鲜食糯玉米果穗外观品质的鉴定中要注意什么？如何减少人为误差？

实验四　大豆品质分析

Ⅰ大豆含油量测定

一、目的要求

1. 了解不同的大豆品种类型和与含油量相关的农艺性状；

2. 学习和初步掌握在规定的条件下，采用索氏抽提法测定油料作物含油量的原理和方法；
3. 加深对大豆品质育种的了解。

二、材料、用具及试剂

（一）材料

脂肪含量高和脂肪含量低的大豆种子。

（二）用具

索氏抽提器[脂肪烧瓶（容量为 60～150 mL）、抽提筒和冷凝管等]、分析天平（感量为 0.000 1 g）、自动调节恒温水浴锅、粉碎机、鼓风电热烘箱（电烘箱）、干燥器、圆孔筛（孔径为 1.0 mm）、滤纸、广口瓶、脱脂棉、脱脂线等。

（三）试剂

无水乙醚（分析纯，沸点 35℃）。

三、内容说明

大豆原产于中国，是植物蛋白和油分的重要来源。大豆油是优质的食用油，在常温下为黄色液体，所含的人体必需脂肪酸较多，富含维生素 A、维生素 D 及亚油酸。亚油酸是人体必需的脂肪酸，具有重要的生理功能。幼儿缺乏亚油酸会引起皮肤干燥、鳞屑增厚和生长发育迟缓，老年人缺乏亚油酸会引起白内障及心脑血管病变。

大豆籽粒含油量一般约为 18%，高者可达 24%，为半干性油。不同品种、不同播种期类型大豆的含油量差异较大：春大豆较夏大豆含油量高，夏大豆较秋大豆含油量高，圆形或椭圆形大豆籽粒的含油量较高。大豆籽粒的大小与含油量也相关。据研究，百粒重为 18.4～23 g 的大豆的含油量较高，中粒且百粒重为 15.1～18 g 的大豆的含油量次之，中小粒且百粒重为 11.1～15 g 及特大粒且百粒重在 23 g 以上的大豆的含油量偏低。

大豆品质育种一般包括营养品质育种和外观品质育种。在营养品质育种中，脂肪含量可以作为鉴别大豆品质优劣的一个指标。

脂肪含量的测定方法有很多，如抽提法、酸水解法、比重法、折射法和核磁共振法等。目前国内外普遍采用抽提法，其中索氏抽提法（Soxhlet Extractor Method）是公认的经典方法，也是我国粮油分析首选的标准方法。索氏抽提法的原理为脂肪是丙三醇（甘油）和脂肪酸结合形成的脂类化合物，能溶于脂溶性有机溶剂。本实验采用索氏抽提法，利用脂肪能溶于脂溶性有机溶剂这一特性，用脂溶性有机溶剂将脂肪提取出来，通过蒸发除去溶剂后进行称量。用该方法提取的脂溶性物质除含有脂肪外，还含有游离脂肪酸、磷酸、固醇、芳香油及某些色素等，因此又称“粗脂肪提取”。

四、方法步骤

（一）操作前准备

①称取除去杂质的大豆 30～50 g，将大豆粉碎后通过孔径为 1.0 mm 的圆孔筛，然后装入广口瓶中备用。样品的粗细度要适宜：样品粉末过粗，脂肪不易抽提干净；样品粉末过细，则有可能透过滤纸孔隙随回流溶剂流失，影响测定结果。

②将抽提筒进行编号，用热蒸馏水洗净，置于 105 ℃电烘箱中烘 1 h，然后冷却、称重（m_0）、备用。

③将直径为 125 mm 的圆形滤纸折成外径约为 24 mm、长度约为 50 mm 的滤纸筒，滤纸最好进行脱脂处理。2 层滤纸为好。将滤纸筒放入滤纸筒架内，注意：滤纸上口不得高出滤纸筒架内槽。

④检查电源是否完好、水源是否接牢。

⑤打开电源开关，设定温控仪和调温旋钮的温度（先调至终温 50℃），预热 15 min。

注意：测定用样品、抽提器、抽提用有机溶剂都需要进行脱水处理。这是因为：第一，抽提体系中有水会使样品中的水溶性物质溶出，导致测定结果偏高；第二，抽提体系中有水，则抽提用有机溶剂易被水饱和（尤其是乙醚，可饱和约 2%的水），从而影响抽提效率；第三，如果样品中有水，抽提用有机溶剂不易渗入细胞组织内部，且不易将脂肪抽提干净。

（二）操作步骤

①用分析天平称取大豆粉末样品（m）2 g（精确至 0.000 1 g）。先在滤纸筒底部塞一层脱脂棉，然后将样品转入滤纸筒内，再将脱脂棉盖在样品上面，于 105 ℃电烘箱中烘 30 min。

②将样品转入仪器。手握提把，使上速节通过软轴至适当位置，将滤纸筒架的上口对准上速节吸合即可，然后拉下提把，将滤纸筒移至适当高度（使抽提筒被放入时不碰到滤纸筒）。

③将抽提筒在干燥器中取出，置于托架内；在抽提筒内加入 50 mL 无水乙醚（必须十分注意乙醚的使用安全，抽提室内严禁有明火存在或用明火加热），然后手握托架手柄将抽提筒移到加热板上（同时可移 6 只），使抽提筒的上口对准下保护套的圆柱孔，保证两平面接触良好；拉下压杆，将锁紧钩子与座子锁牢，然后将抽提筒稍加旋转，以保证两平面接触良好。

④接通进、出水口，开启旋塞（使手柄方向垂直于水平面）。

⑤将提把上移，将滤纸筒降入抽提筒中进行浸泡，此时将温控仪和调温旋钮的温度设置在 55 ℃。

⑥待大豆粉末样品在无水乙醚中浸泡 1 h 后，将滤纸筒提升约 5 cm，进行直滴抽提 1.5 h。抽提时，可将温控仪的温度调节至 50 ℃，将冷凝管旋塞关闭（旋塞手柄方向应与水平面平行）进行溶剂回收，时间约为 15 min。

⑦关闭电源，用左手握住压杆，拉开锁紧钩子，使冷凝管复位，同时用右手握住托架手柄将托架上抬；用托架将抽提筒取出，待溶剂挥发干净后转入 105 ℃电烘箱中烘 45 min，冷却、称重（m_1），计算粗脂肪含量。

⑧取下滤纸筒，取出回收的乙醚。回收时，将容器放在冷凝管下部（用洗净、干燥的蒸发皿），打开旋塞至乙醚流完为止。使用结束后，关闭电源，将仪器与用具擦洗干净，保持其整洁。

（三）结果计算

按式（3-12）计算粗脂肪湿基含量：

$$F_w = \frac{G}{m} \times 100\% \tag{3-12}$$

式中，F_w—粗脂肪湿基含量（湿态样品含油量），%；

G—油分质量（$m_1 - m_0$），g；

m—样品质量，g。

按式(3-13)计算粗脂肪干基含量：

$$F_0=\frac{F_w}{(1-M)}\times 100\% \tag{3-13}$$

式中，F_0—粗脂肪干基含量(干态样品含油量)，%；

M—样品含水量，%。

五、作业与思考

1. 测定各供试品种的含油量，并确定各供试品种含油量的高低顺序。
2. 实验结果是否与各供试品种提供的含油量相符？如果差距较大，请分析原因。
3. 在测定含油量的过程中，哪些环节对取得好的结果最为重要？

Ⅱ油脂食用品质鉴定

一、目的要求

1. 通过对食用植物油脂主要特性进行分析，具备分析油脂食用品质的基本能力；
2. 掌握鉴定食用植物油脂品质好坏的基本方法。

二、材料、用具及试剂

(一)材料

不同种类的食用植物油脂。

(二)用具

250 mL碘量瓶、各种分析天平、分光光度计、10 mL具塞玻璃比色管、常用的玻璃仪器等。

(三)试剂

酚酞指示剂(10 g/L)、氢氧化钾标准溶液(0.05 mol/L)、碘化钾溶液(150 g/L)、硫代硫酸钠标准溶液(0.1 mol/L)、韦氏碘液试剂、三氯甲烷(分析纯)、环己烷(分析纯)、冰乙酸(分析纯)、可溶性淀粉(分析纯)、饱和碘化钾溶液、精制乙醇溶液、精制苯溶液、2,4-二硝基苯肼溶液、三氯乙酸溶液、氢氧化钾-乙醇溶液。

部分试剂的配置方法如下：

(1)0.05 mol/L氢氧化钾标准溶液的标定

将乙醚与乙醇按照体积比为2∶1的比例进行混合，制成中性乙醚-乙醇混合液，以酚酞为指示剂，用所配的氢氧化钾标准溶液滴定至混合液刚呈淡红色，且30 s内不褪色为止。

(2)三氯甲烷-冰乙酸混合液的配制

量取40 mL三氯甲烷，加入60 mL冰乙酸，混匀。

(3)淀粉指示剂(10 g/L)的配制

称取可溶性淀粉0.5 g，加入少许水，调成糊状，然后将其倒入50 mL沸水中调匀，再煮沸至透明，冷却。

(4)硫代硫酸钠标准滴定溶液(0.002 mol/L)的配制

将 0.1 mol/L 硫代硫酸钠标准溶液进行稀释,可获得 0.002 mol/L 硫代硫酸钠标准滴定溶液。

三、内容说明

油脂食用品质主要从食用安全性及营养价值两方面来考虑。食用安全性主要是指某些油脂中存在的有害物质的含量。例如,菜籽油中的芥酸含量不得超过 5%,棉籽油中的棉酚含量不得超过 0.03%。油脂食用品质的测定主要是指脂肪酸组成的测定。本实验主要介绍油脂食用品质的感官鉴定及有关理化性质的测定。

食用植物油脂的质量指标包括色泽、气味及滋味、酸价(酸值)、水分及挥发物、杂质、加热实验、含皂量 7 项。色拉油和烹调油是高级精炼油,其质量指标除无加热实验、含皂量外,其他指标均有,同时还增加了透明度、过氧化值、不皂化物、烟点、冷冻实验 5 项指标。色拉油和烹调油的质量要求更高,有一项指标超标,则被视为不合格产品。

油脂的密度与其组成密切相关,通常与所含脂肪酸的不饱和程度及其含量成正比,与分子量成反比,即组成甘油三酯的脂肪酸分子量越小,不饱和程度越大,羟酸含量越高,密度就越大;分子量越大,密度就越小。当游离脂肪酸的含量增加时,密度减小,酸败油脂的密度增大。但各种植物油脂的脂肪酸组成较为恒定,在一定温度下,正常油脂的密度范围也一定。密度是油脂最重要的特征指标之一。一般精炼植物油脂的密度范围如下:菜籽油为 0.909 0~0.914 5 g/mL,大豆油为 0.918 0~0.929 5 g/mL,花生油为 0.911 0~0.917 5 g/mL,芝麻油为 0.917 0~0.921 5 g/mL,茶籽油为 0.912 0~0.917 5 g/mL,棉籽油为 0.917 0~0.924 5 g/mL,芥籽油为0.910 0~0.926 0 g/mL。

测定油脂密度的方法有比重瓶法、韦氏天平法和比重计法。比重瓶法的原理是密度即 1 mL 物质的质量。油脂密度的经典表示方法为:用 20 ℃时一定体积的油样与 4 ℃或同一温度下的同体积水的质量之比表示。油脂密度的一般表示方法为:用 t ℃时一定体积的油样与同体积水的质量之比表示。

1. 酸价

酸价表示油脂中游离脂肪酸含量的多少。酸价是指中和 1 g 油脂中游离脂肪酸所需氢氧化钾的质量(mg)。酸价是油脂品质、制油工艺、油脂精炼程度的重要指标之一,以酸价低为佳。通过测定酸价,可以评定油脂品质的好坏和贮藏方法是否恰当。食用植物油脂的酸价不得超过 1 mg 氢氧化钾/g。

油脂酸价的测定方法有滴定法和酸价仪测定法等,这里介绍方便实用的滴定法。滴定法的原理为游离脂肪酸是脂溶性的弱有机酸,将其用中性乙醚-乙醇混合溶液进行溶解,以 0.1 mol/L 氢氧化钾标准溶液中和滴定,计算每克油样所消耗的氢氧化钾的质量(mg),即为酸价。

2. 碘值

碘值是指在一定条件下,100 g 油脂所吸收碘的质量(g)。碘值的大小能说明脂肪酸的不饱和程度,碘值越大,表示脂肪酸的不饱和程度越大。因此,通过碘值可以帮助了解油脂的品质状况和掺混情况。

最常用的测定碘值的方法是氯化碘-乙酸溶液法(韦氏法),其原理是在溶剂中溶解样品并加入韦氏碘液,氯化碘会与油脂中的不饱和脂肪酸起加成反应,游离的碘可以用硫代硫酸钠标准溶液进行滴定，从而计算出样品所吸收的氯化碘（以碘计）的质量（g），进而求出碘值。

3. 过氧化值

检测油脂中是否存在过氧化值及其大小，即可判断油脂是否新鲜或酸败。一般新鲜油脂的过氧化值在 0.03 g/100 g 以下；当过氧化值为 0.03～0.06 g/100 g 时，感官上无异常；当过氧化值为 0.06～0.07 g/100 g 时，可呈现微弱的醛反应和过氧化物反应；当过氧化值为 0.07～0.10 g/100 g 时，有较明显的醛反应和过氧化物反应，感官上也有异常；当过氧化值高于 0.10 g/100 g 时，有明显的辛辣滋味和刺激性气味。

食用植物油的过氧化值不得大于 0.25 g/100 g。常用滴定法测定过氧化值，滴定法的原理是在油脂氧化的过程中会产生过氧化物，与碘化钾作用，生成游离碘，用硫代硫酸钠标准滴定溶液进行滴定，计算出滴定 1 g 油脂所需要的硫代硫酸钠标准滴定溶液的体积（mL），即得过氧化值。

4. 羰基价

常用比色法测定总羰基价，比色法的原理是羰基化合物和 2,4-二硝基苯肼的反应产物在碱性溶液中呈褐红色或酒红色，在 440 nm 波长下测定其吸光度，可计算出油样的总羰基价。

四、方法步骤

（一）感官鉴定

通过感官直接从透明度、气味、滋味、色泽、沉淀物、水分等方面观察鉴定油脂，是判断油脂品质的一种重要而简便的方法。

1. 透明度

纯净的油脂应完全透明，但在加工过程中由于混入了碱脂、蜡质、水分等物质，油脂会出现混浊，使透明度下降。

鉴定方法：先将一端的油管口用手指按住，将另一端油管口插入油脂的底部，吸出油脂后，在乳白色灯前观察判断，将油脂分为透明、微浊、混浊 3 级，其中透明油脂最好。

2. 气味

每种油脂都有独特的气味，如花生油有花生的香味，熟胡麻油有胡麻的香味。鉴定方法：打开油桶盖，鼻子靠近油桶就可闻到气味。也可以在手掌上滴上一两滴油样，双手合拢进行摩擦，闻油样的气味。如果气味不正常，就说明油质有问题。

3. 滋味

鉴定方法：用干净的玻璃棒蘸取 2 滴油样，涂在已漱过口的舌头上，辨其滋味。口感好或良好者，为佳品；带有酸、苦、辛辣味者，为变质品；带有焦苦味者，为酸败油。新鲜的菜籽油具有浓厚的香味，芝麻油更具有特殊的令人愉快的香味。若嗅到酸气，说明油脂存放过久，已发生酸败变质。

4. 色泽

纯净的油脂是无色、透明、常温下带黏性的液体。但在加工过程中，油料中的色素溶于油脂中，或在储藏过程中，碳水化合物和蛋白质分解以及色原体氧化等，都能不同程度地使油脂染上颜色。

鉴定方法：用玻璃管吸取 50 mL 经混匀过滤的油样于比色管中，在白色背景反光线下进行观察，以柠檬黄、淡黄、黄、橙黄、棕黄、棕、棕红、棕褐表示色泽深浅。色泽越浅，油质越好，但小磨芝麻油除外。

也可将待测油样用上述方法与标准油样进行比较，以色泽的深浅判断油样质量。一般棉籽油、菜籽油的色泽较深，芝麻油、花生油的色泽较浅；土榨油的色泽较深，机榨油的色泽较浅；脱壳榨的油脂较带壳榨的油脂的色泽浅，精炼脱色的油脂色泽很浅。

5. 沉淀物

沉淀物俗称"油脚"，主要成分是杂质，在一定条件下沉淀于油脂的底部，在透明的玻璃瓶和塑料油桶中都可观察到。沉淀物越少越好，优质油应无沉淀物。

6. 水分

水分是影响油脂酸败的因素之一。

一般用烧纸的方法鉴定水分：用干净的杆状油管从油脂的底部抽取少许油样，涂在易燃的纸片上，点火燃烧并观察现象。燃烧正常者，水分在 0.20%以下，符合标准；发出"吱吱"响声者，水分在 0.20%以上，超过标准；发出"叭叭"爆炸声者，水分在 0.40%以上，严重超标。掺米汤和浓茶油的油脂中的水分都严重超标。

(二)密度的测定

①称量洁净、干燥的比重瓶的质量(W)。

②将油样装满比重瓶，精确称重(W_1)；倒出油样，用丙酮洗净比重瓶，并烘干比重瓶。

③将蒸馏水装满比重瓶，称重(W_2)。

④按式(3-14)计算油脂的密度：

$$\text{油脂的密度}\ \rho=\frac{W_1-W}{W_2-W} \tag{3-14}$$

式中，W—比重瓶的质量；

W_1—油样和比重瓶的质量之和；

W_2—蒸馏水和比重瓶的质量之和。

(三)酸价的测定

1. 分析步骤

称取 3～5 g 混匀的样品置于锥形瓶中，加入 50 mL 中性乙醚-乙醇混合液，振摇使油脂溶解，必要时可置于热水中，因为温热可促使油脂溶解。油脂冷却至室温后，加入酚酞指示剂 2～3 滴，用氢氧化钾标准溶液(0.05 mol/L)进行滴定，当出现微红色且 30 s 内不褪色时，即达到滴定终点。

2. 结果计算

按式(3-15)计算酸价：

$$x=\frac{56.11Vc}{m} \tag{3-15}$$

式中，X—样品的酸价(以氢氧化钾计)，mg 氢氧化钾/g；

V—样品消耗氢氧化钾标准溶液的体积，mL；

c—氢氧化钾标准溶液的实际浓度，mol/L；

m—样品的质量，g；

56.11—与 1.0 mL 氢氧化钾标准溶液[c(KOH)＝1.000 mol/L]相当的氢氧化钾的质量，mg。

计算结果保留 2 位有效数字。

(四)碘值的测定(韦氏法)

1. 分析步骤

样品的量因估计的碘值而异(碘值高，油样少；碘值低，油样多)，一般约为 0.25 g。将称好的样品放入 500 mL 锥形瓶中，加入 20 mL 环己烷-冰乙酸等体积混合液，使样品溶解；准确加入 25.00 mL 韦氏碘液试剂，盖好塞子，将试剂摇匀后放于暗处 30 min 以上(碘值低于 150 g/100 g 的样品，应放 1 h；碘值高于 150 g/100 g 的样品，应放 2 h)。反应结束后，加入 20 mL 15%碘化钾溶液和 150 mL 水，用 0.1 mol/L 硫代硫酸钠标准溶液滴定至浅黄色，加几滴淀粉指示剂，继续滴定至剧烈摇动后蓝色刚好消失。在相同条件下，同时做一组空白实验。

2. 结果计算

按式(3-16)计算碘值：

$$X=\frac{0.1269(V_1-V_2)c}{m}\times 100 \tag{3-16}$$

式中，X—样品的碘值，g/100 g；

V_1—空白试剂消耗的硫代硫酸钠标准溶液的体积，mL；

V_2—样品消耗的硫代硫酸钠标准溶液的体积，mL；

c—硫代硫酸钠标准溶液的实际浓度，mol/L；

m—样品的质量，g；

0.126 9—0.5 mmol 碘的质量，g。

(五)过氧化值的测定

1. 分析步骤

称取 2～3 g 混匀(必要时过滤)的样品，置于 250 mL 碘量瓶中，加入 30 mL 三氯甲烷-冰乙酸混合液，使样品完全溶解；加入 1 mL 饱和碘化钾溶液，塞紧瓶盖，并轻轻振摇 30 s，然后在暗处放置 3 min。将碘量瓶取出并加入 100 mL 水，摇匀，立即用硫代硫酸钠标准滴定溶液(0.002 mol/L)滴定至淡黄色，加 1 mL 淀粉指示剂，继续滴定至蓝色消失为止。取相同量的三氯甲烷-冰乙酸溶液、碘化钾溶液、水，按同一方法做试剂空白实验。

2. 结果计算

按式(3-17)计算过氧化值：

$$X_1=\frac{0.1269(V_1-V_2)c}{m}\times 100 \tag{3-17}$$

$$X_2=78.8X_1$$

式中，X_1—样品的过氧化值，g/100 g；

X_2—样品的过氧化值，mmol/kg；

V_1—样品消耗的硫代硫酸钠标准滴定溶液的体积，mL；

V_2—空白试剂消耗的硫代硫酸钠标准滴定溶液的体积，mL；

c—硫代硫酸钠标准滴定溶液的浓度，mol/L；

m—样品的质量，g；

0.126 9—与 1.00 mL 硫代硫酸钠标准滴定溶液[$c(Na_2S_2O_3)$＝1.000 mol/L]相当的碘的质量，g；

78.8—换算因子。

计算结果保留 2 位有效数字。

精密度：在重复性条件下获得的 2 次独立测定结果的绝对差值不得超过二者算术平均值的 10%。

（六）羰基价的测定

1. 分析步骤

精密称取 0.025～0.500 g 样品，置于 25 mL 容量瓶中，加入苯溶液溶解样品并稀释至刻度线。吸取溶液 5.0 mL，置于 25 mL 具塞试管中，加入 3 mL 三氯乙酸溶液和 5 mL 2,4-二硝基苯肼溶液，仔细振摇混匀，在 60 ℃水浴中加热 30 min；冷却后，沿试管壁慢慢加入 10 mL 氢氧化钾-乙醇溶液，使试管内的溶液成为二液层；塞好瓶盖，剧烈振摇混匀，放置 10 min。利用分光光度计，用空白试剂调节零点，于 440 nm 波长处测定吸光度值。

2. 结果计算

按式(3-18)计算羰基价：

$$X=\frac{1\,000A}{854mV_2/V_1} \tag{3-18}$$

式中，X—样品的羰基价，mmol/kg；

A—样品液的吸光度；

m—样品质量，g；

V_1—样品稀释后的总体积，mL；

V_2—测定用样品稀释液的体积，mL；

854—各种醛的毫克当量吸光系数的平均值。

结果保留 3 位有效数字。

精密度：在重复性条件下获得的 2 次独立测定结果的绝对差值不得超过二者算术平均值的 5%。

（七）注意事项

①在测定酸价的过程中，当试样的颜色较深时，可减少样品的用量，或适当增加混合溶液的用量。

②测定碘值时，光线和水分会对氯化钾起作用，对测定结果的影响很大。因此，要求所用仪器必须清洁、干燥，碘液试剂必须用棕色瓶盛装且放于暗处。

③冰醋酸不应含有还原性物质。一种检验方法是：取 2 mL 冰醋酸，向其中加入 10 mL

0.1 mol/L 高锰酸钾溶液，粉红色应在 2 h 内不褪色。另一种检验方法是：取 10 mL 冰醋酸，向其中加入 10 mL 含有 0.05 mL 重铬酸钾饱和溶液的浓硫酸，混匀，若溶液呈绿色，则证明有还原性物质存在。

④当室温太低时，冰醋酸容易结晶析出，这时可在冰醋酸中加一点水，但冰醋酸的浓度绝不能低于 97%。

⑤测定过氧化值时，饱和碘化钾溶液中不可存在游离碘和碘酸盐。

⑥光线会促进空气对试剂的氧化，应注意避光存放试剂。

⑦在过氧化值的测定中，三氯甲烷与冰乙酸的比例、加入碘化钾后静置时间的长短和基价水量的多少等对测定结果均有影响，应严格控制样品与空白实验测定条件的一致性。

⑧测定羰基价时，所用仪器必须洁净、干燥；所用试剂中若含有干扰实验的物质，必须对干扰物质加以控制，才能将其用于实验；当空白实验的吸收值（在波长 440 nm 处，以水作为对照）超过 0.2 时，表明实验所用试剂的纯度不够理想。

五、作业与思考

1. 你测定的油脂密度是否符合该植物油脂的密度范围？如果不符合，是什么原因？
2. 油脂中的游离脂肪酸与酸价有何关系？测定酸价时，加入乙醇的目的是什么？
3. 哪些指标可以表明油脂的特点？它们表明了油脂有哪方面的特点？
4. 本实验中用了哪几种滴定法？它们各有什么特点？影响准确度和精密度的因素有哪些？
5. 你对本实验有什么体会（成功的经验及失败的教训）？

实验五　马铃薯品质分析

Ⅰ 马铃薯淀粉含量测定

一、目的要求

1. 理解马铃薯淀粉含量的测定原理；
2. 掌握马铃薯淀粉含量的测定方法。

二、材料、用具及试剂

（一）材料

马铃薯块茎。

（二）用具

分光光度计、小台秤、分析天平、烧杯（100 mL）、研钵、容量瓶（100 mL）、洗瓶、漏斗、滤纸、具塞刻度试管（15 mL）、恒温水浴锅、移液管（1 mL 和 2 mL）等。

（三）试剂

1. 2 mol/L 氢氧化钠溶液

准确称取 4 g 氢氧化钠固体，溶于 15 mL 蒸馏水中，并倒入 50 mL 容量瓶中。用蒸馏水分几次清洗烧杯并将清洗的溶液倒入容量瓶中，然后用蒸馏水定容至刻度线。

2. 3,5-二硝基水杨酸试剂

准确称取 3,5-二硝基水杨酸 1 g，溶于 20 mL 2 mol/L 氢氧化钠溶液中，加入 50 mL 蒸馏水，再加入 30 g 酒石酸钾钠，待酒石酸钾钠溶解后用蒸馏水定容至 100 mL。盖紧瓶塞，勿让二氧化碳进入瓶内。若溶液浑浊，可过滤后再使用。

3. 0.1 mol/L 柠檬酸缓冲液(pH 5.6)

A 液(0.1 mol/L 柠檬酸)：称取柠檬酸 21.01 g，用蒸馏水溶解并定容至 1 000 mL。

B 液(0.1 mol/L 柠檬酸钠)：称取柠檬酸钠 29.41 g，用蒸馏水溶解并定容至 1 000 mL。

将 110 mL A 液与 290 mL B 液混合均匀，即得到 0.1 mol/L 柠檬酸缓冲液(pH 5.6)。

4. 1 mg/mL 淀粉溶液

称取 0.1 g 淀粉溶于 100 mL 0.1 mol/L 柠檬酸缓冲液(pH 5.6)中。

5. 20%硫酸

用 50 mL 量筒量取 50 mL 蒸馏水，倒入 100 mL 烧杯中，再用 200 mL 量筒量取 126 mL 98%浓硫酸，沿内壁缓缓倒入烧杯内的蒸馏水中，边倒边用玻璃棒搅拌。冷却至室温后，将浓硫酸倒入 100 mL 容量瓶中，用蒸馏水分几次清洗烧杯并将清洗的溶液倒入容量瓶中，再用蒸馏水定容至刻度线。

三、内容说明

淀粉与稀硫酸在加热的条件下能够完全水解成葡萄糖、麦芽糖等还原糖。还原糖在碱性条件下被氧化成糖酸及其他产物，3,5-二硝基水杨酸则被还原成棕红色的 3-氨基-5 硝基水杨酸。在一定范围内，还原糖的量与棕红色物质颜色的深浅成正比。利用分光光度计，在 540 nm 波长下测定光密度值，查对标准曲线，可获得淀粉的含量。淀粉完全水解成还原糖的量与淀粉含量成正比，因此淀粉含量也与棕红色物质颜色的深浅成正比。

四、方法步骤

(一)淀粉的制备

1. 操作要点

(1)洗涤

对生产淀粉的原料进行清洗，这是保证淀粉质量的基础。原料清洗得越干净，淀粉的质量就越好。

(2)磨碎

经过洗涤后，将原料送至磨碎机中进行处理。磨碎的目的是破坏原料的组织结构，使微小的淀粉颗粒能够顺利地从块根中解体并分离出来，尽可能地使原料的细胞破裂，释放出更多的游离淀粉颗粒。

(3)筛分

将磨碎后的马铃薯糊用纱布进行过滤筛分。在过滤过程中，要加水洗涤，滤液为淀粉乳。将滤渣再进行 2 次粉碎过滤。

(4)静置

将过滤后的淀粉乳放在水桶中静置数小时，倒掉上层液体，加水搅拌，继续静置数小时。

(5)脱水干燥

淀粉被清洗后，其含水率很高，必须进行脱水。用布氏漏斗抽滤得到含水量为 45%的湿淀粉，将湿淀粉放入 60 ℃烘箱中烘干即得淀粉成品。

2. 淀粉得率的计算

称量脱水干燥后获得的淀粉质量(g)，按式(3-19)计算淀粉得率：

$$\text{淀粉得率}=\frac{\text{成品淀粉质量(g)}}{\text{马铃薯质量(g)}}\times 100\% \tag{3-19}$$

(二)淀粉含量的测定

1. 淀粉标准溶液的制备

准确称取 0.1 g 样品，置于 100 mL 容量瓶中。向容量瓶中加蒸馏水，使淀粉溶解，然后用蒸馏水定容至 100 mL，即配成 1 mg/mL 的淀粉标准溶液。在相应的容量瓶上贴上标签。

2. 淀粉标准曲线的制作

取 7 支洁净的具塞比色管，编号，按表 3-23 的内容进行操作。

表 3-23　淀粉标准曲线的制作

操作项目	各试剂的量						
	1	2	3	4	5	6	7
1 mg/mL 淀粉标准溶液/mL	0.0	1.0	1.4	1.8	2.2	2.6	3.0
20%硫酸/mL	2.0	2.0	2.0	2.0	2.0	2.0	2.0
蒸馏水/mL	4.0	3.0	2.6	2.2	1.8	1.4	1.0
混匀，置于 80 ℃水中水浴反应 3～4 min，冷却一段时间后							
2 mol/L 氢氧化钠溶液/mL	1.0+2	1.0	1.0	1.0	1.0	1.0	1.0
3,5-二硝基水杨酸/mL	4.0	4.0	4.0	4.0	4.0	4.0	4.0
混匀，置于 80 ℃水中水浴反应 3～4 min，冷却一段时间后							
2 mol/L 氢氧化钠溶液/mL	1.0+2	1.0	1.0	1.0	1.0	1.0	1.0
3,5-二硝基水杨酸/mL	4.0	4.0	4.0	4.0	4.0	4.0	4.0
混匀，置于沸水浴中煮沸 5 min，取出，冷至室温后，以 1 号为参比溶液，于 540 nm 波长处测定各比色管的吸光度值							
各比色管的淀粉含量/mg	0.0	1.0	1.4	1.8	2.2	2.6	3.0

在 540 nm 波长下测定各比色管的吸光度值，记录结果，并以淀粉含量(mg)为横坐标，吸光度值 A_{540} 为纵坐标，绘制淀粉标准曲线。

3. 样品中淀粉含量的测定

取6支洁净的具塞比色管，编号，按表3-24的内容进行操作。显色反应后，以0号为参比溶液，于540 nm波长处测定吸光度值 A_{540}，记录测定结果。

表3-24　马铃薯淀粉含量的测定

操作项目	各试剂的量					
	0	样品				
1 mg/mL淀粉标准溶液/mL	0.0	2.0				
20%硫酸/mL	2.0	2.0				
蒸馏水/mL	4.0	2.0				
混匀，置于80 ℃水中水浴反应3～4 min，冷却一段时间后						
2 mol/L氢氧化钠溶液/mL	1.0+2.0	1.0+2.0				
3,5-二硝基水杨酸/mL	4.0	4.0				
混匀，置于沸水中水浴反应5 min，取出，冷至室温后，以0号为参比溶液，于540 nm波长处测定各比色管的吸光度值						

根据测定的吸光度值 A_{540}，在淀粉标准曲线上查出淀粉的含量(mg)，按式(3-20)计算各种制备马铃薯淀粉的含量：

$$\text{制备马铃薯淀粉的含量}=\frac{\text{淀粉标准曲线上查得的淀粉含量(mg)}}{\text{马铃薯样品的质量(mg)}}\times 100\% \qquad (3\text{-}20)$$

五、作业与思考

测定5个马铃薯品种的淀粉含量，并评价哪些品种是高淀粉品种。

Ⅱ 马铃薯还原糖含量测定

一、目的要求

1. 理解马铃薯还原糖含量的测定原理；
2. 掌握马铃薯还原糖含量的测定方法。

二、材料、用具及试剂

(一)材料

马铃薯块茎。

(二)用具

25 mL血糖管或刻度试管、大离心管或玻璃漏斗、100 mL烧杯、100 mL三角瓶、100 mL容量瓶、刻度吸管(1.2 mL和10 mL)、沸水浴锅、离心机(过滤法不用此设备)、电子天平和分光光度计等。

(三)试剂

1.1 mg/mL 葡萄糖标准溶液

准确称取 100 mg 分析纯葡萄糖(预先在 80 ℃烘至恒重),置于小烧杯中,用少量蒸馏水溶解后,定量转移到 100 mL 容量瓶中。用蒸馏水定容至 100 mL 刻度线,摇匀,置于 4 ℃冰箱中保存备用。

2.3,5-二硝基水杨酸试剂

将 6.3 g 3,5-二硝基水杨酸和 262 mL 2 mol/L 氢氧化钠溶液加入 500 g 含有 185 g 酒石酸钾钠的热溶液中,再加入 5 g 结晶酚和 5 g 亚硫酸钠,搅拌溶解。冷却后,加蒸馏水定容至 1 000 mL,将试剂贮于棕色瓶中备用。

三、内容说明

马铃薯块茎的还原糖含量是重要的品质指标,它是确定一个品种是否适合炸片的重要条件。一般来说,还原糖含量越低,炸片的颜色越好。炸片品种要求还原糖的含量为鲜重的 0.1%,上限含量为 0.4%。

马铃薯块茎还原糖含量的测定一般采用 3,5-二硝基水杨酸比色法,测定原理为 3,5-二硝基水杨酸溶液与还原糖(各种单糖和麦芽糖)溶液共热后会被还原成棕红色的氨基化合物。在一定范围内,还原糖的含量与棕红色氨基化合物颜色深浅的程度成一定的比例关系。在 540 nm 波长下测定棕红色氨基化合物的吸光度值,查标准曲线,便可求出样品中还原糖的含量。

四、方法步骤

(一)葡萄糖标准曲线的制作

取 7 支 25 mL 血糖管或刻度试管,编号,按表 3-25 所示的量分别精确加入浓度为 1 mg/mL 的葡萄糖标准溶液、蒸馏水和 3,5-二硝基水杨酸试剂。

将各管摇匀,在沸水浴中加热 5 min,取出后立即放入盛有冷水的烧杯中冷却至室温,再用蒸馏水定容至 25 mL 刻度线处。用橡皮塞塞住管口,颠倒混匀(如果用大试管,则向每管中加入 21.5 mL 蒸馏水,混匀)。在 540 nm 波长下,用 0 号管调零,分别读取 1～6 号管的吸光度值。以吸光度值为纵坐标,葡萄糖量(mg)为横坐标,绘制葡萄糖标准曲线,求得直线方程。

表 3-25 各试管中添加试剂的量

试剂名称	各试剂的量						
	0	1	2	3	4	5	6
1 mg/mL 葡萄糖标准溶液/mL	0.0	0.2	0.4	0.6	0.8	1.0	1.2
蒸馏水/mL	2.0	1.8	1.6	1.4	1.2	1.0	0.8
3,5-二硝基水杨酸试剂/mL	1.5	1.5	1.5	1.5	1.5	1.5	1.5
葡萄糖质量/mg	0.0	0.2	0.4	0.6	0.8	1.0	1.2

(二)样品中还原糖的提取

准确称取 15 g 马铃薯块茎鲜样，研成糊状，放在 100 mL 烧杯中，然后加入 50 mL 蒸馏水，搅匀，置于 50 ℃恒温水浴锅中保温 20 min，其间需不时搅拌，使还原糖浸出。将浸出液转移到 50 mL 离心管中，以 4 000 r/min 的转速离心 5 min，用 20 mL 蒸馏水清洗残渣，再进行离心。将 2 次离心的上清液或滤液全部收集在 100 mL 容量瓶中，用蒸馏水定容至刻度线处，混匀，作为还原糖待测液。

(三)显色和比色

取 3 支 25 mL 刻度试管，编号，分别加入还原糖待测液 2 mL 和 3,5-二硝基水杨酸试剂 1.5 mL，其余操作均与标准曲线的制作步骤相同，测定各试管的吸光度值。分别在葡萄糖标准曲线上查出相应还原糖的质量(mg)，按式(3-21)计算还原糖的含量：

$$\text{还原糖的含量}=\frac{C\times V/a}{m\times 1\ 000}\times 100\% \qquad (3\text{-}21)$$

式中，C—由标准曲线方程求得的还原糖质量，mg；

V—还原糖提取液的体积，mL；

a—显色时吸取样品液的体积，mL；

m—样品质量，g；

1 000—mg 换算成 g 的系数。

五、作业与思考

测定 5 个不同马铃薯品种的还原糖含量。还原糖含量高的品种有哪些？还原糖含量低的品种有哪些？

Ⅲ 马铃薯维生素 C 含量测定

一、目的要求

1. 理解马铃薯维生素 C 含量的测定原理；
2. 掌握马铃薯维生素 C 含量的测定方法。

二、材料、用具及试剂

(一)材料

马铃薯块茎。

(二)用具

容量瓶(100 mL)、菜刀、捣碎机或研钵、玻璃漏斗、滤纸和微量滴定管等。

(三)试剂

1. 1%盐酸溶液

量取 23 mL 密度为 1.19 g/mL 的浓盐酸，用蒸馏水稀释并定容至 1 000 mL，即可得到

1%盐酸溶液。

2. 1%草酸溶液

称取 10 g 草酸溶于蒸馏水中并稀释至 1 000 mL，即可得到 1%草酸溶液。

3. 10%硫酸铜溶液

将 9.25 g 硫酸铜($CuSO_4 \cdot 5H_2O$)溶于 50 mL 蒸馏水中，即可得到 10%硫酸铜溶液。

4. 2,6-二氯靛酚标准溶液

准确称取 60 mg 2,6-二氯靛酚，加入 150 mL 蒸馏水，再加入 4～5 滴 0.01 mol/L 氢氧化钠溶液，用蒸馏水定容至 200 mL。此标准液所含氢离子的浓度相当于 0.001 mol/L 盐酸所含的氢离子浓度。

三、内容说明

马铃薯块茎中维生素 C 的含量是重要的品质指标，块茎中维生素 C 的含量一般为 6～17 mg/100 g 鲜样重。维生素 C 极易受外界因子的影响，表现极不稳定。测定维生素 C 的含量时，要保证外界条件一致，且测定速度要快，以避免外界因子的影响。

马铃薯块茎维生素 C 含量的测定一般采用 2,6-二氯靛酚(2,6-D)滴定法。测定原理为维生素 C 有双键，具有不稳定的特点，可被氧化和还原。还原型的维生素 C 能将蓝色的 2,6-二氯靛酚染料还原成无色化合物而其自身被氧化成脱氢抗坏血酸。本实验是测定酸性提取液中维生素 C 的含量，用草酸和盐酸等来增加维生素 C 的稳定性。当用 2,6-二氯靛酚染料滴定含维生素 C 的酸性溶液时，在维生素 C 未被全部氧化前，滴下的染料立即被还原成无色；当滴下的染料立即呈粉红色时，到达滴定终点，表明溶液中的维生素 C 已全部被氧化。根据供试液所消耗的体积，可计算样品的维生素 C 含量。

四、方法步骤

(一)样品的称取

维生素 C 在块茎不同部位的含量不同：块茎顶部最多，脐部较少，茎皮与髓部很少，而维管周围较多。不同植株的不同块茎之间维生素 C 含量的变化也较大，因此平均样品非常重要。一般取 15～20 个洗净的块茎样品配成平均样品，具体方法是先将块茎纵切，并切下厚度约为 0.5 cm 的薄片；在每一半块茎的中部和第 1 切口的垂直方向切取另外 2 个薄片；将获得的薄片迅速切碎，再从中取出 10 g 样品放在玻璃上。

(二)样品的处理

将所取样品放入捣碎机或研钵中，加入 20 mL 1%盐酸溶液后迅速研磨成匀浆状(在 10 min 内很快研磨完成)。把获得的匀浆洗入 100 mL 容量瓶中，用 1%草酸溶液冲洗几次后，将洗液一并倒入容量瓶中，并用草酸定容至刻度线。用力摇动容量瓶，并放置 5 min，然后将容量瓶中的内容物进行过滤。如果滤液色深，可用白陶土脱色。

(三)滴定

取滤液 10 mL，用 2,6-二氯靛酚标准溶液滴定至溶液呈粉红色，且 1 min 内不褪色为止，记下消耗的 2,6-二氯靛酚标准溶液的体积。

(四)校正数值

测定用于提取样品的混合酸液及其还原物质的还原能力，用作校正值：取1%盐酸溶液和1%草酸溶液各10 mL，混合，用2,6-二氯靛酚标准溶液滴定至溶液呈粉红色为止。样品溶液的滴定值减去酸液的滴定值，即为所测材料的实际滴定值。

提取液中可能含有一定数量的其他还原物质，这些物质可能会与2,6-二氯靛酚发生反应，导致分析结果偏大。为了进行精确分析，也要计算这些物质的还原能力。因此，在10 mL提取液中加入0.1 mL 10%硫酸铜溶液，并在烘箱中加热10 min，待混合液冷却后用2,6-二氯靛酚标准溶液进行滴定。铜的存在破坏了维生素C，因此滴定的结果只表示滤液的还原能力。在这种情况下，不必测定提取液用酸的滴定量校正值。

(五)结果计算

按式(3-22)计算维生素C的含量：

$$\text{维生素 C 的含量(mg/100 g 鲜样重)} = (a-b)T \times 100 \quad (3\text{-}22)$$

式中，a—滴定10 mL供试液所消耗的2,6-二氯靛酚标准溶液的体积，mL；

b—校正值；

T—与1 mL 2,6-二氯靛酚标准溶液相当的维生素C的质量，mg(当2,6-二氯靛酚标准溶液的浓度发生变化时，T值应相应地改变)。

五、作业与思考

影响维生素C含量测定结果的关键环节有哪些？

实验六　利用近红外光谱分析仪测定作物品质的性状

一、目的要求

1. 了解利用近红外光谱分析仪快速测定作物籽粒中淀粉含量、蛋白质含量、脂肪含量等品质性状的原理与方法；

2. 利用已建立的模型，测定玉米、小麦、水稻等作物不同品种籽粒中的营养成分含量。

二、材料及用具

(一)材料

1. 建模所用的实验材料

按照建立NIRS校正模型的要求，所选择的校正样品应尽可能地涵盖待分析样品成分含量的范围，同时还要考虑样品的成分含量和梯度。样品应均匀分布，并具有建模所用的淀粉含量、直链淀粉含量、蛋白质含量、脂肪含量等化学测定值。

2. 测试材料

不同品种的玉米籽粒。

(二)用具

MPA 型傅里叶变换近红外光谱仪(德国 BRUKER 公司)及配套的 OPUS/QUANT 4.0 商用光谱定量分析软件、石英旋转样品杯、烘箱等。

MPA 型傅里叶变换近红外光谱仪的工作参数如下:扫描波数范围为 4 000~12 000 cm^{-1},扫描次数为 64 次,分辨率为 8 cm^{-1}。

三、方法步骤

(一)烘干

为了消除玉米籽粒含水量的不同对扫描光谱的影响,在样品进入光谱扫描前,将玉米籽粒放入 45 ℃烘箱中烘 60 h。

(二)样品的准备

在直径为 50 mm 的石英旋转样品杯内放入待测光谱的玉米籽粒,玉米籽粒的量大约为半杯;盖上黑色旋转盖,开始扫描样品,收集样品的近红外光谱。为了消除样品籽粒大小、均匀性不一致等因素对扫描光谱的影响,每个样品设 3 次重复,计算其平均光谱并存入计算机中。

(三)光谱的预处理

对光谱进行预处理。光谱预处理的方法包括常量扣减(Constant Offset Elimination, COE)、直线相减(Straight Line Subtraction,SLS)、矢量归一化(Vector Normalization,VN)、最大最小归一化(Max-min Normalization,MMN)、多元散射矫正(Multivariate Scattering Correction,MSC)、内标法(Internal Standard Method)、一阶导数(First Derivative, 1st Deriv.)、二阶导数(Second Derivative, 2nd Deriv.)、一阶导数+直线相减(First Derivative+Straight Line Subtraction,1st Deriv. +SLS)、一阶导数+矢量归一化(First Derivative+Vector Normalization,1st Deriv. +VN)和一阶导数+多元散射矫正(First Derivative+Multivariate Scattering Correction,1st Deriv. + MSC)等。

(四)建立 NIRS 数学模型

根据主成分分析法,将样品按 7∶3 的比例分成校正集和验证集。采用 BRUKER 公司基于偏最小二乘法(Partial Least Square Method)的 OPUS/QUANT4.0 商用光谱定量分析软件对模型进行优化,选择最优模型。

(五)扫描

将未知样品放入石英旋转样品杯中进行扫描。为了减少误差,每份样品至少扫描 3 次,利用已建立的数学模型对样品进行分析,求其平均值。

四、作业与思考

根据实验测定结果,完成表 3-26。

表 3-26　作物品质性状测定记录　　%

品种名称	蛋白质含量		淀粉含量		脂肪含量	
	测定结果	平均值	测定结果	平均值	测定结果	平均值
品种 1						
品种 2						
品种 3						

第四章

作物抗性鉴定技术

实验一　作物抗病性鉴定

Ⅰ水稻苗瘟抗性鉴定

一、目的要求

1.熟悉水稻苗期稻瘟病的主要症状；

2.学习和初步掌握水稻苗瘟抗性鉴定技术。

二、材料、用具及试剂

(一)材料

1.植物材料

供试水稻育种材料若干，以及抗病对照品种和感病对照品种各一个。

2.供试稻瘟病病原菌菌种

从当地收集分布广、致病力强的主要稻瘟病病原菌的代表性生理小种若干。

(二)用具

1.病原菌培养用具

高压灭菌锅、超净工作台、酒精灯、恒温培养箱、三角瓶(或茄子瓶)、培养皿、接种环、搪瓷盘、纱布等。

2.菌液接种和制备用具

显微镜、载玻片、盖玻片、搪瓷盆、普通专用喷雾器或医用喉头喷雾器、医用皮下注射器、橡胶管和保温保湿的遮阴设备。

(三)试剂

酵母淀粉琼脂培养基[酵母 2 g、可溶性淀粉(或蔗糖)10 g、琼脂 15～20 g，加水 1 000 mL]、大麦粒或高粱粒。

三、内容说明

水稻稻瘟病是一种世界性的真菌病害，被列为水稻三大病害之首。水稻稻瘟病具有传播快、发生范围广、流行频率高、突变严重等特点，在我国水稻的各稻区常年均有不同程度的发病，给水稻生产造成极大的损失。

稻瘟病的病原菌为稻梨孢菌(*Pyricularic oryzae* Cav.)，其无性世代为灰梨孢[*Pyrcularia grisea* (Cooke) Sacc.]，属于半知菌亚门梨孢属真菌；有性世代为 *Magnaporthe grisea* Barr Yaegash，属于子囊菌亚门属真菌。分生孢子梗不分枝，从寄主表皮或气孔伸出，具有 2～8 个隔膜；基部稍膨大，淡褐色，向上色淡；顶端呈曲状，上生分生孢子。分生孢子无色，呈洋梨形或棍棒形，常有 1～3 个隔膜，基部有脚孢。

稻瘟病在水稻整个生育期都可发生,具有为害时间长、侵染部位多和症状多样等特点。按发病时期和部位的不同,稻瘟病可分为苗瘟、叶瘟、节瘟、穗颈瘟和谷粒瘟,其中以穗颈瘟对水稻产量的影响最大。稻株容易感病的生育期是 4 叶期、分蘖期和抽穗期。

品种是稻瘟病发生和流行的基础。稻瘟病病原菌群体大、繁殖快,其高度的变异性使新的生理小种不断地更替出现,导致选育的高抗品种很容易丧失抗病性。因此,必须长期坚持研究病原菌的变化,并不断地选育新的抗病品种。

温度和湿度是影响稻瘟病发生和流行的主要环境因素。当气温为 25～28 ℃时,最适合菌丝的发育和分生孢子的形成;当相对湿度为 96%时,最适合病原菌孢子的形成和侵染。如果阴雨连绵、日照不足或时晴时雨,或者早晚有云雾、结露情况,病情的扩展就会迅速。光照对孢子的形成、萌发及侵染都有抑制作用,缺氧时孢子不能萌发。在饱和湿度和适温条件下,病原菌侵入稻叶后,经 4 d 的潜育期,稻叶就可出现病斑。偏施氮肥有利于发病。如果放水早或长期深灌根系,水稻发育差,其抗病力就弱,发病就严重。

四、方法步骤

(一)人工接种鉴定

1. 菌种制备

将供试稻瘟病病原菌菌种的各生理小种分别进行培养,然后进行混合接种。

2. 病原菌培养繁殖

培养繁殖包括一级培养繁殖和二级培养繁殖两个步骤。

(1)一级培养繁殖

利用酵母淀粉琼脂培养基进行培养。方法如下:将 15～20 g 琼脂放入 1 000 mL 水中加热溶化,再向水中加入可溶性淀粉(或蔗糖)10 g、酵母 2 g;将混合物装入试管中,经消毒、灭菌后取出,制成斜面,接种病原菌。将接种后的病原菌放在 26～28 ℃恒温培养箱中培养约 10 d,即可取用。

(2)二级培养繁殖

将病原菌转移到大麦(或高粱)粒培养基上进行扩大培养繁殖,用于接种鉴定。具体方法如下:将大麦粒加水后煮到半熟状态或用水浸泡 24 h,然后倒去多余的水分,装入三角瓶(或茄子瓶)中,用高压灭菌锅进行高压灭菌。灭菌后,立即将大麦粒摇散,以防止结块。在无菌操作条件下接种病原菌,将病原菌放在 26～28 ℃恒温培养箱中培养。培养 4～5 d 时,应摇动三角瓶内的大麦粒,以使菌丝生长均匀。当灰色菌丝长满大麦粒并开始变黑时,用自来水冲洗大麦粒上的菌丝,随后将大麦粒摊成薄层放于搪瓷盘中,盘上覆盖 1～2 层纱布来保湿。将大麦粒置于 25～28 ℃变温条件下约 2 d,即可见到大麦粒上产生大量灰色的分生孢子,该分生孢子可供接种使用。扩大繁殖时,应注意搪瓷盘内的湿度不宜过高,否则只长菌丝,产生的分生孢子则较少。

3. 育秧

(1)前期准备

在每个搪瓷盘中同时安排感病品种和抗病品种作为对照。将各供试水稻材料的种子进行选粒,各取 30～40 粒种子,经消毒、冲洗、催芽后准备播种。

(2)培育方法

在盛有肥沃泥土的搪瓷盆中育秧。幼苗在2叶期定株,每份材料选留10株生长一致的秧苗。定株后,酌施2～3次氮肥,最后一次氮肥应在接种前3～4 d施用,以使幼苗生长嫩绿。

如果采用注射接种鉴定法,可在秧田中育秧,将秧苗移植于大田后,再进行接种鉴定。

4. 接种

(1)喷雾接种

喷雾接种一般在3～4叶期进行。在日平均气温为25～28 ℃且阴雨、高湿的天气条件下,在叶面长时间(>12 h)有水珠时进行接种,最有利于发病。具体步骤是将产生不同病原菌生理小种孢子的大麦粒放入盛有自来水的烧杯中进行搅拌,分别配制成孢子悬浮液,用100倍显微镜检查孢子的密度,平均每个视野应有孢子20～25个(孢子密度则为20万～25万个/mL),然后将不同生理小种的孢子悬浮液混合,用于接种。采用普通专用喷雾器进行喷雾接种。喷雾时,要使叶片充分湿润、接种均匀。接种后,在26～28 ℃下用薄膜覆盖保湿24 h,然后将叶片移至室外,在20～30 ℃下保持高湿,培养7 d后,进行病情鉴定。

(2)注射接种

一般对水稻6～7叶期的分蘖进行注射接种,接种的分蘖必须有一片未展开的嫩心叶。配制好孢子悬浮液,使用医用皮下注射器从叶鞘外侧注入孢子悬浮液,直到多余菌液从嫩心叶中冒出为止。接种后7 d调查植株的病情。

(二)自然诱发鉴定

在多雾天气和阴雨条件下的稻瘟病重病区,可种植鉴定材料,采用自然诱发抗病性鉴定。具体步骤是将鉴定材料种植在重病区的肥沃土壤上,施氮水平略高于当地丰产田。如果有必要,可进行人工田间接种,以诱导发病。每个鉴定材料一般栽植10～20丛,可移栽或直播,设3次重复。以当地抗病、感病品种作为对照。

在鉴定区周围应种植若干行感病品种作为诱发行,以增加感染强度。要保持高湿条件。

(三)病情鉴定

一般在接种后7 d即可进行病情鉴定,或当感病对照品种达到高度发病时调查病情。按照苗瘟和叶瘟抗性分级标准(表4-1)或国际水稻研究所(IRRI)采用的10级制苗叶瘟抗性分级标准(表4-2),逐株鉴定和记载病情,然后用加权法求其病情指数。

表4-1　苗瘟和叶瘟抗性分级标准

级别	抗性水平	症状描述
R	抗病	叶片上未见病斑或产生针头状或稍大的褐点
M	中抗	叶片上产生圆形或椭圆形病斑,中心灰白色,边缘黄褐色;病斑大小在两叶脉之间,病斑直径在3 mm以内
S	感病	叶片上产生典型梭形病斑,中心灰白色,边缘黄褐色,病斑超过两条叶脉间的宽度

表 4-2　苗叶瘟抗性分级标准(IRRI)

级别	症状描述	抗性水平
0	叶上无病斑	高抗(HR)
1	病斑为针头大小的褐点	抗(R)
2	褐点稍大	
3	圆形至椭圆形的灰色病斑,边缘褐色,病斑直径为 1～2 mm	中抗(MR)
4	梭形病斑,长 1～2 cm,通常局限于两条叶脉之间,受害面积不超过叶面积的 2%	
5	梭形病斑,受害面积不超过叶面积的 10%	感(MS))
6	梭形病斑,受害面积为叶面积的 11%～25%	
7	梭形病斑,受害面积为叶面积的 26%～50%	感(S)
8	梭形病斑,受害面积为叶面积的 51%～75%	
9	全叶枯死	高感(HS)

$$\text{病情指数}=\frac{\sum(\text{各病级数}\times\text{各相应病级的叶数})}{\text{鉴定总叶数}\times\text{发病最高级数}}\times 100 \tag{4-1}$$

五、作业与思考

1. 分组进行稻瘟病的苗期人工喷雾接种鉴定。先配制病原菌孢子悬浮液,在 100 倍显微镜下检查孢子密度,即检查 3 个视野内的孢子数,明确配置的孢子悬浮液是否符合要求;进行喷雾接种和喷雾接种后的保温保湿及遮光等管理工作;接种 7 d 后,进行病情鉴定,确定供试水稻品种的抗性。

2. 水稻苗瘟抗性鉴定应注意哪些问题?

Ⅱ 玉米大斑病抗性鉴定

一、目的要求

1. 熟悉玉米大斑病的主要症状;
2. 掌握玉米大斑病的接种方法;
3. 掌握玉米大斑病的全株发病程度和抗性反应型分级标准。

二、材料、用具及试剂

(一)材料

玉米抗病和感病对照材料、玉米大斑病菌种(1 号生理小种)。

(二)用具

高压灭菌锅、超净工作台、酒精灯、接种环、恒温箱、烧杯、漏斗、试管、纱布、玻璃棒、培养皿、显微镜、小型喷雾器、保湿罩等。

(三)试剂

75%酒精、0.1%氯化汞溶液、葡萄糖、琼脂、马铃薯等。

三、内容说明

玉米大斑病在中国分布广泛，病原菌为大斑突脐孢菌[*Exserohilum turcicum*(Pass.)K. J. Leonard et Suggs]，主要发生在气候较凉爽的玉米种植区，是东北地区玉米的主要病害之一。大斑病的病原菌主要侵染玉米的叶片、苞叶和叶鞘，病害主要发生在玉米抽雄以后，下部叶片最先发病并迅速向上部叶片扩展。发病初期，叶片上出现水浸状青灰色斑，并向两端扩展，形成黄褐色梭形或长纺锤形大斑，影响植株的光合作用，造成籽粒灌浆不足、产量降低，甚至全株枯死，损失严重。

抗病育种是防治大斑病最经济有效的措施之一。玉米对大斑病的抗性表现可分为2种：一种是由多基因控制，表现为不同程度的病斑数；另一种是由单基因控制，产生抗性病斑，表现为褪绿病斑或褪绿斑点，甚至无病斑。对玉米大斑病抗性水平的鉴定和评价是一项专业性和技术性强的工作，它包括一系列的内容。只有在具备适宜的病原菌、病害发生环境以及能够较准确地反映寄主抗性本质评价指标的条件下，玉米品种的抗性水平才能得到真实的反映。抗病性鉴定的各个步骤都可以影响植株抗病性表达的程度和真实性。科学、准确地开展玉米的抗病性鉴定和评价，是正确评价种质的抗病性、在育种过程中合理选择和聚合抗病性、在生产中充分利用抗病性的重要基础。

玉米抗病性的鉴定程序包括主要生理小种病原菌的准备、接种时期的选择、最佳接种方法的确定、抗病性鉴定圃的设立、田间观察与记载等。

玉米育种材料抗大斑病的鉴定方法有田间自然发病鉴定、田间诱发发病鉴定和人工接种鉴定3种，但以人工接种鉴定最为可靠。

四、方法步骤

(一)人工接种

1. 菌种的培养

(1)病原菌的分离

选取新鲜病叶作为分离材料，在灭菌室内进行病原菌的分离操作。先将病斑剪成面积为4～5 mm^2的小块(30～40块)，然后分别将各病斑组织小块置于0.1%氯化汞溶液中进行消毒，1 min后立即取出。按无菌操作方法将各病斑组织小块投入无菌水中清洗3次，每次2～3 min。最后采用无菌操作方法，将病斑组织小块按正方形进行四点排列，栽种在马铃薯葡萄糖琼脂平板培养基(PDA平板培养基，其主要成分是去皮马铃薯20 g、葡萄糖10～20 g、琼脂17～20 g、蒸馏水100 mL)上，将培养基置于25～30 ℃恒温箱中培养7 d。

(2)菌种的纯化

选取培养性状典型的菌落，将菌落按无菌操作方法移植到斜面培养基上(每个典型菌落移3管)，然后再放在25 ℃下进行恒温培养。待产生孢子后，选取菌落较一致的斜面1～2管，挑取一点孢子，观察孢子的形状、分隔数、脐点等特点，然后计测孢子的大小。确认为纯种后，再用斜面培养基扩大培养，待其产生大量孢子后，置于冰箱中保存备用。

2. 孢子悬浮液的制备

将培养物上的孢子用少量蒸馏水洗下，用纱布滤去菌丝及培养基。滤液用蒸馏水进行稀释，稀释至在100倍显微镜下每个视野内约有10个孢子为宜。

3. 接种时期

苗期接种一般在玉米苗龄5～8叶时进行，成株期接种在抽雄前进行。

4. 接种方法

（1）苗期接种

接种前，在孢子悬浮液中加入2%蔗糖，以促进孢子的萌发。接种菌液量是每株1～2 mL。用小型喷雾器均匀喷雾，喷雾后立即覆盖保湿罩，在22 ℃下保湿24 h。

（2）成株期接种

将粉碎的上一年的病叶撒入心叶喇叭口，接种应在下午或傍晚湿度较大时进行。当天气干燥时，接种后可在每株心叶上喷水。

（二）病情鉴定和分级标准

1. 苗期病情鉴定和分级标准

接种后约12 d进行病情鉴定，鉴定应在同一天内完成。玉米大斑病全株病情分级标准见表4-3。

表4-3　玉米大斑病全株病情分级标准

级别	症状描述
1	叶片上无病斑或仅在穗位下部的叶片上有零星病斑，病斑面积占叶面积≤5%
3	穗位下部的叶片上有少量病斑，占叶面积的6%～10%；穗位上部的叶片上有零星病斑
5	穗位下部的叶片上病斑较多，占叶面积的11%～30%；穗位上部的叶片上有少量病斑
7	穗位下部的叶片或穗位上部的叶片上有大量病斑，病斑相连，占叶面积的31%～70%
9	全株叶片基本为病斑覆盖，叶片枯死

2. 发病率和病情指数的计算

①以叶片为单位：调查一定叶片数，计算发病率，计算公式见式（4-2）。

②以全株为单位：调查一定株数，计算病情指数，计算公式见式（4-3）。

$$\text{病叶率}=\frac{\text{发病叶片数}}{\text{调查叶片总数}}\times 100\% \tag{4-2}$$

$$\text{病情指数}=\frac{\sum(\text{各级病叶数}\times\text{该级的代表数值})}{\text{调查叶片总数}\times\text{最高一级代表数值}}\times 100 \tag{4-3}$$

3. 抗性反应型划分标准

玉米大斑病的抗性反应型分为4种，其具体的分级标准见表4-4。

表 4-4　玉米大斑病抗性反应型分级标准

反应型类型	症状描述
R(高抗)	病斑为褐色线条或窄条状坏死斑,周围有黄色晕圈,不产生霉层
MR(中抗)	病斑为长条形,一般不呈典型梭形,周围的黄色晕圈宽,霉层较为明显
MS(中感)	病斑呈褐色梭形大斑,周围有黄绿色边线(褐色边线或黄色晕圈),霉层较为明显
S(感)	病斑呈黄褐色或暗绿色梭形大斑,与健康叶片无明显界限,周围无黄色晕圈,霉层较为明显

五、作业与思考

1. 玉米大斑病发病的适宜条件是什么?
2. 玉米大斑病的典型特征是什么?
3. 玉米大斑病鉴定的基本环节有哪些?
4. 在接种后约 12 d 进行病情鉴定,根据苗期或成株期的抗病性鉴定结果进行抗病性评价分析。

Ⅲ 小麦条锈病症状识别和田间抗性调查

一、目的要求

掌握小麦条锈病的接种及抗性鉴定方法,并评定各个品种对条锈病的抵抗能力。

二、材料、用具及试剂

(一)材料

小麦盆栽幼苗、小麦条锈病菌种。

(二)用具

接种针、小型喷雾器、小型喷粉器、滴瓶、保湿桶、铅笔、指形管、塑料薄膜(或玻璃)、滑石粉和注射器等。

(三)试剂

75%酒精。

三、内容说明

在小麦育种工作中,最重要的育种目标之一是选育抗锈病品种。锈病对小麦产量的影响很大,一般会导致小麦减产 25%~75%。甚至在某些地区,锈病是限制小麦增产的主要因素。在小麦锈病的防治工作中,选育和栽培抗锈品种是最基本的措施。因此,在小麦育种过程中,必须了解和掌握抗锈性鉴定的方法。

小麦锈病有条锈、叶锈和秆锈 3 种。由于气候条件的差异，各地区发生的小麦锈病的种类不同，且受小麦锈病危害的程度也各异。一般来说，我国北方冬麦区以条锈病为主，叶锈病、秆锈病次之，春麦区则以秆锈病为主。

在自然条件下，并非每年、每地均严重地发生小麦锈病。因此，在进行抗病性育种时，除在发病的麦田中进行直接鉴定外，有时还必须在人工接种的环境下进行诱发鉴定。

小麦条锈病的接种方法有很多，包括针抹法、喷粉法、喷雾法和注射法等。因接种时期的不同，接种方法又可分为幼苗接种法和成株接种法。

四、方法步骤

（一）接种

1. 幼苗鉴定

幼苗鉴定一般在温室中进行，于麦苗第 1 片叶子长达 4～5 cm 时接种菌种，等麦苗充分发病后再进行鉴定。这种方法的好处是可在较短的时间内测定大量材料对锈病的抗病性，便于测定不同小麦品种对不同锈病生理小种的抗病性，能防止当地未发现而外地已存在的新的生理小种向外传播。幼苗鉴定的接种方法主要有以下几种：

（1）针抹法

此方法主要用于繁殖少量菌种或接种少量鉴定材料。在接种鉴定前约 10 d，将待鉴定小麦品种的种子播种于直径为 8～10 cm 的小花盆内（每盆播种 2～3 个品种，各品种要相互隔开，严防混杂）。在开始接种前，先从用于繁殖锈病孢子的麦苗上采集病菌孢子，将孢子置于指形管中（注明菌种生理小种号及采菌日期），然后从指形管中取出少许病菌孢子放在洁净的玻璃上，用滴管加少量水，用接种针将锈病孢子与水拌匀备用。加水时切忌过猛，以防引起病菌孢子飞溅或将孢子吸入滴管内，造成不同生理小种的相互污染。另外，用洁净的手指蘸上清水将麦苗的叶片摩擦数次，以去掉麦叶表面的蜡质；抚平茸毛，以叶片能沾上水滴为度。用消毒过的接种针蘸上已调制好的孢子液，涂抹于麦叶表面进行接种（条锈病、叶锈病的孢子接种于叶片的正面，秆锈病的孢子接种于叶片的背面），然后注明接种日期、所用菌种及所鉴定小麦品种的名称。接种后，把麦苗随即放入保湿桶中（即用一个铁皮桶，其内盛水，保持 99%～100%的湿度），用喷雾器喷降水雾，使麦苗和保湿桶的内壁沾满雾滴。喷雾不能过量，以防冲掉已接种的锈病孢子；喷雾后，马上盖上塑料薄膜（或玻璃）。把保湿桶放置在适当的温度条件下约 24 h，再将麦苗取出，移至阳光充足的温室内，约经 2 周后即可鉴定品种的抗性。

麦苗接种孢子后，在保湿阶段要求的最适温度分别为 9～13 ℃（条锈）、15～20 ℃（叶锈）、18～22 ℃（秆锈），自保湿桶中取出放入温室后的平均温度最好分别控制在 16～18℃（条锈）、18～22 ℃（叶锈）、21～24 ℃（秆锈）。光照时间每天应不少于 12 h，冬季光照不足，每天需增加一定时长的人工辅助光照。温度和光照时间是麦苗能否发病和发病充分与否的关键。在接种每个不同的生理小种时，接种用的一切用具都要先进行消毒，接种过程中的每一步骤都要注意防止可能发生的污染，避免影响鉴定的结果。

（2）喷粉法

在经过消毒的、干燥的小型喷粉器中加入适量的干燥石粉，再与少量新采集的锈病孢子[滑石粉与孢子的比例为(20～30)：1]混合均匀，备用。接种用的锈病孢子应事先去除混在其中的杂质，以防喷粉时造成喷粉器堵塞。接种开始前，先将叶片已去蜡质的麦苗若干盆放入保湿桶内，再用喷雾器在麦苗上均匀地喷上雾滴，随即用喷粉器将上述稀释的孢子粉均匀地喷洒到每盆麦苗的叶片上，然后用喷雾器喷雾，使麦苗和保湿桶内壁都沾上水滴，以水滴不流淌为度。最后，马上盖上塑料薄膜，保湿阶段及以后的各项操作和注意事项同针抹法。

(3)喷雾法

用小型喷雾器将制备好的新鲜孢子悬浮液(在喷雾器内，加入要接种的锈病孢子，先用少量清水将孢子润湿后搅成糊状，再加入足量的水，使孢子悬浮液呈淡橘黄色即可)喷在叶片已失去蜡质的麦苗上。接种后，将麦苗放于保湿桶内保湿，以后的操作及注意事项同针抹法。喷粉法和喷雾法适用于鉴定大量的材料。

2. 成株鉴定

成株鉴定一般多在田间进行，其方法是在抗病育种试验地要鉴定抗性的品种材料的四周播种高度感染锈病的品种，以作为锈病的诱发行。为了造成发病的环境，得到可靠的鉴定结果，需要在诱发行上每隔一定距离(1～2 m)的麦苗上进行人工接种，造成发病中心。接种方法如下：

(1)喷粉法

接种前，用手蘸清水将麦苗摩擦数下，以去除蜡质；用喷雾器喷上雾滴，用喷粉器将已制备好的被滑石粉稀释的孢子粉喷于麦苗上，再用喷雾器喷上水雾，随即用小花盆或塑料薄膜覆盖保湿，24 h 后揭开。该方法多用于麦苗起身前后。

(2)注射法

此方法多用于麦苗有一定生长高度时的接种，即当小麦将要拔节时进行的接种。接种前，应配制孢子悬浮液(配制方法同前)，注射应在傍晚进行。具体方法是在叶片与叶鞘相接处，用注射器将孢子悬浮液注入。注射时，针斜刺入叶鞘中(不要刺穿)，挤压少量悬浮液，以见到叶心冒出水珠为度。注意：孢子一般多浮于水面，因此使用时必须搅拌或振动均匀。如果气候干旱，在接种前或接种后应适当灌水，提高田间湿度，以利于锈病孢子的萌发、侵染和麦苗的发病。

除上述方法外，还可采用喷雾法，即将配成的孢子悬浮液喷在诱发行上进行接种。接种后，为了利于锈病孢子的萌发、侵染，也要进行保湿。接种后约 2 周，麦苗即可发病。但成株的抗锈性鉴定一般在小麦乳熟期以后、田间锈病发展到高峰时进行，要逐个品种进行调查记载。

(二)症状识别及田间抗性鉴定

1. 幼苗症状识别及田间抗性鉴定

根据小麦接种后幼苗的感病程度，对幼苗期条锈病的症状进行识别，并通过过敏性坏死的有无及强弱、是否有孢子堆的形成、孢子堆生长量的大小及多少来进行小麦品种田间抗性鉴定。小麦品种田间抗性分级标准见表 4-5。

表 4-5 小麦品种田间抗性分级标准

级别	抗性水平	症状描述
0	免疫	叶片全绿,没有病斑
1	高抗	叶片上无孢子,绝大部分为绿色,只有点滴的枯死病斑和失绿现象
2	抗病	叶片上有极小的孢子堆,孢子堆周围有褪绿现象和枯死斑
3	中抗	叶片上的孢子堆较多,孢子堆较大,叶片呈淡黄色或褐色,枯死部分多于孢子堆部分
4	中感	叶片上的孢子堆较多,孢子堆较大,叶片呈淡黄色或褐色,枯死部分少于孢子堆部分
5	高感	叶片普遍出现大孢子堆,孢子堆甚至联合形成宽而粗的条纹,叶片既无枯死也无褪绿现象

2. 成株症状识别及田间抗性鉴定

成株期对小麦锈病进行田间鉴定主要从以下 3 个方面进行,即反应型、普遍率和严重度。

(1)反应型

分级标准见表 4-5。

(2)普遍率

普遍率是指病害发生的普遍程度,即发病叶片数占调查总叶片数的百分率,一般用目测估计法进行观察记载。要求准确测定普遍率时,可根据被鉴定材料小区面积的大小,设点并随机选取 30～50 片叶片进行观察记载,并按式(4-4)进行计算:

$$普遍率=\frac{发病叶片数}{调查叶片总数}\times 100\% \tag{4-4}$$

(3)严重度

严重度是指病叶上着生孢子堆的部分占整个叶片面积的百分率,用于表示病害发生的严重程度。理论上讲,应将小区内的每片叶片都进行统计,然后取各统计结果的平均值。但在实际工作中,往往因人力不足而仅进行目测估计,将发病叶片进行总观后得出结论。严重度的计算公式见式(4-5):

$$严重度=\frac{\sum(各病级叶片数\times 各相应病级严重度)}{调查叶片总数}\times 100\% \tag{4-5}$$

小麦品种田间抗性严重度分级标准见表 4-6。

表 4-6 小麦品种田间抗性严重度分级标准

级别	症状描述	级别	症状描述
0	无孢子堆	4	26%≤孢子堆占叶片面积≤40%
1	孢子堆占叶片面积≤5%	5	41%≤孢子堆占叶片面积≤65%
2	6%≤孢子堆占叶片面积≤10%	6	孢子堆占叶片面积≥66%
3	11%≤孢子堆占叶片面积≤25%		

五、作业与思考

1. 用所学的方法配制条锈病病菌孢子悬浮液，并用各种方法进行接种。
2. 用所学的鉴定方法对发病后各个品种的抗病性进行鉴定，并将鉴定结果写成报告。

Ⅳ马铃薯晚疫病抗性鉴定

一、目的要求

1. 熟悉马铃薯晚疫病的主要症状；
2. 掌握马铃薯晚疫病田间抗性鉴定技术、病情分级标准及抗病性评价。

二、材料及用具

(一)材料

马铃薯品种10个。

(二)用具

米尺、筛网等。

三、内容说明

马铃薯晚疫病是由致病疫霉[*Phytophthora infestans*(Mont.)de Bary]引起的世界性病害，主要危害马铃薯的叶片及块茎，是导致马铃薯叶片萎蔫、枯死和薯块腐烂的毁灭性病害。马铃薯晚疫病在马铃薯种植区都有发生，当年当地的气候条件决定马铃薯的损失程度。在多雨、冷凉、适于晚疫病流行的地区和年份，植株会提前枯死，产量损失20%～40%。目前，马铃薯晚疫病仍然是制约马铃薯产量的关键因素，并在全世界范围内造成重大的经济损失。

马铃薯晚疫病的病原菌可以侵染植株的叶、茎等部位。田间发病的最早症状出现在下部叶片，发病初期为水浸状褪绿小斑点，位置多在叶尖和叶缘处，随后扩大为圆形暗绿色斑，病斑的边缘界限不明显。当空气湿度大时，病斑扩展至大半叶，直至全叶。茎部受害后可形成褐色条斑，也可产生孢子囊。当病害发生严重时，受害部位的组织坏死、软化甚至崩解，茎和其他组织一同变褐坏死，并造成病斑以上的叶片和茎叶死亡。潮湿时，病部产生白霉，但较稀疏。块茎发病初期为褐色或紫褐色不规则的病斑，病斑下的薯肉不同程度地变褐坏死，病斑的边缘界限不明显，病部易受其他病菌的二次侵染而腐烂。土壤干燥时，病部发硬，呈干腐状。块茎感病后，在田间及贮藏期间均会发生腐烂。

四、方法步骤

(一)马铃薯晚疫病田间抗性的鉴定

选取马铃薯栽培品种10个，采用随机区组设计，将每个品种种植3行，垄距为25 cm，行长为5 m，株距为25 cm，设3次重复。试验田四周设保护行。采用自然诱发鉴定的方法，从初花期开始进行调查，每隔1 d调查1次；田间出现中心病株后，每10 d调查1次，直到马铃薯植株的叶片全部枯黄为止。

(二)马铃薯晚疫病病情分级标准

马铃薯晚疫病病情分级标准见表4-7。

表4-7 马铃薯晚疫病病情分级标准

级别	症状描述
0	全株叶片无病斑
1	个别叶片上有个别病斑
3	全株1/4以下的叶片有病斑,或植株上部茎秆有个别小病斑
5	全株1/4~1/2的叶片有病斑,或植株上部茎秆有典型病斑
7	全株1/2以上的叶片有病斑,或植株中下部茎秆有较大病斑
9	全株叶片几乎都有病斑,或大部分叶片枯死甚至茎部枯死

马铃薯晚疫病病情指数的计算公式见式(4-6):

$$病情指数=\frac{\sum 各级病株数\times 该级的代表数值}{调查总植株数\times 最高级代表数值}\times 100 \tag{4-6}$$

(三)抗病性评价

马铃薯晚疫病抗病性评价见表4-8。

表4-8 马铃薯晚疫病抗病性评价

抗性水平	英文缩写	病情指数(Y)
高抗	HR	$Y\leqslant 1$
抗病	R	$1<Y\leqslant 10$
中抗	MR	$10<Y\leqslant 20$
中感	MS	$20<Y\leqslant 30$
感病	S	$30<Y\leqslant 40$
高感	HS	$Y>40$

五、作业与思考

对调查的10个马铃薯品种进行马铃薯晚疫病病情指数的计算和抗病性评价。

Ⅴ大豆疫霉根腐病抗性鉴定

一、目的要求

1. 了解大豆主要病害发生的种类;
2. 掌握大豆疫霉根腐病症状识别的方法和抗性级别的鉴定方法。

二、材料、用具及试剂

(一)材料

10个不同的大豆品种、供试大豆疫霉根腐病病原菌菌种(选当地分布广、致病力强的生理小种)。

(二)用具

1. 病原菌培养用具

高压灭菌锅、超净工作台、酒精灯、恒温培养箱、三角瓶(或茄子瓶)、培养皿、接种环、搪瓷盆、纱布、植物组织搅碎机等。

2. 菌液接种和制备用具

显微镜、载玻片、盖玻片、搪瓷盘、普通专用喷雾器或医用喉头喷雾器、医用皮下注射器、橡胶管和保温保湿的遮阴设备等。

(三)试剂

蒸馏水、琼脂20 g。

三、内容说明

(一)大豆疫霉根腐病及其发病规律

大豆疫霉根腐病是一种由大豆疫霉(*Phytophthora sojae* M. J. Kaufmann & J. W. Gerdemann)引起的危害大豆生产的世界性病害。该病害的危害面积大,毁灭性强,在世界大豆主产区呈扩大蔓延趋势。大豆疫霉根腐病是通过土壤或病残体中的卵孢子萌发产生孢子囊,释放出游动孢子来进行传播的。游动孢子吸附在大豆的根、茎上,导致植株发病。孢子囊的产生、游动孢子的移动必须在有水(水膜)的条件下才能完成。因此,充足的水分是病害侵染、流行的必要条件。降雨量是大豆疫霉根腐病严重程度的主导因素。当有连续降雨、土壤水分达到饱和或有30～50 mm及以上的降雨时,位于低洼地,土壤类型为黏重土壤、白浆土壤的大豆田可积水达数十小时,从而导致大豆疫霉根腐病的发生。

(二)大豆疫霉根腐病症状的识别

在我国,能够引起大豆根腐症状的病原菌有4种,分别为镰刀菌、丝核菌、腐霉和疫霉,其中镰刀菌和丝核菌是真菌,腐霉和疫霉是卵菌。大豆根腐病在大豆各生育期均可发病。在种子萌发前,病原菌可引起种子腐烂;在种子萌发后,大豆种子萌发生根时即可被病原菌侵染,受害根及下胚轴呈棕褐色。在幼苗期,幼苗由于根或茎的基部腐烂而萎蔫或立枯,根变褐、软化,子叶节处呈水浸状软腐,渐变褐、变细,猝倒。如果在真叶期发病,茎部会出现水浸状病斑,表现为下部叶片先变黄,并向上扩展,随后上部叶片逐渐变黄并很快萎蔫。侧根几乎全部腐烂,主根变为深褐色,可沿主茎向上扩展,形成凹陷条状病斑。发病轻时,侧根腐烂,植株并不死亡,表现出矮化、轻度失绿,症状与缺氮相似,病株豆荚数明显减少,空荚、瘪荚较多,籽粒皱缩。发病重时,全株不倒伏,叶片不脱落,此时剖开病茎可见维管束变成褐色。成株期感病植株的病茎节位也有病豆荚产生,豆荚基部在初期出现水浸状病斑,病斑逐渐变褐并从荚柄向上蔓延至荚尖,最后整个豆荚变枯,呈黄色,种子失水而干瘪。

四、方法步骤

(一)胡萝卜培养基的配置

将新鲜的胡萝卜清洗干净并切成小块，称取 200 g，用植物组织搅碎机搅碎；加入 1 000 mL 蒸馏水，煮沸 30 min，用 3 层纱布滤去残渣；将过滤后的胡萝卜汁定容至 1 000 mL，加入 20 g 琼脂，在 120 ℃高温、高压条件下灭菌 20 min。将灭菌后的培养基倒入灭菌的培养皿中，培养基高度为 0.5 cm。

(二)田间抗性鉴定

大豆根腐病于 6 月中下旬进入发病盛期。根据田间发病的情况，在发病盛期按标准进行病情调查。大豆根腐病病情分级标准见表 4-9。

表 4-9　大豆根腐病病情分级标准

级别	症状描述
0	幼苗茎基部及主根均无病斑
1	茎基部和主根上有病斑，病斑面积占茎基部和主根总面积的 1/4 以下
2	茎基部和主根上的病斑面积占茎基部和主根总面积的 1/4～1/2
3	茎基部和主根上的病斑面积占茎基部和主根面积的 1/2 以上
4	茎基部和主根上的病斑连片，已形成绕茎现象，但根系并没有坏死
5	地上部分萎蔫或枯死

(三)胚轴伤口接种法鉴定

用消毒后的刀片在大豆子叶节下约 1 cm 处划一个斜口，在培养 7～8 d 的菌株的菌落外缘割取带有菌丝体的培养基(边长为 3 mm 的方块)并将其嵌入伤口中，接种后保湿 48 h，然后转入相同温度的温室中进行培养。接种 5 d 后，进行病情调查。感病植株在接种后很快就发生全株性萎蔫，并从接种部位处折断、死亡；抗病植株在接种后则无变化或接种部位局部褐变，全株继续正常生长。一个品种(系)如果有 70%或以上的植株死亡，则为感病(S)；如果有 70%或以上的植株正常生长，则为抗病(R)；死亡植株在 31%～ 69%的品种(系)，则被归为中间类型(I)。

五、作业与思考

将所调查的 10 个大豆品种疫霉根腐病田间抗性鉴定和下胚轴接种法鉴定的结果填写于表 4-10 中。

表 4-10　大豆疫霉根腐病病情调查统计结果

品种	调查日期	田间抗性等级	下胚轴接种法发病等级

实验二　作物抗虫性鉴定

Ⅰ水稻潜叶蝇抗性鉴定

一、目的要求

1. 了解水稻潜叶蝇田间危害的特点；
2. 掌握水稻潜叶蝇症状识别与抗性级别的鉴定方法。

二、材料及用具

(一)材料

水稻主栽品种 10 个。

(二)用具

米尺、筛网等。

三、内容说明

水稻潜叶蝇(*Hydrellia griseola* Fallen)又称稻小潜叶蝇，属双翅目水蝇科。水稻潜叶蝇的成虫体色为青灰色，可显示出绿色光泽；体长为 2～3 mm，有 13 节体节，节上有黑色的口钩及齿节。水稻潜叶蝇蛹的体长约为 3 mm，体宽约为 0.9 mm，体色通常为黄褐色或褐色，各体节有黑褐色短刺带环绕，在腹部中间有相对较宽的短刺带。中国绝大多数水稻和很多禾本科杂草都会受到水稻潜叶蝇的危害。

水稻潜叶蝇是北方稻田苗期常见的虫害，其幼虫以植物叶片为食，使叶片呈现不规则的白色条斑，最严重时可使水稻全株枯死。刚孵出的水稻潜叶蝇幼虫在出卵壳之后就会侵入植株的叶片组织，它们从叶片边缘开始侵蚀，形成不规则弯曲的潜道，致使水稻浸水、滋生细菌，最后使受害叶片呈水浸状或烫熟状。

四、方法步骤

(一)调查取样

将 10 个本地水稻主栽品种在试验田内进行种植，每个品种种植 4 垄，行长为 5 m，设 3 次重复。不喷杀虫剂，插秧 15 d 后调查取样，每一次重复随机选取 5 点。每个点调查 10 穴水稻叶片数，记录受害叶片数和叶片受害率。

(二)叶片受害率的计算

叶片受害率计算公式见式(4-7)：

$$\text{叶片受害率}=\frac{\text{受害叶片数}}{\text{调查叶片总数}}\times 100\% \tag{4-7}$$

(三)水稻潜叶蝇抗性分级标准

水稻潜叶蝇抗性分级标准见表4-11。

表4-11 水稻潜叶蝇抗性分级标准

级别	抗性水平	叶片受害率/%
1	高抗(HR)	≤5
2	抗虫(R)	5～10
3	感虫(S)	10～20
4	高感(HS)	>20

五、作业与思考

对经过调查的10个水稻品种进行潜叶蝇抗性评价。

Ⅱ大豆食心虫抗性鉴定

一、目的要求

1. 了解大豆食心虫田间危害的特点；
2. 掌握大豆食心虫症状识别与抗性级别的鉴定方法。

二、材料及用具

(一)材料

大豆主栽品种10个。

(二)用具

米尺、筛网等。

三、内容说明

大豆食心虫[*Leguminivora glycinivorella*(Matsumura)]的别名为小红虫、大豆钻心虫，其幼虫俗称小红虫，属鳞翅目小卷叶蛾科。

各地成虫的活动规律较为一致，成虫在下午活动，其他时间则隐藏在豆叶的背面、叶柄等处。成虫的飞翔能力相对较弱。成虫具有趋光性，产卵时有选择性。成虫产卵时，会做短距离飞翔，挑选喜爱的豆荚产卵：毛多的豆荚上着卵多，无毛的豆荚上几乎不会着卵；幼嫩绿荚上着卵多，黄色老荚上着卵少。大豆食心虫的产生与土壤湿度、温度及降雨紧密相关，当土壤湿度为20%时，最适合越冬幼虫化蛹和羽化出土；当温度为20～25 ℃、相对湿度为90%时，最适宜成虫产卵。

大豆食心虫是一种危害大豆的单食性害虫，幼虫侵入豆荚，咬食豆粒，被害豆粒形成虫孔、破瓣或被食光。一般年份的虫食率为5%～10%，严重年份的虫食率可达30%～60%。大豆食心虫不仅造成大豆减产，而且还严重影响大豆的品质，降低大豆商品的等级和种子质量，是大豆生产迫切需要解决的问题。选育和利用抗大豆食心虫品种是一种经济有效的防治途径。

四、方法步骤

(一)调查取样

将 10 个本地大豆主栽品种在试验田内进行种植,每个品种种植 4 垄,行长为 5 m,设 3 次重复。在大豆鼓粒期进行人工接虫,接种密度为 5 对雌雄成虫/m^2。按照当地常规大田进行种植和管理。秋收时,调查不同大豆品种的荚皮颜色、蛀荚数和虫食粒数,并进行测产。

(二)计算单株蛀荚率和单株虫食率

单株蛀荚率和单株虫食率的计算公式分别见式(4-8)和式(4-9):

$$\text{单株蛀荚率}=\frac{\text{单株蛀荚数}}{\text{单株总荚数}}\times 100\% \tag{4-8}$$

$$\text{单株虫食率}=\frac{\text{单株虫食粒数}}{\text{单株总粒数}}\times 100\% \tag{4-9}$$

(三)大豆品种抗虫性分级标准

大豆品种抗虫性分级标准见表 4-12。

表 4-12 大豆品种抗虫性分级标准 %

级别	抗性水平	虫食率	蛀荚率
1	高抗(HR)	≤5	≤5
2	抗虫(R)	5～10	5～10
3	感虫(S)	10～15	10～15
4	高感(HS)	>15	>15

五、作业与思考

对经过调查的 10 个大豆品种进行食心虫抗性评价。

Ⅲ 玉米螟虫抗性鉴定

一、目的要求

1. 了解玉米螟虫田间危害的特点;
2. 掌握玉米螟虫症状识别与抗性级别鉴定的方法。

二、材料及用具

(一)材料

玉米主栽品种 10 个。

(二)用具

米尺、筛网等。

三、内容说明

在玉米生长发育的过程中，亚洲玉米螟(*Ostrinia furnacalis* Guenée)造成的危害比较严重，它是目前造成我国玉米减产最为严重的害虫。在严重年份，亚洲玉米螟会造成10%～30%的春、夏玉米减产，其危害难以预测，是导致我国玉米产量不稳定的重要因素。

玉米螟为鳞翅目螟蛾科秆野螟属，其初孵幼虫体长约为1.5 mm，头部呈黑色，虫体呈半透明乳白色；幼虫为圆筒形；成虫体长为10～13 mm，翅展为24～35 mm，体背呈黄褐色。雌虫的前翅呈鲜黄色，腹部肥胖；雄虫的形态与雌虫相似，颜色较深，呈黄褐色。

玉米螟主要通过幼虫取食危害玉米。新孵化的幼虫喜欢以幼嫩的玉米叶、未抽穗的流苏或刚抽出的细丝为食。3龄以后，幼虫便开始爬入心叶潜藏；在心叶展开以后，展开的玉米叶片上就会出现整齐的一排排小孔。第4龄和第5龄幼虫开始取食作物的茎和雌穗，受损的流苏暴露在风中很容易被折断，从而影响作物的授粉。第4龄和第5龄幼虫还会伤害主茎和雌穗，取食苞叶、花丝和其他器官，造成营养物质无法被运输，籽粒空瘪，灌浆不足，从而导致玉米的产量严重下降。

四、方法步骤

将10个本地玉米主栽品种在试验田内进行种植，在田间随机排列，行距为0.7 m，行长为5 m，定植20株，每个品种设3次重复。试验田的土壤肥力条件和管理水平应保持一致。试验田可在下种期和生长前期进行药物防治，6叶期后均不得进行农药防治。侵染方式为田间自然感虫。

在心叶末期调查一代玉米螟的危害情况，按表4-13记载玉米螟的食叶级别，计算玉米螟对各鉴定材料叶片危害程度的平均值。根据食叶级别的平均值，按表4-14划分各鉴定材料的虫害级别，评价各鉴定材料的抗虫性。

表4-13 玉米螟对心叶危害程度的分级标准

食叶级别	症状描述
1	仅个别叶片上有1～2个孔径≤1 mm的虫孔
2	仅个别叶片上有3～6个孔径≤1 mm的虫孔
3	少数叶片上有7个以上孔径≤1 mm的虫孔
4	个别叶片上有1～2个孔径≤2 mm的虫孔
5	个别叶片上有3～6个孔径≤2 mm的虫孔
6	部分叶片上有7个以上孔径≤2 mm的虫孔
7	少数叶片上有1～2个孔径>2 mm的虫孔
8	部分叶片上有3～6个孔径>2 mm的虫孔
9	大部分叶片上有7个以上孔径>2 mm的虫孔

表 4-14 按食叶级别评定抗虫性的分级标准

虫害级别	食叶级别	抗性水平
1	1.0～2.9	高抗(HR)
3	3.0～4.9	抗虫(R)
5	5.0～6.9	中抗(MR)
7	7.0～8.9	感虫(S)
9	9.0	高感(HS)

五、作业与思考

对经过调查的10个玉米品种进行玉米螟虫抗性评价。

Ⅳ小麦蚜虫抗性鉴定

一、目的要求

1.学会小麦蚜虫虫害识别的方法;
2.学习和初步掌握小麦蚜虫抗性鉴定的方法和技术。

二、材料

1.植物材料

供鉴定的小麦品种若干,包括抗蚜虫和感蚜虫对照品种。

2.供试虫源

田间自然混合种群虫源。

三、内容说明

在小麦诸多的虫害中,小麦蚜虫是极为重要的一类。蚜虫属半翅目蚜科,在全球范围内广泛分布,是昆虫纲中的一大类群,大约包含5 500种。虽然蚜虫的种类繁多,但是很多学者的研究主要集中在麦蚜上。在全球的各大小麦栽培区,主要存在的小麦蚜虫有30多种,且由于部分地区的虫口密度较大,极为严重地威胁了小麦的品质和产量。在中国,普遍发生和危害严重的小麦蚜虫种类主要为麦二叉蚜(*Schizaphis graminum* Rondani)。麦二叉蚜通过把唾液注射进寄主小麦种内产生毒性作用,对小麦所有的生长阶段均构成危害,造成小麦减产。虽然蚜虫的生长发育期相对其他农业害虫较短,但是每年仍可暴发10～20代,造成小麦常年减产10%以上,大发生年份减产超过30%,最严重的时候可达60%甚至绝收。

通常情况下,小麦对麦二叉蚜的抗性是通过鉴定其在较严重的蚜虫侵害小麦幼苗的情况下,根据小麦幼苗耐毒性的不同确定的,而不是通过蚜虫对小麦的不同反应来确定的。

四、方法步骤

(一)供鉴定品种的种植

每个品种种植1～2行的小区,单粒点播,随机排列,设3次重复。鉴定田块除不施农药外,其余各项管理都与大田生产相同。

(二)田间小麦蚜虫数量调查

在小麦成株期的蚜虫盛发期(一般为小麦灌浆期至乳熟期)进行田间小麦蚜虫数量的调查。调查小麦蚜虫数量时,在每个供鉴定品种的各个小区随机选取5个主茎,记录单株主茎上的小麦蚜虫头数。调查应在同一天内完成。

(三)小麦蚜虫虫害识别和田间抗性调查

1. 小麦蚜虫虫害识别

采用观察法,根据表4-15所列的小麦蚜虫抗性级别,对不同的小麦品种进行小麦蚜虫虫害识别。

2. 小麦蚜虫田间抗性调查

在大多数小麦品种处于灌浆期(即麦蚜发生盛期)时,对田间自然发生的麦蚜进行蚜害级别调查,判定蚜害级别并进行记录。如果遇中到大雨等恶劣天气,应在恶劣天气到来之前进行调查。调查时,按重复数分为3组,每组2人,3组同时进行调查。调查人员先在田间扫视鉴定材料上蚜虫发生的总体情况,然后逐行进行随机抽样调查。目测各鉴定材料整行麦株上蚜虫的发生数量,随机选取10株麦株,取蚜虫发生数量最高的1株进行调查。调查时,在同一重复内,要求固定的调查人员完成调查。

3. 抗性分级标准

小麦蚜虫抗性分级标准可参考表4-15。

表4-15　小麦田间成株期蚜虫抗性分级标准

抗性级别	各级别的蚜虫数量
0	全株无蚜虫
1	全株有10头以下蚜虫
2	全株有10～20头蚜虫,横部无蚜虫或仅有1～5头蚜虫
3	全株有21～50头蚜虫,横部有6～10头蚜虫
4	全株有50头以上蚜虫,横部有片状的蚜虫聚集,蚜虫占横部的1/4左右
5	穗部有1/4～3/4的小穗有蚜虫
6	全部小穗均密布蚜虫

五、作业与思考

调查小麦田间成株期蚜虫头数,完成表4-16。

表 4-16　小麦田间成株期蚜虫头数调查表

品种名称	单株主茎上的蚜虫数/头（重复 1）	单株主茎上的蚜虫数/头（重复 2）	单株主茎上的蚜虫数/头（重复 3）	平均/头	小麦蚜虫的抗性级别

实验三　作物抗逆性鉴定

Ⅰ作物抗倒伏性鉴定

一、目的要求

1. 了解作物抗倒伏性鉴定的主要指标；
2. 初步掌握作物抗倒伏性鉴定的主要方法和步骤。

二、材料及用具

(一)材料

水稻育种试验田及几个小麦品种植株样本。

(二)用具

米尺、天平、剪刀及游标卡尺等。

三、内容说明

作物的倒伏对产量、品质和机械化收获等均有很大的影响。小麦、水稻在严重倒伏时，其产量甚至可降低五成以上。倒伏大多发生在作物生育的中后期。小麦等谷类作物在拔节后倒伏得越早，造成的损失就越大。在农业生产技术日益普及和农业生产水平不断提高的情况下，提高作物品种的抗倒伏性尤为重要。引起倒伏的原因是多方面的，不适当的栽培方法(如施用氮肥过多、种植密度过大、不适宜灌溉)和不良的气候条件(如大风、大雨等)都容易引起倒伏，但这些都是影响倒伏的外因，而品种的抗倒伏性是决定倒伏的内因。因此，要预防作物倒伏，不仅要采用恰当的栽培方法，还要选育抗倒伏的品种。

作物的倒伏可分为茎倒伏和根倒伏。鉴定倒伏的方法有田间直接鉴定和室内间接鉴定 2 种。

四、方法步骤

(一)田间直接鉴定

1. 鉴定时间

灌浆期至成熟期是水稻常见的因遇风雨或肥水管理不当而发生倒伏的时期。一般在水稻发生倒伏的当天或第 2 天进行倒伏程度鉴定，经 5～10 d 再观察记载 1 次，以确定倒伏后水稻恢复直立的能力。

2. 倒伏程度鉴定

在进行田间鉴定时，用目测估计的方法，也可自制大的量角器进行测定，以评定倒伏程度。根据倒伏植株与直立植株所成的角度，将倒伏程度分为 4 级，见表 4-17。

表 4-17　倒伏程度分级标准

级别	症状描述
0	不倒伏
1	轻微倒伏，植株倾斜 15°以内
2	中等倒伏，植株倾斜 15°～45°
3	倒伏严重，植株倾斜 45°以上

在鉴定倒伏程度的同时，还要目测并记载倒伏面积或倒伏面积占整个小区面积的百分率；对倒伏面积小但倒伏程度严重者，应调查其发生倒伏的原因是否为局部土地低洼或局部地区曾有旋风等特殊情况，否则这种倒伏面积小而倒伏程度严重者，往往不比倒伏面积大而倒伏程度轻的品种优越。

(二)室内间接鉴定

1. 材料来源

从在田间进行过倒伏程度鉴定的材料中取样，分别编号，带回室内作为鉴定材料。

2. 鉴定内容

(1)化学性质的鉴定

测定矿物质、木质素、灰分、纤维素以及氮、磷、钾的含量等。

(2)植物组织性状的鉴定

观察维管束的多少及其排列方式、茎壁厚度等。

(3)形态性状的鉴定

测定植株高度、基部节间的长度和直径等。

(4)机械性倒伏的鉴定

测定抗折断力、基部茎秆单位长度的质量等。

五、作业与思考

在所鉴定的材料中，哪种材料抗倒伏？为什么？

Ⅱ 作物抗旱性鉴定

一、目的要求

1. 了解作物抗旱性鉴定的主要指标；
2. 初步掌握作物抗旱性鉴定的主要方法和步骤。

二、材料、用具及试剂

(一)材料

不同品种的小麦幼苗。

(二)用具

电子天平、发芽箱、滤纸、培养皿、打孔器、干燥器、电导仪、20 mL 具塞刻度试管、双面刀片、恒温水浴锅、温度计、研钵、过滤漏斗、容量瓶(50 mL)、移液管(2、5、10 mL)、高速台式离心机、分光光度计、微量进样器、荧光灯(反应试管处的光照强度为 4 000 lx)、刻度吸管、G3 垂熔玻璃漏斗等。

(三)试剂

0.1%氯化汞溶液、聚乙二醇(PEG)、蔗糖溶液。

三、内容说明

水资源短缺已成为制约当今社会和经济可持续发展的因素，它对作物生长和作物产量的影响超过了所有其他非生物胁迫所造成的影响的总和。尤其是当灌溉水资源不足时，作物对水分亏缺的敏感程度不尽相同。因此，深入研究作物的抗旱性，进行抗旱育种，就显得特别重要。抗旱育种的成败在很大程度上取决于拥有抗旱性资源的数量和深入研究的程度。因此，种质资源的抗旱性鉴定、评价和筛选是抗旱育种的关键环节，受到世界各国育种工作者的重视。

进行抗旱性鉴定的方法有很多，主要包括田间直接鉴定法、人工气候室法、盆栽法、室内模拟干旱法和生理生化法等。这些方法各有优缺点，适用于不同时期、不同目的的抗旱性鉴定与研究。

四、方法步骤

(一)田间直接鉴定

当土壤干旱来临时，尤其在小麦孕穗期至灌浆期发生旱情时，植株因失水而逐渐萎蔫，叶片变黄并干枯。在午后日照最强、温度最高的高峰过后，根据小麦叶片萎蔫的程度分 5 级进行记载。级数越小，抗旱性越强。小麦叶片萎蔫程度分级标准见表 4-18。

表 4-18　小麦叶片萎蔫程度分级标准

级别	症状描述
1	无受害症状
2	小部分叶片萎蔫,并失去应有的光泽,有较少的叶片卷成针状
3	大部分叶片萎蔫,并有较多的叶片卷成针状
4	叶片萎蔫严重,颜色显著深于该品种叶片的正常颜色,下部叶片开始变黄
5	茎叶明显萎蔫,下部叶片变黄甚至变枯

也可以把各品种分别种植于旱地(胁迫)和水地(非胁迫),分别测定旱地小区的产量和水地小区的产量,按式(4-10)定量鉴定各品种的抗旱性。

$$\begin{cases} D_c = \dfrac{Y_d}{Y_p} \\ D_i = \dfrac{D_c \times Y_d}{Y_{d平}} \end{cases} \tag{4-10}$$

式中,D_c—抗旱系数;

D_i—抗旱指数;

Y_d—胁迫下的平均产量;

Y_p—非胁迫下的平均产量;

$Y_{d平}$—所有品种胁迫下的平均产量的平均值。

品种的抗旱系数或抗旱指数越大,其抗旱性就越强。

(二)发芽试验鉴定

该方法是在室内人工模拟干旱条件,并进行小麦芽期抗旱性鉴定。

①将供试种子置于 0.1%氯化汞溶液中,消毒灭菌 10～15 min。

②在直径为 10 cm 的培养皿中放 4 张定性滤纸,加入 15% PEG 溶液 6 mL 或 17.6%蔗糖溶液 30 mL。每个培养皿内放 1 个品种,均匀摆放整齐、健康的籽粒 30 粒。设 3～4 次重复。

③将培养皿放入发芽箱内,在 25 ℃下发芽 7 d;

④分别在发芽后的第 3 天和第 7 天测定种子的发芽势和发芽率,评定品种的抗旱性。也可以同时测定芽鞘长度、根长等,以反映品种抗旱性的强弱。

(三)离体叶片持水力测定

1. 称重

用电子天平(感量为 0.000 1 g)称量小麦旗叶 5～10 片(或取幼苗展开顶叶若干片,分别称其鲜重),并对每份样品进行编号。设 3～4 次重复。

2. 干燥

将称过鲜重的叶片放入 25～30 ℃的干燥器中,在黑暗条件下干燥 2～6 d,再称量失水后叶片的质量。

3. 计算每份样品的失水率

按式(4-11)计算失水率：

$$失水率=\frac{叶片鲜重-失水后叶片的质量}{叶片鲜重}\times 100\% \qquad (4\text{-}11)$$

计算出每一份供试品种叶片的平均失水率，并进行比较。一般抗旱性强的品种的叶片持水力高于抗旱性差的品种的叶片持水力。

五、作业与思考

分析比较各种作物抗旱性鉴定方法的有效性。在鉴定作物抗旱性时，应注意哪些问题？

Ⅲ作物抗盐性鉴定

一、目的要求

1. 了解作物抗盐性鉴定的主要指标；
2. 初步掌握作物抗盐性鉴定的主要方法和步骤。

二、材料及用具

(一)材料

小麦幼苗及种子。

(二)用具

培养皿、花盆、电导仪、20 mL 具塞刻度试管、恒温水浴锅、玻璃棒、天平、离心机、研钵、可见分光光度计、刻度吸管(5、10 mL)、离心管、容量瓶(25 mL)、加液器及 G3 垂熔玻璃漏斗等。

三、内容说明

盐害是作物在含水溶性盐类较多的土壤上栽培而造成的生长不良、产量下降甚至死亡，是造成作物产量降低的主要环境因素之一。长期以来，土壤盐渍化对作物生产有着极为严重的影响。如何提高作物的抗盐性、增加在盐胁迫下作物的产量，一直是人们关注的焦点。

作物的抗盐性鉴定是一个非常复杂的问题，它不仅受到外界条件(如盐渍类型、生态环境、农艺耕作措施等)的制约，而且还要受到作物抗盐能力的影响。从国内外的情况来看，大体存在 2 类鉴定方法：第一类鉴定方法为直接鉴定法，可分为田间试验法、萌发试验法和盆栽试验法；第二类鉴定方法为间接鉴定法(也称生理鉴定法)，主要包括膜透性的测定(电导法)、丙二醛(MDA)含量的测定、可溶性糖含量的测定及甜菜碱含量的测定等。

四、方法步骤

(一)田间试验法

选取供试材料，在适当程度的盐碱地上进行栽培试验，根据植株的生长状况及产量表现评定其抗盐性。

(二)萌发试验法

萌发试验法即根据种子萌发和幼苗发育的表现来鉴定植物的抗盐性。

取培养皿，在下面垫 2 层滤纸，每皿放 100 粒种子，加入 10 mL 培养液(培养液中氯化钠的含量梯度依次为 0、3、6、9、12 和 15 g/L)。设 3 次重复，每隔 12 h 计数发芽种子数，计算发芽率及平均发芽时间，将 7 d 后的发芽率作为最终发芽率。

$$平均发芽时间=\frac{\sum(nt)}{\sum n} \tag{4-12}$$

式中，n—12 h 内的发芽种子数；

t—从开始培养到发芽所需要的时间。

培养 25 d 后，在每个培养皿中随机选取 30 株，计数正常幼苗的百分率，同时测定幼苗的根数、根长和苗高。

(三)盆栽试验法

设置 4 个盐度处理，氯化钠的含量梯度依次为 0、50、150、200 mmol/L。将不同配比的试验土装入直径为 30 cm 的花盆内备用。将供试材料移入花盆内，每个处理设重复 10 株。试验时，保持土壤含水量为饱和持水量的 75%，40 d 后调查植株的盐害表现。按表 4-19 所示的分级标准对处理单株进行调查。

表 4-19　植株盐害分级标准

级别	症状描述
1	植株生长受到的抑制不明显，个别叶片边缘出现浅褐色斑
2	植株的生长受到的抑制较轻，30%以下的叶片出现褐斑
3	部分植株的生长受到抑制，50%的叶片失绿
4	植株生长受到抑制，生长基本停止，大多数叶片失绿
5	植株生长完全停止，大多数叶片枯死，无受害症状

按式(4-13)计算盐害指数：

$$盐害指数=\frac{\sum(盐害级别\times相应盐害级别植株数)}{5\times调查总株数}\times100\% \tag{4-13}$$

五、作业与思考

1. 鉴定作物抗盐性的方法有哪些？请举例说明。
2. 分析比较各种作物抗盐性鉴定方法的有效性。在鉴定作物抗盐性时，应注意什么问题？

第五章

作物育种与选择技术

实验一　作物育种材料田间调查

Ⅰ大豆育种材料田间调查

一、目的要求

1. 学习并掌握大豆主要农艺性状的田间观察记载标准和方法；
2. 结合本地区的主要育种目标，学习优良亲本的筛选方法。

二、材料及用具

(一)材料

田间种植的大豆植株。

(二)用具

直尺、电子天平、三角盘、铅笔、计算器、考种表等。

三、内容及方法

调查田间大豆植株的生育期及重要的农艺性状，并做好记录。

(一)生育期调查

①播种期：播种当天的日期。

②出苗期：子叶出土且展开的幼苗数在 2/3 以上的日期。

③出苗率：在第 1 片真叶展开时进行出苗率调查。出苗率分为良、中、不良 3 级，出苗率在 90%以上为良，70%～90%为中，在 70%以下为不良。

④开花期：开花株数在 50%以上的日期。

⑤成熟期：豆荚完全成熟，呈现本品系固有的颜色，粒型、粒色已不再变化的日期，或摇动时，有响声的植株在 50%以上的日期。

⑥生育天数：从出苗到成熟的天数。

⑦活动积温：从出苗期至成熟期≥10 ℃的活动温度的总和。

(二)重要农艺性状调查

①花色：花的颜色，分为白色、紫色。

②叶形：叶片的形状，在开花期调查植株的中部叶片。叶形分为尖形、卵圆形、圆形。

③茸毛色：植株茸毛的颜色，分为灰白色、棕色。

④荚皮色：在成熟期调查荚皮色。荚皮色分为黑色、褐色、浅褐色、草黄色。

⑤结荚习性：分为无限、有限和亚有限 3 种。

A. 无限：植株自下而上叶片渐少，茎渐细，荚分布均匀，植株顶端着生少数荚。

B. 有限：植株上部叶片较大，节多；上、下部往往同时开花，花期短；植株顶端着生一簇荚。

C. 亚有限：介于有限、无限之间，植株顶端着生一簇荚。

⑥株高：从地面至植株顶端的高度，以 cm 为单位。调查时，于中间行取连续不缺株的 10 株植株株高的平均值；室内考种时，从茎基部的子叶痕处量至生长点。

⑦底荚高：从地面至最低荚尖端的距离。调查时，取连续 10 株植株底荚高的平均值，以 cm 为单位。

⑧主茎节数：从子叶痕算起，数主茎节数。调查时，取连续 10 株植株主茎节数的平均值。

⑨有效分枝数：主茎上的分枝有 2 节以上结荚的分枝数。调查时，取连续 10 株植株有效分枝数的平均值。

⑩单株有效荚数：全株所有结粒的荚数。调查时，取连续 10 株植株单株有效荚数的平均值。

⑪每平方米收获的株数：收获有代表性的中间 2 行的中部植株，70 cm 行距量取 1.43 m 长，65 cm 行距量取 1.54 m 长，60 cm 行距量取 1.67 m 长，查株数。将查得的株数除以 2，即得每平方米收获的株数。

(三)抗倒伏性调查

目测并记载倒伏的日期、原因、程度和面积。

①倒伏日期：记载倒伏当天的日期。

②倒伏程度：分为 5 级。

0 级：全区植株不倒。

1 级：植株倾斜度不超过 15°。

2 级：植株倾斜度为 15°～45°。

3 级：植株倾斜度为 45°～85°。

4 级：植株倾斜度超过 85°。

③倒伏面积：目测，以 m^2 为单位。

(四)病害抗性调查

①细菌性斑点病的抗性可分为 4 级。

0 级：0～5%的植株发病。

1 级：5%～20%的植株发病。

2 级：20%～50%的植株发病。

3 级：50%以上的植株发病。

②霜霉病的抗性可分为 5 级。

0 级：没有发病。

1 级：个别植株的背面有霉状菌。

2 级：全区有 1/5 及以下的植株发病。

3 级：全区有 1/5 以上、1/2 以下的植株发病。

4 级：全区有 1/2 及以上的植株发病。

③灰斑病的抗性可分为 6 级。

0 级：叶部无病斑。

1 级：病斑面积占叶面积的 1%以下。

2 级：病斑面积占叶面积的 1%～5%。

3 级：病斑面积占叶面积的 6%～20%。

4 级：病斑面积占叶面积的 21%～50%。

5 级：病斑面积占叶面积的 51%以上。

④花叶病毒病抗性可分为 5 级。

0 级：植株正常，无病毒症状。

1 级：轻花叶皱缩或褐色小斑占全株叶面积的 10%以下；结荚正常。

3 级：叶片皱缩，花叶或叶脉坏死，褐斑面积占全株叶面积的 10%～20%。

5 级：叶片皱缩，花叶或叶脉坏死，褐斑面积占全株叶面积的 20%～30%。

7 级：叶片出现明显皱缩，重花叶或叶脉坏死，褐斑面积占全株叶面积的 30%～50%；结荚畸形。

9 级：叶片严重皱缩，花叶或 50%以上的叶片褐斑枯死，植株严重矮化或顶枯死亡；结荚畸形，甚至不结荚。

⑤线虫病的抗性可分为 5 级。

0 级：完全无病症。

1 级：发育基本正常。

2 级：症状明显，生育受阻。

3 级：生育明显受阻。

4 级：植株矮小、萎黄，甚至死亡。

此项在大豆出苗后 40 d 进行调查。

（五）缺区调查

凡是缺苗断垄超过 30 cm 的小区，应测量缺苗断垄的长度并将其累加，累加值则为该小区的缺区长度。缺区面积＝缺区长度×行距。

四、作业与思考

调查供试大豆材料的形态、农艺性状，填写表 5-1。

表 5-1　大豆田间农艺性状调查表

材料名称	株高/cm	主茎节数	有效分枝数	底荚高/cm	单株有效荚数	株型	结荚习性	抗倒伏性	抗病性	抗虫性	综合评价

Ⅱ 水稻育种材料田间调查

一、目的要求

学习并掌握水稻主要农艺性状的田间观察记载标准和方法。

二、材料及用具

(一)材料

田间种植的水稻植株。

(二)用具

直尺、电子天平、三角盘、铅笔、计算器、考种表等。

三、内容及方法

调查田间水稻植株的生育期及重要的农艺性状,并做好记录。

(一)生育期调查

①播种期:播种灌水当天的日期。

②基本苗期:插秧至返青后,调查每平方米的实有株数。

③耐寒性:根据保苗率的高低和幼苗的生长速度调查耐寒性,分为强、中、弱3级。

④移栽期:移栽当天的日期。

⑤抽穗期:全区50%的稻穗已露出叶鞘的日期。

⑥齐穗期:全区80%的稻穗已露出叶鞘的日期。

⑦成熟期:95%以上的稻穗呈现本品种固有的颜色,谷粒已达到用指甲不易压碎的程度,并且有80%以上的稻穗去壳后,糙米已为玻璃质的日期。

⑧收割日期:收割当天的日期。

⑨活动积温:统计从播种第2天到成熟期的活动积温。

⑩生育天数:从出苗到成熟的天数。

(二)重要农艺性状调查

①株高:采用秧田株高量法,将每穴中最高的植株作为代表,然后取10穴代表植株株高的平均值作为小区的株高(不包括芒),以cm为单位。

②有效分蘖数:采用"绿叶数法"判断分蘖是否为有效分蘖,即具有4片以上绿叶且有自己独立根系的分蘖为有效分蘖,具有2片绿叶的分蘖为无效分蘖。按照优质米生产技术的要求,不足3片绿叶的分蘖为无效分蘖,但在特殊条件下(光温、营养条件充足时),它们可能成为有效分蘖。

③主茎叶数:水稻的叶片分为鞘叶、不完全叶和完全叶3种类型。鞘叶是水稻在发芽时最先出现的,白色,有保护幼苗出土的作用。不完全叶是从鞘叶中抽出的绿色叶,一般只能看见叶鞘,看不见叶片,人们习惯称之为"不完全叶"。完全叶是由叶鞘、叶片、叶枕、叶耳和叶舌组成的。在计算水稻植株的总叶片数时,要除掉水稻生长初期长出的鞘叶和不完全叶,也就是要

从主茎的完全叶开始计算。

④剑叶长：水稻剑叶叶片从基部到顶端的最长距离，以 cm 为单位。

⑤剑叶宽：水稻剑叶叶片两端最宽处的距离，以 cm 为单位。

⑥有效穗数：水稻每穗结实粒数在 5 粒以上的稻穗为有效穗。

⑦植株整齐度：目测植株生长的整齐度。植株整齐度分为整齐、中等、不整齐 3 级。

（三）病害调查

①稻瘟病：稻颈瘟（包括枝梗瘟）于水稻成熟后进行调查记载，叶瘟病一旦发病就随时进行记载。发病程度可分别记为无（无病）、轻（受害 5%以下）、中（受害 5%～20%）、重（受害 20%以上）。

②叶枯病：记载发病时期及发病程度。发病程度可分别记为无、轻（小区稻株有 1/5 的叶片产生明显病斑）、中（植株上很多叶片有病斑，并有 1/5 的叶片枯死）、重（多数叶片枯死）。

③纹枯病：选当地主要的品种田各 2 块，在分蘖盛期、孕穗期、蜡熟期各调查 1 次。每块田平行取 10 点，每点 10 丛，计算病丛率；随机取其中的 20 丛调查总株数、病株数，计算病株率和病情指数。

纹枯病的病情分为 6 级：0 级，植株叶鞘和叶片未见症状；1 级，植株基部有零星病斑；3 级，病斑延伸到倒 3 叶（剑叶为倒 0 叶）；5 级，病斑延伸到倒 2 叶；7 级：病斑延伸到倒 1 叶；9 级，病斑延伸到剑叶或全株枯死。

（四）虫害调查

调查有无负泥虫、稻摇蚊、潜叶蝇等虫害发生，记载发生时期、危害程度。

（五）抗倒伏性调查

目测并记载倒伏的日期、原因、程度和面积。

①倒伏日期：记载倒伏当天的日期。

②倒伏程度：分为直、斜、倒、伏 4 级。直，即植株的倾斜度不超过 15°；斜，即植株的倾斜度为 15°～45°；倒，即植株的倾斜度在 45°以上；伏，即穗茎触地。

四、作业与思考

调查供试水稻材料的田间农艺性状并填写表 5-2，给出综合评价（调查项目可根据实际情况进行调整）。

表 5-2 水稻田间农艺性状调查表

品种名称：

调查项目	单株值										平均值
	1	2	3	4	5	6	7	8	9	10	
株高/cm											
有效分蘖数											
主茎叶数											
剑叶长/cm											
剑叶宽/cm											
有效穗数											

Ⅲ 小麦育种材料田间调查

一、目的要求

学习并掌握小麦主要农艺性状的田间观察记载标准和方法。

二、材料及用具

（一）材料

小麦育种各试验场圃种植的小麦植株。

（二）用具

直尺、电子天平、三角盘、铅笔、计算器、考种表等。

三、内容及方法

调查田间小麦的生育期及重要的农艺性状，并做好记录。

（一）生育期调查

①播种期：播种当天的日期。

②出苗期：全区有 2/3 以上的幼苗芽鞘露出地面的日期。

③抽穗期：主穗从剑叶抽出 1/3 的株数占全区株数 2/3 以上的日期。

④成熟期：全区有 75%以上植株籽粒的大小、颜色正常，中部籽粒变硬；植株茎秆除上部 2～3 节外，其余全部呈黄色；上部叶呈黄色。

⑤生育天数：从出苗到成熟的天数。

（二）重要农艺性状调查

①株高：用主茎高度表示，它是指从分茎节到主穗顶（不计芒）的长度，以 cm 为单位。

②植株整齐度：整齐，高度相差不到 1 个麦穗的高度；中等，少数植株的高度相差 1 个麦穗的高度；不整齐，多数植株的高度相差 1 个麦穗的高度。

③茎粗：茎地上部分第 2 节间的最大直径，以 mm 为单位（直径＞6 mm 的为粗，直径＜4 mm 的为细，介于二者之间的为中）。

④节间长度：由节的中心至下一节中心的长度，测量顺序为由基部向上，以 cm 为单位。

⑤单株成穗数：包括单株主茎数和有效分蘖数。

⑥有效分蘖率：指分蘖成穗数占总分蘖数的百分率。

⑦穗长：自穗颈节至穗顶（不包括芒）的长度，以 cm 为单位。

⑧穗色：分为红色、白色、黑色等。

⑨小穗数：1 个穗内能结 1 粒以上种子的小穗数。

（三）病害调查

1. 秆锈病

①调查日期：乳熟后期至蜡熟期记载 1 次，并注意调查发生的初始日期。

②调查方法：应调查全行或全区的平均发病率，观察全株的发病状况，不要用少数植株的发病率代表一般植株的发病率。如果抗病品种的个别植株发病，需加以注明。

③调查项目：发病率、发病严重率、反应型严重率。根据病斑所占叶、茎面积的百分率进行病情评价，病情共分为4级。

无：免疫。

轻：病斑占叶、茎面积的1%～10%。

中：病斑占叶、茎面积的10%～30%。

重：病斑占叶、茎面积的30%以上。

2. 叶锈病

调查时期、调查方法及评价标准与秆锈病相同。如果叶锈病与秆锈病混生，应分别进行记载、说明。

3. 根腐病

调查项目为发病率、发病严重程度，调查时期为成熟期。

①叶部：一般在抽穗后18 d调查第1次，25～30 d调查第2次。第2次调查的时间可根据地区和年份进行调整，以在成熟前能清楚地判别病害为标准。病情分为轻、中、重3级。

轻：植株中下部的叶片有少数病斑。

中：全株的叶片普遍出现病斑，少数叶片有枯死现象。

重：病株密集，中下部的叶片大多数枯死。

②穗部：在叶部第2次调查时检查1次，病情分为轻、中、重3级。

轻：穗部有少数病斑。

中：穗部的病斑较多，或有一两个小穗有较大的病斑或变黑。

重：穗部病斑连片且变黑。

4. 赤霉病

调查时期与根腐病穗部的调查时期相同。

①病穗发病率：调查病穗所占的百分率。

②发病严重程度：分为5级。

无：无病。

轻：受害小穗占全穗的25%以下。

中：受害小穗占全穗的25%～50%。

重：受害小穗占全穗的50%～75%。

极重：受害小穗占全穗的75%以上。

5. 叶枯病

叶枯病是叶部病害的总称，它是在抽穗后至乳熟期进行调查，病情分为轻、中、重3级。

6. 散黑穗病

调查散黑穗病的发病率。

（四）抗旱性调查

旱害表现在多个方面，如叶部枯黄、叶色变淡、分蘖和上、下叶片扩展等，以致植株和穗部的发育受到抑制。综合各方面的表现，旱害可分为强、中、弱3级。在干旱发生时期进行田间抗旱性调查,记载调查日期,注明干旱时期。按照干旱发生的时期,抗旱性可分为苗期抗旱性、中期抗旱性和后期抗旱性等。

(五)耐湿性调查

耐湿性于植株成熟前调查,分为强、中、弱3级。强,即在多湿条件下,植株仍能正常成熟,没有早期枯死现象,茎秆呈金黄色持续的时间长;中,即在多湿条件下,植株有不能正常成熟和早期枯死的现象,程度中等;弱,即在多湿条件下,植株不能正常成熟且早期枯死严重。该项易与病害混同,调查时应加以区别。

(六)抗倒伏性调查

一般在抽穗至成熟期风雨之后及时记载植株的倒伏情况,并注意植株倒伏后的恢复情况,从几次观察中给出正确的评级,个别情况需酌情处理。倒伏程度可分为4级,分别为0级、1级、2级和3级。

0级:植株不倒伏。

1级:植株倾斜15°以内。

2级:植株倾斜15°～45°。

3级:植株倾斜45°以上。

(七)落粒性调查

落粒性一般在完熟期内进行调查。落粒性可分为口紧、不易落粒、口松3个级别。

口紧:用手搓方可落粒,机械脱粒困难(一般颖与穗枝梗的接触面积大)。

不易落粒:口不紧,机械脱粒容易(一般颖与穗枝梗的接触面积中等)。

口松:麦粒成熟后,稍一触动即落粒(一般颖与穗枝梗的接触面积小)。

四、作业与思考

调查供试小麦材料的田间农艺性状并填写表5-3,给出综合评价(调查项目可根据实际情况进行调整)。

表5-3 小麦田间农艺性状调查表

品种名称:

项目	单株值										平均值
	1	2	3	4	5	6	7	8	9	10	
株高/cm											
植株整齐度											
茎粗/mm											
节间长度/cm											
单株成穗数											
有效分蘖率/%											
穗长/cm											
穗色											
小穗数											

Ⅳ玉米育种材料田间调查

一、目的要求

学习并掌握玉米主要农艺性状的田间观察记载标准和方法。

二、材料及用具

(一)材料

田间种植的玉米植株。

(二)用具

直尺、电子天平、三角盘、铅笔、计算器、考种表等。

三、内容及方法

调查田间玉米植株的生育期及重要的农艺性状,并做好记录。

(一)生育期调查

①播种期:播种当天的日期。

②出苗期:幼苗出土约 3 cm 的穴数达到全区穴数 2/3 的日期。

③幼苗强弱:幼苗 3～4 叶时,目测幼苗长势的强弱,采用五分制进行评定。

④抽丝期:60%的雌穗开始吐出花丝的日期。

⑤成熟期:全小区 90%以上果穗的籽粒硬化且呈现固有色泽的日期。

(二)重要农艺性状调查

①株高:自地面至雄穗顶端的高度,取 10～20 株植株株高的平均值,以 cm 为单位。

②穗位高度:着生穗的节至地面茎的高度,以 cm 为单位。

③穗整齐度:根据全区果穗的穗形、籽粒的类型和大小等,分为整齐、中等、不整齐 3 级。

④空秆率:收获时,调查全区不结实株数的百分率(结实不足 10 粒的为空秆)。

⑤双穗率:一株结 2 个果穗的植株的百分率。

⑥多穗率:一株结 2 个以上果穗的植株的百分率。

⑦穗长:果穗基部至果穗顶端的长度,不包括果穗柄的长度,以 cm 为单位。

⑧穗粗:果穗中部的直径,以 cm 为单位。

⑨穗粒数:果穗上的全部粒数。

⑩单株有效穗数:全田选取彼此有一定间隔的 4～5 行,每行取 40～50 株植株,调查结实 30 粒以上的果穗数与调查株数之比,以穗/株表示。

⑪每公顷有效穗数:每公顷实收株数与单株有效穗数的乘积,以穗/hm^2 为单位。

四、作业与思考

调查供试玉米材料的田间农艺性状并填写表 5-4，给出综合评价(调查项目可根据实际情况进行调整)。

表 5-4　玉米田间农艺性状调查表

品种名称：

项目	单株值										平均值
	1	2	3	4	5	6	7	8	9	10	
株高/cm											
穗位高度/cm											
空秆率/%											
双穗率/%											
多穗率/%											
穗整齐度											
穗长/cm											
穗粗/cm											
穗行数											

Ⅴ 高粱育种材料田间调查

一、目的要求

学习并掌握高粱主要农艺性状的田间观察记载标准和方法。

二、材料及用具

(一)材料

田间种植的高粱植株。

(二)用具

直尺、电子天平、三角盘、铅笔、计算器、考种表等。

三、内容及方法

调查田间高粱植株的生育期及重要的农艺性状，并做好记录。

(一)生育期调查

①播种期：实际播种的日期。

②出苗期：播种后全区 75%的幼芽出土“露锥”，即子叶展开前的日期。

③抽穗期：全区 75%植株穗子的 2/3 露出旗叶鞘的日期。

④开花期：全区 75%植株全穗的 75%以上开花的日期。

⑤成熟期：75%以上植株穗基部背阴面的籽粒达到蜡状硬度的日期。

⑥生育天数：某一品种在生产地区从出苗到成熟的天数。生育天数在 100 d 以下者为极早熟品种，在 101～115 d 者为早熟品种，在 116～130 d 者为中熟品种，在 131～145 d 者为晚熟品种，在 146 d 以上者为极晚熟品种。

(二)重要农艺性状调查

①芽鞘色：第 1 片真叶展开时幼苗芽鞘的颜色，如紫色、绿色、白色等。

②幼苗叶色：3～5 叶期群体幼苗已展开叶片的颜色，如绿色、红色、紫色等。

③株高：完熟期植株由地面到穗顶的长度，以 cm 为单位。要连续观测 20 株植株的株高并计算其平均值。

④穗长：自穗下端枝梗叶痕处到穗顶的长度，以 cm 为单位。要连续测量 20 穗的穗长并计算其平均长度。

⑤穗型：按穗子的松紧程度分为紧、中紧、中散、散 4 种。观察籽粒已达成熟的穗子，枝梗紧密、手握时有硬性感觉者为紧穗型；枝梗紧密、手握时无硬性感觉者为中紧穗型；第 1、2 级分枝虽短，但穗子不紧密，向光观察时，枝梗间有透明现象者为中散穗型；第 1 级分枝较长，穗子一经触动，枝梗摇动且有下垂表现者为散穗型。其中，枝梗向一个方向垂散者为侧散穗型，向四周垂散者为周散穗型。

⑥穗形：按穗的实际形状进行记载，如纺锤形、牛心形、圆筒形、棒形、杯形、球形、伞形、扫帚形等。

⑦茎粗：植株成熟前，用卡尺测定植株中部节间的直径，以 cm 为单位。以植株从地表起 1/3 处节间的大径为准，计算 10 株植株茎粗的平均值。

⑧壳色：按壳的实际颜色进行记载，如红色、黑色、褐色、黄色、白色等。

⑨粒色：按籽粒的实际颜色进行记载，如红色、黑色、褐色、黄色、白色等。

⑩粒形：成熟籽粒的实际形状。以脱粒后的籽粒为观测对象，采用目测法观察粒形，根据多数籽粒的实际形状确定，如圆形、椭圆形、卵形、长圆形等。

⑪籽粒大小：用千粒重表示，以 g 为单位，分为极小、小、中、大、极大 5 级。千粒重在10 g以下者为极小粒，在 10.1～25 g 者为小粒，在 25.1～30 g 者为中粒，在 30.1～35 g 者为大粒，在 35.1 g 以上者为极大粒。

⑫育性：杂交种自交结实率，在抽穗期至完熟期观测。待穗抽出后、开花前，用双层羊皮纸袋套穗，套袋后 15～20 d 调查结实情况。连续套袋 10 穗，测定自交结实率。

⑬穗粒重：单穗脱粒后的籽粒质量，以 g 表示。

⑭千粒重：1 000 个完整籽粒的风干质量。重复测量 1 次，取平均值，以 g 为单位，结果精确到 0.1 g。

⑮籽粒整齐度：根据籽粒大小，分为整齐和不整齐 2 种。同等粒占 95%以上者为整齐，占 95%以下者为不整齐。

⑯着壳率：脱粒后籽粒的带壳程度，以%表示，分为少、中、多 3 级。着壳率在 4%以下者为少，在 4%～8%者为中，在 8%以上者为多。

⑰角质率：籽粒纵切面上角质胚乳所占的百分率，以%表示，分为高、中、低 3 级。角质率

在 70%以上者为高,在 30%~70%者为中,在 30%以下者为低。

(三)病虫害调查

①叶部病害:根据发病盛期叶部病害的轻重,分为无、轻、中、重 4 级。叶部无病斑者为无,病斑占叶面积 20%以下者为轻,病斑占叶面积 20%~40%者为中,病斑占叶面积 40%以上者为重。

②丝黑穗病发病率:用田间自然发病株数占调查总株数的百分率表示。区域试验要全区计数,取 3 次重复的平均值;生产试验要随机选 200 株,统计丝黑穗病发病株数的百分率。

③螟虫、蚜虫抗性:根据自然发生的轻重程度,分为轻、中、重 3 级。

(四)抗倒伏性调查

抗倒伏性以倒伏百分率和级别两个参数表示。根据植株的倾斜角度,倒伏程度可以分为 4 级。植株直立者为 0 级,倾斜不超过 15°者为 1 级,倾斜不超过 45°者为 2 级,倾斜在 45°以上者为 3 级。

(五)抗旱性调查

根据田间生育表现的凋萎程度,抗旱性分为强、中、弱 3 级。在干旱情况下,生育正常的为强,生育较差的为中,生育极差的为弱。

四、作业与思考

调查供试高粱材料的田间农艺性状并填写表 5-5,给出综合评价(调查项目可根据实际情况进行调整)。

表 5-5 高粱田间农艺性状调查表

品种名称:

项目	单株值										平均值
	1	2	3	4	5	6	7	8	9	10	
株高/cm											
穗长/cm											
茎粗/cm											
千粒重/g											
壳色											
粒色											
丝黑穗病发病率/%											

Ⅵ马铃薯育种材料田间调查

一、目的要求

学习并掌握马铃薯主要农艺性状的田间观察记载标准和方法。

二、材料及用具

(一)材料

田间种植的马铃薯植株。

(二)用具

直尺、电子天平、三角盘、铅笔、计算器、考种表等。

三、内容及方法

调查田间马铃薯植株的生育期及重要的农艺性状,并做好记录。

(一)生育期调查

①播种期:播种当天的日期。
②出苗期:小区出苗率达50%的日期,开始出苗后隔天调查。
③现蕾期:50%植株现蕾的日期,开始现蕾后隔天调查。
④开花期:50%植株开花的日期,开始开花后隔天调查。
⑤成熟期:小区50%的叶子变黄的日期,在生长后期每周调查2次。
⑥收获期:收获的日期。
⑦生育期:从出苗到成熟的日期,也可指植株死亡或收获的日期。

(二)重要农艺性状调查

①出苗率:小区内出苗植株占播种穴数的百分率,在现蕾期调查计数并进行记载。
②主茎数:从种薯或地下直接生长的茎数,在开花期调查。
③株高:从土壤表面到主茎顶端的高度,在盛花期调查。
④收获面积:每个小区的收获面积。
⑤收获株数:每个小区的收获植株数。
⑥单株块茎数:平均单株的结薯数。
⑦单薯质量(块茎大小):收获时,调查平均单薯的质量。
⑧薯形:分为圆形、扁圆形、长圆形、卵圆形、长卵圆形、椭圆形和长椭圆形等。
⑨皮色:分为乳白色、淡黄色、黄色、褐色、粉色、红色、紫红色、紫色、深紫色和其他颜色。
⑩肉色:分为白色、乳白色、淡黄色、黄色、红色、淡紫色、紫色和其他颜色。
⑪薯皮类型:分为光滑、粗糙、略麻皮、麻皮、重麻皮和其他类型。
⑫芽眼深浅:分为外突、浅、中、深和很深。

(三)病害调查

1.马铃薯花叶病毒病

根据马铃薯花叶病毒病的发病程度,可将其病情分为以下级别:
0级:无任何症状。
1级:植株大小与健株相似,叶片平展但嫩叶或多或少地有大小不等的黄绿斑驳。
2级:植株大小与健株相似或稍矮,上部叶片有明显的花叶或轻微皱缩,有时有坏死斑。
3级:植株矮化,全株分枝减少,多数叶片严重花叶、皱缩或畸形,有时有坏死斑。
4级:植株明显矮化,分枝少,全株叶片严重花叶、皱缩或畸形,有的叶片坏死,下部叶片脱落,甚至植株早死。

开花期后调查马铃薯花叶病毒病，按式(5-1)计算其发病率和病情指数：

$$\begin{cases} 发病率=\dfrac{发病株数}{调查总株数}\times 100\% \\ 病情指数=\dfrac{\sum(病级株数\times 代表值)}{调查总株数\times 最高级代表值}\times 100 \end{cases} \tag{5-1}$$

2. 马铃薯卷叶病毒病

根据马铃薯卷叶病毒病的程度，可将其病情分为以下级别：

0 级：无任何症状。

1 级：植株大小与健株相似，顶部叶片微束、褪绿或仅下部复叶由顶小叶开始沿边缘向上翻卷成匙状，质脆、易折。

2 级：病株比健株稍低，半数叶片卷成匙状，下部叶片严重地卷成筒状，有时有少数叶片干枯。

3 级：病株矮小，绝大多数叶片卷成筒状，中下部叶片严重卷成筒状，有时有少数叶片干枯。

4 级：病株极矮小，全株叶片严重卷成筒状，部分或大部分叶片干枯脱落。

马铃薯卷叶病毒病的发病率和病情指数的计算方法见式(5-1)。

3. 马铃薯环腐病

根据马铃薯环腐病在植株和块茎的发病程度，可分别将其病情分为不同的级别。

植株的病情可分为 4 级：

0 级：无任何症状。

1 级：植株少部分叶片萎蔫。

2 级：植株大部分叶片或部分分枝萎蔫，叶脉间黄化，叶缘焦枯。

3 级：全株萎蔫、黄化、死亡。

块茎的病情可分为 4 级：

0 级：无症状。

1 级：有明显的轻度感病，感病部分占微管束环 25%以下。

2 级：感病部分占微管束环 25%～75%。

3 级：感病部分占微管束环 75%以上。

4. 马铃薯晚疫病

马铃薯晚疫病的病情分级标准详见第四章实验一“Ⅳ 马铃薯晚疫病抗性鉴定”。

四、作业与思考

调查供试马铃薯材料的田间农艺性状并填写表 5-6，给出综合评价(调查项目可根据实际情况进行调整)。

表 5-6　马铃薯田间农艺性状调查表

项目	单株值										平均值
	1	2	3	4	5	6	7	8	9	10	
株高/cm											
单薯质量											
薯形											

续表 5-6

项目	单株值										平均值
	1	2	3	4	5	6	7	8	9	10	
皮色											
肉色											
薯皮类型											
芽眼深浅											

实验二　育种材料室内考种和产量因子分析

一、目的要求

1. 熟悉主要作物室内考种和产量因子分析的内容，掌握主要作物室内考种的基本方法；
2. 在综合田间选择和室内考种鉴定结果的基础上，对育种材料进行产量因子分析。

二、材料及用具

(一)材料

成熟的小麦、大豆或水稻植株、玉米果穗若干。

(二)用具

天平、直尺、游标卡尺、纸袋、调查记录纸、铅笔和三角盘等。

三、内容说明

室内考种和产量因子分析是田间选择工作的继续，是选拔育种材料必不可少的工作环节。从田间将符合育种目标要求的材料进行收获，这是田间初选。经过室内考种，才能准确获得如单株成穗数、穗粒数、千粒重等性状的具体资料。这些资料在田间选择时不易获得或无法获得，但又是材料比较和决选单株所必需的。室内考种之后进行产量因子分析。最后，综合田间生育调查及室内考种和产量因子分析的结果，对各个育种材料做出全面评定和决选。因此，室内考种和产量因子分析工作在选育新品种的过程中十分重要，其技术性也比较强。

四、方法步骤

(一)材料登记

每份材料(株、穗)都要根据所附标牌登记材料名称或代号、当年小区号、收获日期和同一材料内各单株的编号。

(二)测量和记载

鉴定和选择作物的目的不同，考种项目和标准也不同。主要大田作物的一般考种项目和标准如下。考种测量时，可以将其作为参考，然后将测量结果记载到调查记录纸上。

1. 小麦室内考种项目及其标准

①株高：从分蘖节至主茎顶端（不计芒）的高度，单位为 cm。

②有效分蘖数：主茎以外的结实分蘖数。

③穗长：从穗基部至顶端（不计芒）的长度，单位为 cm。

④穗形：分为 6 种，即纺锤形（中部稍大，两头尖）、长方形（宽厚相同，上下一致）、圆锥形（下部大，上部小）、棍棒形（上部大且较密）、椭圆形（两头小且尖，中间宽）、分枝形（穗上长出小的分枝）。

⑤芒：有芒计为“＋”，无芒计为“－”。

⑥小穗数：包括有效小穗数（结实小穗）和无效小穗数（无籽粒小穗）。

⑦主穗粒数：主茎穗的结实粒数。

⑧主穗粒重：主茎穗籽粒的质量，单位为 g。

⑨单株粒数：单株脱粒后的粒数。

⑩单株粒重：单株的籽粒质量，单位为 g。

⑪千粒重：每份材料随机数取风干籽粒 2 份，每份均为 500 粒，分别称重，进行平均换算。2 份籽粒的质量不得大于平均值的 3%。若大于 3%，则需另取籽粒称重，以相近的 2 次称重结果进行平均换算，单位为 g。或直接由单株粒数和单株粒重进行换算。

⑫容重：用容重器测定。

2. 大豆室内考种项目及其标准

①株高：从子叶痕到主茎顶端生长点的高度，单位为 cm。

②结荚高度：从子叶痕到最低结荚部位的距离，单位为 cm。

③主茎节数：从子叶痕上一节开始到植株顶端的节数。

④有效分枝数：主茎的有效分枝数。

⑤单株有效荚数：全株有效荚数。

⑥三粒荚数：全株所结的三粒荚数。

⑦四粒荚数：全株所结的四粒荚数。

⑧单株粒数：全株所结的豆粒数。

⑨单株生产力：全株籽粒的质量，单位为 g。

⑩百粒重：100 粒种子的质量，重复测量 2 次，取 2 次结果的平均值，单位为 g。

⑪完全粒率：取未经粒选的种子 200 g，从中选出完全粒（完熟的、饱满完整的、未遭病虫害和种皮无病斑的籽粒），称重后计算完全粒率。计算公式见式（5-2）：

$$\text{完全粒率}=\frac{\text{完全粒重}}{200}\times 100\% \tag{5-2}$$

⑫虫食率：取一定量未经粒选的籽粒，从中挑出被食心虫危害的籽粒进行称重，按式（5-3）计算虫食率。

$$\text{虫食率}=\frac{\text{虫食粒重}}{\text{总粒重}}\times 100\% \tag{5-3}$$

⑬褐斑粒率：取未经粒选的籽粒 200 g，从中挑出褐斑粒进行称重，按式（5-4）计算褐斑粒率。

$$褐斑粒率=\frac{褐斑粒重}{200}\times100\%\tag{5-4}$$

⑭紫斑粒率：取未经粒选的籽粒 200 g，从中挑出紫斑粒进行称重，按式(5-5)计算紫斑粒率。

$$紫斑粒率=\frac{紫斑粒重}{200}\times100\%\tag{5-5}$$

⑮未熟粒率：未熟籽粒占未经粒选籽粒的百分率，计算公式见式(5-6)。

$$未熟粒率=\frac{未熟粒重}{总粒重}\times100\%\tag{5-6}$$

⑯种皮色：分为黄色、青色、褐色、黑色及双色 5 种。

⑰粒形：分为球形、近球形、椭圆形、长扁圆形、长圆形 5 种。

⑱种皮光泽：分为强光、有光、微光、无光 4 种。

⑲脐色：分为黄色、淡褐色、极淡褐色、褐色、深褐色、黑色 6 种。

⑳脐的形状：分为椭圆形、倒卵形、长方形、圆形、肾形 5 种。

㉑子叶色：分为青色、黄色 2 种。

㉒籽粒大小。

3. 水稻室内考种项目及其标准

①株高：从茎基部至主穗主轴顶端(不计芒)的高度，单位为 cm。

②主穗长度：从主穗穗颈节至主轴顶端(不计芒)的长度，单位为 cm。

③有效分蘖数：主穗以外的结实穗数(每穗结实粒数＞10 粒)。

④一级枝梗：主穗一级枝梗数。

⑤二级枝梗：主穗一级枝梗上着生的枝梗数。

⑥穗型：按枝梗的长短、多少，分为紧穗型和散穗型；按着粒密度，分为稀(每 10 cm 穗结实粒数＜54 粒)、密(每 10 cm 穗结实粒数＞78 粒)和中间型 3 种；按穗长，分为长(穗长＞25 cm)、中(穗长为 20～25 cm)、短(穗长＜20 cm)3 种。

⑦单株穗数：主穗和有效分蘖穗结小穗数的总和。

⑧单株结实粒数：全株结实小穗数(不含空粒、瘪粒)。

⑨结实率：按式(5-7)进行计算。

$$结实率=\frac{结实粒数}{单株穗粒数}\times100\%\tag{5-7}$$

⑩单株粒重：全株实收粒重(不含空粒、瘪粒)。

⑪粒形：分为长形(长宽比＞2∶1)、长椭圆形(长宽比为 1.8∶1)、椭圆形(长宽比为 1.6∶1)和圆形(长宽比＜1.6∶1)4 种。

⑫粒色：颖壳分为淡黄色、黄褐色 2 种；颖分为黄色、褐色、红褐色 3 种。

⑬千粒重：测量方法同小麦。

⑭谷草比：称取单株茎基部至穗基部所有稻草的质量和本单株所有穗的质量，按式(5-8)计算谷草比。

$$谷草比=\frac{单株穗质量}{稻草质量}\times100\%\tag{5-8}$$

4. 玉米室内考种项目及其标准

①穗长:果穗基部至果穗顶部(包括秃尖)的长度,单位为 cm,保留 1 位小数。

②穗粗:风干果穗中部的直径,用游标卡尺测量,单位为 cm,保留 1 位小数。

③秃尖长:风干果穗顶部无籽粒部分的长度,单位为 cm,保留 1 位小数。

④穗行数:果穗中部籽粒的行数。

⑤行粒数:果穗相对 2 行籽粒的平均数。

⑥穗粒数:每穗的全部粒数。

⑦穗粒重:每穗的平均粒重,单位为 g。

⑧百粒重:随机数取风干籽粒 100 粒进行称重,重复测量 2 次,取其结果的平均值,单位为 g。

⑨出籽率:风干籽粒重占风干果穗重的百分率。

⑩穗形:一般分为圆柱形和圆锥形 2 类。

⑪粒型:分为硬粒、半硬粒、马齿和半马齿 4 种类型。

⑫粒色:分为红色、白色、黄色 3 种。

⑬穗轴色:分为红色、粉红色、白色 3 种。

⑭容重:用容重器测定。

5. 种子保存

对于考种中脱下来的籽粒,自交作物的杂交早代入选材料和某些特殊材料应单株保存,原始材料、品种比较试验品种和区域试验品种可混合装袋保存。异交作物玉米考种用的果穗,如果是人工自交果穗,以果穗为单位装袋保存;如果是田间天然授粉所结的果穗,不能留种。因此,除了某些特殊用途的籽粒以外,脱下来的籽粒就归入商品粮了。

(三)产量因子分析

育种材料生产力的强弱是决定育种材料取舍的主要依据。为了准确地选拔出生产力强的材料,培育出高产品种,在选择过程中,对育种材料的产量因子必须进行细致分析,以了解构成产量的各因子之间的相互关系。

1. 明确有关产量构成的因子

①小麦:主穗粒重、小穗数、单穗粒数、单穗粒重、千粒重等为构成产量的主要因子。

②玉米:单株穗数、穗行数、行粒数、穗粒重、穗粒数等为构成产量的主要因子。

③大豆:单株有效荚数、单株粒数、单株生产力、百粒重等为构成产量的主要因子。

④水稻:单株穗数、单穗结实粒数、单株粒重、结实率、千粒重等为构成产量的主要因子。

2. 根据田间调查及室内考种测定的产量因子进行具体分析

①根据单株粒重分析每份育种材料的实际生产力。

②根据构成产量的主要因子推算每份育种材料的理论生产力。

③将理论生产力与实际生产力进行比较,找出每份育种材料的真实生产力,并分析生产力强弱不一致的原因。

④将各育种材料的真实生产力水平进行比较,从中选拔出生产力强的育种材料,以进一步培育和选择。

⑤将每株单株的产量进行总结汇总,确定系统和组合的生产力水平,从而确定选择的重点。

五、作业与思考

1. 进行某作物 3～5 个品种各 10 株(或穗)育种材料的室内考种,并进行比较。
2. 根据考种结果和田间调查资料,对该作物的产量因子进行综合分析。

实验三　玉米杂种优势测定

一、目的要求

1. 掌握玉米杂种优势各指标的度量方法,并比较玉米自交系、杂交种(或对照品种)的性状表现,加深对杂种优势的理解;
2. 了解异交作物的杂种优势与自交衰退现象。

二、材料及用具

(一)材料

玉米自交系(P_1 和 P_2)、组配的玉米杂交种(F_1 和 F_2)、对照品种(选取生产上推广的良种)。

(二)用具

直尺、铅笔、记录本、钢卷尺、米尺等。

三、内容说明

异花授粉作物自交所带来的遗传效应之一是自交衰退,自交衰退常常表现为植株弱小、产量降低和不抗病等。由于自交衰退淘汰了不良基因,使得两个纯合亲本杂交的 F_1 在生长势、生活力与抗逆力等方面表现出优于其双亲的现象即为杂种优势。

对杂种优势的度量有以下 5 项指标:

(一)中亲优势

中亲优势是指杂交种(F_1)的产量或某一数量性状的平均值与双亲(P_1 与 P_2)同一性状平均值(MP)的差值除以双亲同一性状的平均值。

$$中亲优势=\frac{(F_1-MP)}{MP}\times 100\% \qquad (5\text{-}9)$$

$$MP=\frac{P_1+P_2}{2}$$

(二)超亲优势

超亲优势是指杂交种(F_1)的产量或某一数量性状的平均值与高值亲本(HP)同一性状平均值的差值除以高值亲本同一性状的平均值。

$$超亲优势=\frac{F_1-HP}{HP}\times 100\% \qquad (5\text{-}10)$$

有些性状在 F_1 可能出现超低值亲本(LP)的现象,如果这些性状是杂种优势育种的目标性状时,可将其称为负向的超亲优势。

$$负向超亲优势=\frac{F_1-LP}{LP}\times 100\% \tag{5-11}$$

(三)超标优势

超标优势是指杂交种(F_1)的产量或某一数量性状的平均值与当地推广品种(CK)同一性状的平均值的差值除以当地推广品种同一性状的平均值。

$$超标优势=\frac{F_1-CK}{CK}\times 100\% \tag{5-12}$$

(四)杂种优势指数

杂种优势指数是指杂交种(F_1)某一数量性状的平均值与双亲(P_1 与 P_2)同一性状的平均值之比。

$$杂种优势指数=\frac{F_1}{MP}\times 100\% \tag{5-13}$$

(五)F_2 优势降低率

F_2 优势降低率是指 F_2 和 F_1 某一数量性状的平均值的差值与 F_1 同一性状的平均值之比。

$$F_2\ 优势降低率=\frac{F_1-F_2}{F_1}\times 100\% \tag{5-14}$$

四、方法步骤

对于玉米杂交组合的 P_1、P_2、F_1、F_2 及对照品种，每份材料分别随机选取 3 株植株，在田间测定每株植株的株高、茎粗、叶片数、棒三叶面积等，求各性状值的平均数，然后进行杂种优势相关指标的计算。

株高：在乳熟期选取有代表性的植株 10～20 株，从地面量至雄穗顶端的高度即为株高，以 cm 为单位。

茎粗：与株高测量同时进行，测量植株从地面向上第 3 节间中部的直径，求其平均值，以 mm 为单位。

叶片数：在吐丝期至抽雄期，计算全株绿色叶片的总数。

棒三叶面积：分别量取棒三叶的最大长度与最大宽度，计算出每片叶的叶面积后求和。叶面积=长×宽×0.75，以 m^2 为单位。

五、作业与思考

1. 将测得的 3 株玉米植株的相关农艺性状填写于表 5-7 中。

表 5-7　玉米各组合的农艺性状

性状	第 1 株				第 2 株				第 3 株				对照品种
	P_1	P_2	F_1	F_2	P_1	P_2	F_1	F_2	P_1	P_2	F_1	F_2	
株高/cm													
茎粗/mm													
叶片数													
棒三叶面积/m^2													

2. 分别求出每个组合株高性状的 5 项杂种优势指标。

实验四　玉米自交系配合力测定

一、目的要求

1. 了解玉米自交系配合力测定的重要性；
2. 掌握 NCⅡ配合力测定方法。

二、材料及用具

(一)材料

M 个测验种与 N 个待测系杂交的 $M \times N$ 个 F_1 种子。

(二)用具

长米尺、小尺子、游标卡尺、天平、台秤、尼龙网袋、铅笔和标牌等。

三、内容说明

玉米杂交种的选育实际上是一个不断创造更强的杂种优势的过程，而杂种优势的产生取决于双亲的配合力。因此，配合力是评价一个自交系利用价值的重要指标，对玉米自交系进行配合力测定是玉米育种工作的一个重要方面。

配合力是指自交系杂交后产生杂种优势的能力，它是通过所组配的杂交种的产量(或其他性状的均值)进行估算的。配合力分为一般配合力和特殊配合力。一般配合力是指自交系在许多杂种后代中的平均表现，反应自交系有利基因位点的加性效应；特殊配合力是指自交系在某个杂交组合中的表现，反应自交系的非加性效应(包括显性作用和上位性作用)。可根据配合力的大小来选择自交系。优良的自交系必须具有较高的一般配合力。

配合力的测定常用 NCⅡ法，即选用 3～5 个优良自交系(骨干系)作为测验种，分别和一批自交系测交，得到几组测交组合；对测交组合进行随机区组试验，测定产量或其他性状，将测验种与待测系列入表 5-8 中，按下述方法计算一般配合力和特殊配合力。

表 5-8　一般配合力和特殊配合力的测定方法

测验种	待测系配合力				均值($X_{.j}$)
	1	2	…	i	
1	X_{11}	X_{21}	…	X_{i1}	$X_{.1}$
2	X_{12}	X_{22}	…	X_{i2}	$X_{.2}$
⋮	⋮	⋮	…	⋮	⋮
j	X_{1j}	X_{2j}	…	X_{ij}	$X_{.j}$
均值($X_{i.}$)	$X_{1.}$	$X_{2.}$	…	$X_{i.}$	总均值($X_{..}$)

注：$X_{..}$—所有测交组合的总均值；

$X_{i.}$—第 i 个待测系所配各个测交组合的性状均值；

$X_{.j}$—第 j 个测验种所配各个测交组合的性状均值；

X_{ij}—第 i 个待测系与第 j 个测验种所配组合的性状实测值。

一般配合力按式(5-15)进行计算：

$$\begin{cases} g_{i.} = X_{i.} - X_{..} \\ g_{.j} = X_{.j} - X_{..} \end{cases} \quad (5\text{-}15)$$

式中，$g_{i.}$—第 i 个待测系的一般配合力；

$g_{.j}$—第 j 个测验种的一般配合力。

特殊配合力按式(5-16)进行计算：

$$s_{ij} = X_{ij} - X_{..} - g_{i.} - g_{.j} \quad (5\text{-}16)$$

式中，s_{ij}—第 i 个待测系与第 j 个测验种所配组合的特殊配合力。

四、方法步骤

①每 2 人一组，调查 1～3 个小区的性状并进行记录。

②将测交组合的 F_1 按随机区组设计的方式，在肥力均匀的田块上进行种植。小区为 4 行区，行长为 4 m，每行 18 株；行距为 0.65 m，株距为 0.22 m；在每个区组内，所有组合均完全随机排列，设 3 次重复，统一进行肥水管理。

③玉米开完花后，在田间测量测交组合 F_1 的株高、穗位高、茎粗等农艺性状。

④玉米成熟后，各小区取中间行的 10 株植株采收果穗，进行编号并集中晒干。

⑤晒干后，对各小区的果穗在室内进行考种，逐穗测量穗长、穗粗、秃尖长，计数穗行数、行粒数，脱粒后称百粒重并计算各小区的产量。

⑥将数据进行汇总，按表 5-8 进行统计分析。

五、作业与思考

1. 每 3 人一组，处理一个性状的数据。按表 5-8 整理好数据，计算出 $g_{i.}$、$g_{.j}$、s_{ij}，并写出统计分析报告。

2. 选出配合力强的自交系及强优势组合，分析强优势组合的成因。

实验五　品种比较试验与区域试验

一、目的要求

1. 了解和初步掌握一般的品种比较试验与区域试验的方法；

2. 学会品种比较试验资料的整理、结果的统计分析及总结报告的写作。

二、材料及用具

(一)材料

水稻、小麦或玉米等作物。

(二)用具

作物品种比较试验与区域试验的试验田、田间观察记载资料、产量结果及室内考种资料、计算器或计算机、各种统计表格和直尺等。

三、内容说明

品种比较试验简称品比试验，是育种单位在一系列育种工作中的最后一个重要环节。它要对所选育的品种进行最后的全面评价，鉴定供试品种在当地的适应性和应用价值，选出显著优于对照品种的优良新品种，以便进一步参加区域试验。在品种比较试验的过程中，需要对供试品种进行细致的田间观察、室内分析和试验小区的产量测定，以取得对各供试品种进行科学评价的必要资料（试验的实施过程、栽培管理水平、试验期间的气候条件、主要的农艺性状、小区产量、抗性、品质分析等数据）。这些资料还需要运用生物统计方法进行处理，以明确各品种的产量差异及在不同地区的丰产性，以便对供试品种进行客观的评价。品种比较试验的总结一般应写明以下几方面的内容：试验目的、供试品种的来源及选育单位、试验实施概况及气候条件、试验结果与分析和品种简评等。

区域试验是由有关部门组织的，在一定的自然区域内进行的多点、多年的品种比较试验，以进一步鉴定新品种的主要特征、特性，确定其是否具有推广价值，为优良品种划定最适宜的推广地区，并确定各地区最适宜推广的主要优良品种和搭配品种，同时研究新品种的适宜栽培技术，便于做到良种、良法相结合。区域试验的方法与品种比较试验类似，但要密切结合各地的主要栽培条件进行。因此，本实验以学习品种比较试验的方法为主。

四、方法步骤

（一）品种比较试验

1. 选择试验材料

试验材料主要是从鉴定圃中选出的优良新品种和上一年品种比较试验保留的品种，此外还包括外地新引进的优良品种。品种比较试验参试材料的数目不宜过多，通常为 10～15 个。

2. 田间设计和布置

（1）试验区的面积和形状

一个品种种一个试验小区。小区的面积较大，且因植物种类和其他条件而异。小麦、水稻、大豆、花生、马铃薯的小区面积一般为 20～40 m^2，而高秆作物的小区面积则要相应加大，一般为 30～60 m^2。试验小区的形状可分为长方形和方形 2 种，它们各有优缺点。一般来说，长方形小区可以获得较大的精确性，这在试验田土壤肥力不均匀时尤为明显，但长方形小区比方形小区更易受边际效应的影响。因此，可根据具体情况决定小区的形状。如果小区面积较大，试验田的土壤肥力差异较大，且各供试品种之间相互影响不大，也可采用长方形小区。

（2）重复次数

在品种比较试验中，每一个品种种几个试验小区，就叫作几次重复。设置重复能减少试验田土壤肥力差异及其他偶然因素对试验结果的影响，是增加试验精确性的有效方法。有了重复，可以了解和测定试验的误差大小，有利于对试验结果进行正确的评价。至于应设几次重复，要视具体情况而定。如果试验田条件好，土壤肥力差异较小，小区面积较大，重复次数可少一些；反之，重复次数则应多一些。一般以设 3～5 次重复为宜。

(3)试验区的布置

试验区的布置一般采用随机区组设计,即先将试验区划分成几个区组。例如,某一个试验共包含8个品种,设4次重复,那么这个试验就有4个区组,每一个区组包含所有8个品种的各一个小区。区组内各个品种小区的排列则是随机的,即每个品种都有相同的概率被放置在区组内的任何位置上。随机区组排列见表5-9。

表5-9 随机区组排列

区组号码	处理代号							
Ⅰ	5	7	1	3	8	6	2	4
Ⅱ	1	6	4	5	8	7	3	2
Ⅲ	2	5	1	4	3	6	8	7
Ⅳ	5	2	8	7	4	3	1	6

(4)保护行的设置及其他

为了保证试验的安全和精确性,在每个区组的两旁、整个试验田的两端或四周,种植几行与对照组相同的品种,叫作保护行。还要考虑试验田中走道的设置,一般在区组间的走道要宽一些,小区间往往不设置走道。试验田周围的保护行还应适当地设置出入走道。

3. 对试验的要求

(1)试验田要有代表性

在气候、地形、土壤类型、土壤肥力、生产条件等方面,试验田都要尽可能地代表试验所服务的大田;尽可能地要求地势平坦、形状整齐;土壤肥力要求均匀一致,尽量减少试验误差。

(2)田间管理要一致

试验田的耕作方法、施肥水平、播种方式、种植密度及栽培管理技术应接近大田条件,或与大田条件相同,并注意做到全田管理措施一致。

(3)做出综合评价,给出处理意见

试验期间,要严格、系统地进行观察记载,结合成熟期的最后鉴定、产量结果和室内考种对参试材料做出当年的综合评价,并给出处理意见。各参试品种一般均参加2年以上的品种比较试验。

(二)区域试验

1. 参试品种的条件

申请参加区域试验的品种必须经过连续2年以上的品种比较试验,性状稳定,增产效果显著,或者具有某些特殊的优良性状,如抗逆性、抗病性强,品质好,在成熟期方面有利于轮作等。

2. 划分试验区,选择试验点

根据自然条件和耕作栽培条件,将试验田划分成若干不同的生态区,然后在各生态区内选择有代表性的若干试验点进行区域试验。

3. 设置合适的对照品种

在自然栽培条件相近的各试验点上，应以生产上大面积推广的优良品种作为共同对照。各试验点根据需要，可加入当地一个当家品种作为第2对照。对照品种的种子应是原种或一级大田用种。

4. 试验方法

试验方法与品种比较试验的方法基本相似，不再细述。要做到不同试验点之间统一参试品种，统一供应种子，统一进行田间设计，统一调查项目及观察记载标准，统一进行分析总结。区域试验一般进行2～3年。

(三)试验结果统计分析

1. 资料整理

对试验实施的基本情况、田间观察和室内考种资料应及时进行整理，以便对有关数据进行仔细检查和核对。如果发现个别资料特殊，数据明显偏高或偏低，应及时进行复查更正，不能凭主观愿望随意取舍或更改试验资料。

2. 试验结果分析

在品种比较试验中，各小区产量(或其他性状)的差异是受3个主要因素影响的，即品种本身的差异、每一次重复存在的不同土壤肥力的差异和偶然的误差。对于采用随机区组设计的品种比较试验，其结果分析可以采用方差分析法，用方差来度量各种因素引起的变异，并通过该方法分析各参试品种间的差异是否显著。

例如，有 n 个处理(包括参试品种和对照品种，共 n 个)，设重复 k 次，即试验小区总数 $N=nk$，则分析的方法步骤如下：

(1)列出品种比较试验的产量

将品种比较试验的产量(或其他性状)结果填写于表5-10中。

表 5-10 品种比较试验的产量结果 kg

处理名称	小区产量				处理和	品种小区的平均产量
	区组Ⅰ	区组Ⅱ	区组Ⅲ	区组Ⅳ		
对照品种						
A						
B						
C						
D						
E						
区组和						

(2)平方和与自由度的分解

平方和的分解：

$$
\begin{cases}
\text{矫正数}=\dfrac{\text{各小区平均产量总和的平方}}{\text{试验小区总数}}=\dfrac{\left(\sum x\right)^2}{nk} \\
\text{总平方和}=\text{各小区平均产量总和的平方}-\text{矫正数}=\left(\sum x\right)^2-c \\
\text{区组间平方和}=\dfrac{\text{各区组和的平方的总和}}{\text{每一区组内的处理数}}-\text{矫正数}=\dfrac{\sum T_r^2}{n}-c \\
\text{处理间平方和}=\dfrac{\text{各处理和的平方的总和}}{\text{每一处理所占的区组数}}-\text{矫正数}=\dfrac{\sum T^2}{k}-c \\
\text{误差平方和}=\text{总平方和}-\text{区组间平方和}-\text{处理间平方和}
\end{cases}
\quad (5\text{-}17)
$$

自由度的分解：

$$
\begin{cases}
\text{总自由度}=\text{试验小区总数}-1=nk-1 \\
\text{区组间自由度}=\text{区组数}-1=k-1 \\
\text{处理间自由度}=\text{处理数}-1=n-1 \\
\text{误差自由度}=\text{总自由度}-\text{区组间自由度}-\text{处理间自由度}=(n-1)(k-1)
\end{cases}
\quad (5\text{-}18)
$$

(3)方差分析

$$
\begin{cases}
\text{区组间均方}=\dfrac{\text{区组间平方和}}{\text{区组间自由度}} \\
\text{处理间均方}=\dfrac{\text{处理间平方和}}{\text{处理间自由度}} \\
\text{误差均方}=\dfrac{\text{误差平方和}}{\text{误差自由度}} \\
\text{区组间 }F\text{ 值}=\dfrac{\text{区组间均方}}{\text{误差均方}} \\
\text{处理间 }F\text{ 值}=\dfrac{\text{处理间均方}}{\text{误差均方}}
\end{cases}
\quad (5\text{-}19)
$$

将上述计算结果填写于表 5-11 中。

表 5-11 品种比较试验产量方差分析表

变异来源	自由度(df)	平方和(SS)	均方(MS)	F 值	$F_{0.05}$	$F_{0.01}$
区组间						
处理间						
误差						
总和						

3. 分析各处理间的差异显著性

如果计算所得 F 值 $>F_{0.05}$(或 $F_{0.01}$)，说明处理间差异显著(或极显著)，可进一步比较各参试品种间(包括与对照品种)均数的差异显著性。以 t 检验为例，说明其方法。

(1)列出表格

列出品种比较试验产量的 t 检验分析表(表 5-12)。

表 5-12 品种比较试验产量的 t 检验分析表

品种	小区平均产量	品种间均数的差				
		1	2	3	4	5
A						
B						
对照品种						
E						
D						
C						

一般按照小区平均产量从高到低的顺序，将参试品种的名称填入表 5-12 的"品种"栏中。以表 5-12 中所列品种的顺序为例，表 5-12 的第 2 列是对应的各品种的小区平均产量，第 3 列是品种 A 的小区平均产量与其他 5 个品种小区平均产量的差，第 4 列是品种 B 的小区平均产量与其他 4 个品种小区平均产量的差。依此类推。

(2)计算小区平均产量差异显著的最低标准

$$\begin{cases} \mathrm{LSD}_{0.05}=t_{0.05}\sqrt{\dfrac{\mathrm{MS_e}}{k}}\times 2 \\ \mathrm{LSD}_{0.01}=t_{0.01}\sqrt{\dfrac{\mathrm{MS_e}}{k}}\times 2 \end{cases} \tag{5-20}$$

式中，$\mathrm{LSD}_{0.05}$—在 5%的标准下，产量差异显著的最低标准；

$\mathrm{LSD}_{0.01}$—在 1%的标准下，产量差异显著的最低标准；

$\mathrm{MS_e}$—误差均方，可由表 5-11 直接查得；

$t_{0.05}$和 $t_{0.01}$—可从 t 值表中查得，其自由度为 $df=(n-1)(k-1)$。

(3)差异显著性比较

用差异显著的最低标准衡量各品种两两之间产量平均数的差异显著性。若两个平均数之间的差异$>\mathrm{LSD}_{0.05}$，则表明差异显著；若差异$>\mathrm{LSD}_{0.01}$，则表明差异极显著；若差异$<\mathrm{LSD}_{0.05}$，则表明差异不显著。用一个星号"*"表示差异显著，用两个星号"* *"表示差异极显著，并标于每个差值的右上角。若两个均数的差异不显著，则不标注任何符号。

(四)试验总结

品种比较试验的总结是一项十分重要的工作，必须实事求是，认真对待。进行总结时，分析问题要全面，结论要有实际资料作为依据，总结报告要文字简要，结论要明确。

品种比较试验的总结报告无统一的格式，但一般应写明以下几方面的内容：

1. 试验目的

说明为什么要进行本试验、通过本试验要解决的问题、本试验对于发展生产具有什么意义等。

2. 供试品种的来源及选育单位

应说明供试品种的育成方法，如果是杂交育成，应写出组合名称和选育单位。

3. 试验实施概况及气候条件

应写明试验田的情况（如地势、土质、前茬作物和肥力等）、田间排列方式、小区的面积和形状、重复次数、观察记载的主要项目，以及试验过程中所采用的一系列栽培措施（如整地、播种、施肥、中耕和防治病虫害等）、试验过程中的主要气候等。

4. 试验结果与分析

应根据试验所取得的各项资料，从主要性状如生育期、各产量因子、抗病性、品质和产量等方面进行试验结果分析，简述各品种的表现，并进行对照比较，得出明确的结论。

5. 品种简评

根据产量因子分析和其他经济性状观察记载资料，对优良的品种进行评价，说明其优缺点，给出评价意见。

五、作业与思考

1. 结合具体的品种比较试验，进行田间主要性状调查记载和测产，并对试验数据进行方差分析和品种间产量差异显著性检验，写出试验总结报告。

2. 哪些因素可以影响品种比较试验及区域试验的精确性？在实际工作中，应注意哪些问题？

第六章

生物技术在作物育种中的应用

- 实验一　玉米DH系的创制
- 实验二　SNP分子标记技术在作物种质资源遗传多样性中的应用
- 实验三　农杆菌介导的水稻遗传转化
- 实验四　外源基因转化体的筛选和鉴定

实验一　玉米DH系的创制

一、目的要求

1. 学习和掌握单倍体育种的原理和技术；
2. 学会创制玉米DH系。

二、材料、用具及试剂

(一)材料

父本材料为高诱5号诱导系或Stock6诱导系，母本材料为性状优良的玉米杂交种。

(二)用具

营养钵、手术刀、营养土、育苗盘、毛巾、硫酸纸袋、大头钉、回形针和恒温培养箱等。

(三)试剂

6 mg/mL秋水仙素溶液：称取300 mg秋水仙素，将其溶解于无水酒精中，充分溶解并定容至500 mL，存于棕色试剂瓶中，并置于阴暗背风处保存备用。

三、内容说明

通过单倍体诱导进行的单倍体加倍育种技术(Doubled Haploid Breeding Technique)是近年来兴起的一种革命性纯系育种方法，只需要2代即可得到纯合的DH系，而传统的自交方法需要6～8代才能产生纯系。因此，单倍体加倍育种技术可以大大缩短育种进程。单倍体加倍育种的原理是染色体变异，即利用自然发生或人工诱导亲本产生单倍体植株，再通过自然或化学加倍获得二倍体纯合自交系。孤雌生殖单倍体诱导双单倍体育种技术是指利用父本较高频率地诱导孤雌生殖，使诱导系(父本)与受体(母本)进行授粉杂交，但在双受精的过程中，诱导系的精核并未与受体的卵核形成合子，诱导产生卵核单倍体结实，再通过某种手段使染色体组加倍(如用秋水仙素处理)，从而使植物恢复正常的染色体数。

四、方法步骤

(一)单倍体诱导

将每个母本种植10行，每行25株，行长为5 m，行距为65 cm。将父本种在母本附近。在散粉之前，对母本去雄，收集父本花粉给母本授粉并进行杂交诱导。秋季收获杂交诱导的果穗，并进行甜玉米拟单倍体的挑选。二倍体籽粒的胚乳为紫色，单倍体籽粒的胚乳为母本颜色。收获后，统计每个母本材料的拟单倍体籽粒数、诱导总粒数，按式(6-1)计算玉米单倍体的诱导率：

$$诱导率=\frac{拟单倍体籽粒数}{诱导总粒数}\times 100\% \quad (6\text{-}1)$$

(二)单倍体的染色体加倍

采用化学加倍方法(浸种法、浸芽法、浸根法),对甜玉米单倍体进行染色体加倍处理。

1. 浸种法

将拟单倍体籽粒浸泡在秋水仙素溶液中,浸泡 12 h。用流水冲洗 2.5 h后,将拟单倍体籽粒种在育苗盘中。待幼苗长到 3～4 片叶时,将其移栽至大田。

2. 浸芽法

采用室内毛巾催芽法催芽。当甜玉米单倍体幼芽长至 2～3 cm 时,用刀片将幼芽顶端的胚芽鞘切掉 12 mm,使它露出一个小口(但不要伤害到嫩芽)。将幼芽在 27.5 ℃恒温培养箱中密闭并浸泡在秋水仙素溶液中,浸泡 12 h。用流水冲洗 2.5 h后,将幼芽种在育苗盘中。待幼苗长到3～4 片叶时,将幼苗移栽至大田。

3. 浸根法

采用室内毛巾催芽法催芽。当根长到 5～7 cm 时,将根浸泡在秋水仙素溶液中,浸泡 12 h,用流水清洗 2.5 h后移栽至大田。

(三)田间鉴定

通过田间鉴定来确定最终的玉米 DH 系株数,并对田间存活和能够散粉的植株进行调查。

玉米单倍体的散粉率及结实率的计算方法见式(6-2)和式(6-3):

$$\text{散粉率}=\frac{\text{散粉株数}}{\text{单倍体总株数}}\times 100\% \tag{6-2}$$

$$\text{结实率}=\frac{\text{单倍体自交结实株数}}{\text{自交总株数}}\times 100\% \tag{6-3}$$

(四)二倍体材料的后代选育

对于获得的二倍体材料,按照常规方法进行性状的系统鉴定,从中选出各类符合育种目标的优良品系,选择方法同常规育种。

五、作业与思考

1. 统计不同诱导系的单倍体诱导率。
2. 统计染色体加倍率。

实验二　SNP 分子标记技术在作物种质资源遗传多样性中的应用

一、目的要求

1. 了解 SNP 分子标记分析的基本仪器、引物和步骤;
2. 学会识别 SNP 分子标记基因分型图,能识别和判断种质资源基因分型位点的差异。

二、材料、用具及试剂

(一)材料

作物幼苗、叶片等组织或器官。

(二)用具

发芽盒、培养箱、恒温水浴锅、高速离心机、研钵、微量移液器、电子天平、高压灭菌锅、冰箱、实时荧光定量 PCR 仪、电泳仪、电泳槽、制胶器、电泳成像系统、移液吸头、离心管、384 孔 PCR 板和 PCR 管等。

(三)试剂

DNA 提取试剂盒、超纯水、引物、2×KASP Master mix、液氮、三氯甲烷、异戊醇、无水酒精、DNA 荧光染料、溴酚蓝-二甲苯氰、琼脂糖、75%酒精等。

三、内容说明

SNP 分子标记技术能够对作物重要的农艺性状进行分子辅助选择。通过该技术,可以高效筛选出具有优良遗传特性的育种材料,进一步加速育种和遗传改良进程。

四、方法步骤

(一)准备植物组织材料

选取不同基因型、饱满且均匀一致的种子 30 粒,用 75%酒精消毒 3 min,再用灭菌蒸馏水冲洗 3 遍,铺于乘有双层滤纸的发芽盒中,加入适量蒸馏水后置于培养箱内,待种子发芽后将其播种于正常土壤中。1 周后,取幼苗的叶片用于 DNA 提取。

(二)十六烷基三甲基溴化铵(CTAB)法提取基因组 DNA

选取幼苗叶片 500～600 mg 置于研钵中,在研钵中加入液氮,迅速将叶片研磨成粉末,然后转入 2 mL 离心管中,粉末体积约为离心管体积的 1/4。在离心管中加入 65 ℃经过预热的 CTAB 提取液 600 μL,充分混匀,于 65 ℃水浴 60 min,其间多次轻缓颠倒混匀混合液。在每支离心管中加入等体积的三氯甲烷/异戊醇(二者体积比为 24∶1)混合液,充分混合后静置 10 min,以 12 000 r/min 的转速离心 10 min。吸取上清液,并将其转移至新的离心管中,加入与上清液等体积的三氯甲烷,充分混合后静置 10 min,以 12 000 r/min 的转速离心 10 min。离心后,再次吸取上清液移至新的离心管中,加入上清液 2 倍体积预冷的无水酒精,轻轻颠倒混匀,在−20 ℃下放置 30 min,以 12 000 r/min 的转速离心 10 min。弃去上清液,用 75%酒精洗涤 2 遍,在自然条件下风干,加入 50 μL 超纯水,使沉淀物充分溶解,紫外光吸光度 OD_{260} 与 OD_{280} 的比值介于 1.8～2。检测完浓度后,将提取的 DNA 于−20 ℃下保存或进行后续实验。

(三)SNP 标记(PCR 扩增)

1. PCR 扩增反应体系

将提取得到的玉米基因组 DNA 作为模板。KASP 引物混合物由浓度均为 100 μmol/L 的 FAM 上游引物、VIC 上游引物、COM 通用下游引物与纯水按 6∶6∶15∶23 的体积比混合而成。用相应的引物 F1、F2 和 R 分别进行 PCR 扩增,反应在 Quant Studio 5 实时荧光定量

PCR 仪中进行。PCR 扩增反应体系为 DNA 2.6 μL、KASP 引物混合物 0.07 μL、2×KASP Master mix 2.53 μL。

2. PCR 扩增反应程序

在 94 ℃下预变性 15 min；在 94 ℃下变性 20 s，然后在 94℃下预变性 5 min；在 94℃下变性 20 s，在 57～65 ℃下退火 60 s，设置 10 个循环，每个循环降 0.8 ℃；在 94 ℃下变性 20 s，在 57 ℃下退火 60 s，设置 30 个循环。

实验同时设置空白对照，即在反应体系中不添加模板 DNA，而加入与模板 DNA 等体积的超纯水。每个引物设置 2 个或多个空白对照。

(四)实时荧光定量 PCR 仪分析

反应结束后，在实时荧光定量 PCR 仪中读取反应产物的荧光信号数据。若待测样品扩增产物的荧光信号数据经实时荧光定量 PCR 仪读取分析靠近 x 轴(VIC 信号)或靠近 y 轴(FAM 信号)，则待测样品基因型为纯合型；若待测样品扩增产物的荧光信号数据经实时荧光定量 PCR 仪读取分析靠近中间，则待测样品的基因型为杂合型。位于 x、y 轴原点的点为空白对照。

五、作业与思考

1. 提交 SNP 分子标记基因分型图(附照片)。
2. 根据实验结果，分析检测材料在基因分型图上的位置，判断在该 SNP 位点上的基因分型结果(杂合型或纯合型)。

实验三　农杆菌介导的水稻遗传转化

一、目的要求

学习遗传转化株系创制的原理和过程，掌握遗传转化应用技术。

二、材料、用具及试剂

(一)材料

转基因材料的受体：水稻品种日本晴。

大肠杆菌：用于普通克隆载体构建的 DH5α，携带目标基因 *OsZFP151*。

农杆菌：LBA4404 菌株。

(二)用具

无菌三角瓶、超净工作台、摇床、无菌滤纸、培养皿、恒温培养箱、无菌离心管、离心机等。

(三)试剂

75%酒精、次氯酸钠溶液、硫酸卡那霉素、利福平、头孢拉定(或头孢噻肟钠)、潮霉素、乙酰丁香酮[用二甲基亚砜(DMSO)配制，用 0.2 μm 滤膜过滤灭菌，于－20 ℃分装保存]。

三、内容说明

植物遗传转化是应用重组 DNA 技术、细胞组织培养技术或种质系统转化技术，有目的地将外源基因或 DNA 片段插入受体植物基因组中，并通过减数分裂获得新植株的技术。与传统的植物育种方法相比，植物基因工程方法更有效，因为它允许有针对性地改造植物。因此，转基因技术可使作物获得目标性状，如提高生产力，具有更高的营养价值、抗旱性、抗病性等。

目前常用的植物遗传转化方法如下：

第 1 类是外源裸露基因的直接导入法。该方法通过物理或化学的方法直接将外源目的基因导入植物基因组中，如基因枪转化法。

第 2 类是载体介导的转化方法。该方法通过将目的基因连接在植物表达载体上，随着载体 DNA 的转移而将外源目的基因整合到植物基因组中，如农杆菌介导转化法、病毒介导转化法等。

第 3 类是种质转化系统法，包括植物原位真空渗入法和花粉管通道法等。

四、方法步骤

(一)水稻愈伤组织诱导及培养

①选取成熟的水稻种子，用脱粒机脱粒，挑选饱满且胚完整的无菌斑种子。

②将种子放入无菌三角瓶中，用适量的 75%酒精消毒 2～3 min；倒掉酒精，加入适量体积分数为 20%的次氯酸钠溶液；将三角瓶在 37 ℃下用摇床(220 r/min)振荡约 30 min。

③在超净工作台上倒掉次氯酸钠溶液，用无菌水冲洗种子数遍，直至洗净次氯酸钠溶液。将种子放在带多层无菌滤纸的培养皿中晾干。

④将晾干后的种子均匀摆放在诱导培养皿中，每皿 30～50 粒。

⑤将种子放在 28 ℃恒温培养箱中暗培养约 1 周，使其长出淡黄色致密的愈伤组织。

(二)农杆菌侵染

①吸取 500 μL 农杆菌转化菌液，将其置于 10 mL 含 50 mg/mL 硫酸卡那霉素和利福平的 YEB(发根农杆菌培养基)液体中，在 28 ℃下以 220 r/min 的转速进行过夜小摇。

②第 2 天早上吸取 2～3 mL 农杆菌转化菌液于 50 mL 含 50 mg/mL 硫酸卡那霉素和利福平的 YEB 液体中，至 OD_{600} 为 0.15。

③在 28 ℃下以 220 r/min 的转速继续摇动菌液 3～4 h，至 OD_{600} 为 0.5～0.6(大摇)。在此期间，将与种子剥离好的愈伤组织放入无菌的三角瓶中待侵染。

④将摇好的菌液倒入 50 mL 无菌离心管中，在 4 ℃下以 6 000 r/min 的转速离心 8 min。去掉上清液，用 50 mL 不含乙酰丁香酮的重悬液充分重悬菌液。

⑤将菌液在 4 ℃下以 6 000 r/min 的转速离心 8 min。弃去上清液，用 50 mL 含 20 mg/L 乙酰丁香酮的悬浮培养基重悬菌液。将重悬后的菌液倒入愈伤组织中，在 28 ℃下以 80 r/min 的转速轻摇 20 min。

⑥倒掉菌液，将愈伤组织平铺在无菌滤纸上晾至表面干燥。

⑦将晾干后的愈伤组织集中平铺放置在共培养基(铺有一层无菌滤纸)上，愈伤组织的摆放要紧密且不摞叠，于 25 ℃下暗培养 3 d。

（三）选择

①将愈伤组织取出，用无菌水清洗 5～6 次，其间需不停地振荡，再用含 500 mg/L 头孢拉定（或头孢噻肟钠）的无菌水清洗 1～2 遍，最后将愈伤组织置于无菌滤纸上沥干 24 h。

②将沥干的愈伤组织转入含 500 mg/L 头孢拉定（或头孢噻肟钠）和 50 mg/L 潮霉素的选择培养基上进行第 1 轮选择，在 28 ℃下光照培养 14 d。

③将长有抗性愈伤组织的初始愈伤组织转移到含 500 mg/L 头孢拉定（或头孢噻肟钠）和 50 g/L 潮霉素的选择培养基上进行第 2 轮选择，在 28 ℃下光照培养，直至长出颗粒性的抗性愈伤组织。

（四）抗性愈伤组织的预分化

将经过筛选得到的抗性愈伤组织转移到装有带抗性的预分化培养基的培养皿中，在 25 ℃下暗培养 7 d。

（五）抗性愈伤组织的诱导分化和生根

挑取来自同一愈伤组织、颜色鲜黄的抗性愈伤组织 3～4 个，将其移入装有分化培养基的培养皿或塑料广口瓶中（每皿或每瓶放置 5～7 个），用封口膜封好。将培养皿或塑料广口瓶放入恒温培养室中，等待抗性愈伤组织分化成苗（15～30 d）。待苗长至约 1 cm 时，将苗放入生根培养基中壮苗。

（六）转基因苗的锻炼和移栽

转基因苗从分化到移栽的最短时间约为 2 个月。将苗根部和茎叶分化得较完好的试管挑出，当其中的苗长至试管顶部时，就要及时开盖，打开封口膜，加入适量蒸馏水或无菌水（防止培养基长菌）。炼苗 3～7 d，然后洗去琼脂，将苗移栽到温室的土钵中生长，直至苗形成完整的植株。

五、作业与思考

将水稻遗传转化的各个过程进行拍照。

实验四　外源基因转化体的筛选和鉴定

一、目的要求

1. 学习转基因作物中外源基因的检测技术；
2. 掌握外源基因转化体筛选和鉴定的方法。

二、材料、用具及试剂

（一）材料

转 *OsZFP151* 基因水稻品种日本晴、未转化的日本晴（阴性对照）植株及其 DNA。

（二）用具

PCR 扩增仪、电泳仪、电泳槽、移液器、PCR 管、吸头、毛笔、营养钵等。

(三)试剂

PCR扩增*NPT*Ⅰ基因所需的引物(10 μmol/L,上游引物为5′-GCAGGTCGACGGATCCATGGGGAAGAAGAAGAAGCG-3′,下游引物为5′-GAATTCCCGGGGATCCCCACGCGCTTCTTCTTCTTC-3′)、dNTP(ATP、TTP、CTP和GTP,均为10 mmol/L)、Taq酶(2.5U/μL)、10×PCR Buffer(缓冲液,含20 mmol/L氯化镁溶液)、模板DNA(10 ng/μL)、超纯水、矿物油、电泳所需的琼脂糖、1×TBE缓冲液、6×上样缓冲液(0.25%溴酚蓝、0.25%二甲苯氰、40%蔗糖)、检测外源基因(卡那霉素抗性基因)所需的卡那霉素溶液(2.5 g/L)和溴乙锭(EB)。

三、内容说明

利用植物转基因技术获得的含有外源基因的细胞、组织或植株,称为转化体。采用农杆菌介导转化法、基因枪转化法、微注射法等转基因方法,将外源基因导入植物细胞(受体)中,获得的细胞通常是转化体(阳性细胞)和非转化体(假阳性细胞)的混合群体。从混合群体中筛选出真正含有外源基因转化体的过程称为外源基因转化体的筛选。通过筛选获得的转化体还需要进行鉴定,一般包括3个方面:①鉴定外源基因是否被整合到受体染色体中;②鉴定外源基因在细胞内是否表达及其表达方式如何;③鉴定外源基因是否稳定遗传。

抗卡那霉素基因即新霉素磷酸转移酶基因,又称氨基糖苷磷酸转移酶基因,是转基因植物研究中应用最广泛的选择标记基因。现有的转基因抗虫棉品种所含的外源基因除了抗虫基因(如*Bt*基因)外,大多还含有抗卡那霉素基因。本实验以转基因水稻为材料,以抗卡那霉素基因为检测对象,介绍外源基因转化体筛选和鉴定的方法。

四、方法步骤

(一)外源基因转化体的筛选

外源基因转化体的筛选往往在组织培养过程中就已经开始。将经过基因转化的外植体在含有卡那霉素的培养基上进行筛选,凡是含有抗卡那霉素基因的细胞(转化体)能正常生长,产生愈伤组织和再生成植株,非转化体则因死亡而被淘汰。本实验假设已获得转基因植株,并且该植株可繁殖获得后代(外源基因在染色体上通常是杂合型Aa,后代会出现非转化体),只对该植株进行筛选。将转*OsZFP151*基因日本晴(转化体)和未转化日本晴(对照)的种子各100粒按1∶1的比例进行混合(待筛选的混合群体),播种于装有土壤的营养钵中。每个钵中播2粒,并给予适当的肥水管理。当植株长有3叶1心时,用毛笔蘸取卡那霉素溶液涂抹转化体植株和非转化体植株的真叶。约10 d后,非转化体植株叶片涂抹处有枯斑出现,而转化体植株则因含有抗卡那霉素基因在涂抹处无枯斑出现。此时,可在该混合群体中进行转化体的筛选,即选择无枯斑的植株,淘汰有枯斑的植株,然后统计转化率(转化体数占总植株数的百分率)。

(二)外源基因转化体的鉴定

外源基因转化体的鉴定方法较多,有在DNA水平上鉴定的Southern杂交法和特异性PCR法,有在转录水平上鉴定的Northern杂交法和RT-PCR法,有在翻译水平上鉴定的Western杂交法等。可靠的鉴定需要在3个水平上都做,但所需的实验时间将大大超出本实验的计划时间。因此,本实验以特异性PCR法为例,对转化体进行鉴定。以经过筛选获得的转化体 DNA 和非转化体 DNA 为模板，进行如下 PCR 扩增(反应体积为 20 μL)：

①按表 6-1 在每支新 PCR 管中加入各个组分，其中第 7 组分的模板 DNA 分别是 10 个转化体的 DNA 样品和 1 个非转化体的 DNA 样品(对照)，共进行 11 支管的 PCR 扩增。

表 6-1　外源基因转化体鉴定——特异性 PCR 反应体系加试剂顺序　μL

序号	组分名称	组分用量
1	超纯水	6.60
2	10×PCR Buffer (含 20 mmol/L 氯化镁溶液)	2.00
3	dNTP(10 mmol/L)	0.40
4	Taq 酶	0.50
5	SSR 上游引物(10 μmol/L)	0.25
6	SSR 下游引物(10 μmol/L)	0.25
7	模板 DNA (10 ng/μL)	10.00

待加完各组分后，加一滴矿物油(约 10μL)，将 PCR 管的盖子盖紧。如果 PCR 管的密封性好，也可以不加矿物油。

②将装有上述组分的 PCR 管放入 PCR 扩增仪中，按照表 6-2 的程序进行扩增。

表 6-2　外源基因转化体鉴定——特异性 PCR 反应程序

步骤	循环数	温度/℃	时间
Ⅰ	1	94	3 min
		94	30 s
Ⅱ	35	55	45 s
		72	30 s
Ⅲ	1	72	3 min
Ⅳ	1	16	1 min～∞

③待扩增完毕后(程序进入 16 ℃进行保温)，从 PCR 扩增仪中取出 PCR 管，加入 10 μL 6×上样缓冲液，混匀备用。

④取 10 μL PCR 产物滴于含有 2%琼脂糖凝胶的加样孔中，进行电泳。电泳结束后，琼脂糖凝胶用溴乙锭显色，并在紫外灯下进行观察。转化体有扩增产物(电泳带)，而非转化体没有扩增产物。

五、作业与思考

1. 根据实验结果，统计外源基因的转化率，并对卡那霉素抗性筛选 PCR 鉴定所获得的转化率进行比较，分析其异同。

2. 为什么要对转基因的受体细胞（外植体）在组织培养过程中经过多次筛选后获得的转化体进行鉴定？

第七章

作物育种田间生产实践

- 实验一　育种田间试验设计与布置
- 实验二　育种材料春季播种
  - Ⅰ旱田春季播种
  - Ⅱ水田春季播种
- 实验三　区域试验田间测产

实验一　育种田间试验设计与布置

一、目的要求

1. 学习和掌握田间试验设计的原则和方法；

2. 采用顺序排列法和随机排列法对田间试验小区进行设计。

二、内容说明

(一)田间试验设计的原则

田间试验以“误差控制”为理论基础，遵照以下3个基本原则进行设计：

1. 重复原则

在试验田上，每个处理只有设置几次重复，才能根据相同处理的各小区间的差异情况估算试验误差的大小。重复次数越多，处理的平均值就越可靠，因为平均值的标准差与重复次数的平方根成反比。

2. 随机排列原则

随机排列的目的在于使各处理在重复内所占小区位置的机会均等，这样可以避免由土壤肥力、土壤结构、田间管理等环境因素带来的系统性误差。随机排列只有在设置重复的基础上才能发挥作用。

3. 局部控制原则

将试验田按照土壤肥力等因素划为几个局部地段，使地段内的环境条件一致。各个处理在每个地段内只安排一个小区，称为一个区组(又称重复)。由于地段内土壤条件的差异较小，各处理相互比较时的可靠性较高。

在上述3种情况下，与处理比较无关的变异的量可以在统计分析中予以消除。

(二)试验小区的排列方法

试验小区的排列方法可分为顺序排列法与随机排列法两类。

1. 顺序排列法

顺序排列法是指在每一次重复内，各处理都按照一定的顺序进行排列的方法。

(1)对比法

每隔2个处理小区设一个对照区，使各处理小区与相邻的对照区进行对比，可设3～4次重复。该方法因对照区用地太多，效率不高，已不常用。

(2)间比法

每隔4个或9个处理小区设一个对照区，设2～4次重复。各重复可排成一排或多排，各重复内的顺序可采用正向式或逆向式。一般在育种试验的初、中期阶段(如鉴定圃)，试验品种数目较大时，采用该方法。

顺序排列法设计简单，便于观察和记载，并可用对照区检验土壤差异的影响。参试品种按品种熟期、株高等特征以及试验田地力差异的趋向进行排列，可减少边际效应和生产竞争的影响。但由于邻近小区的土壤肥力有相关性，在土壤差异显著时，处理间的比较将会产生系统误差。因此，该类方法不能无偏差地估计试验误差，不能应用统计分析进行显著性检验。另外，该方法对照区所占的面积较大。

2. 随机排列法

随机排列法是指各个处理在重复内的排列不按照一定的顺序，而是随机决定的方法。这类方法的特点是在所有重复中，两个处理始终排在一起的可能性很小，每个处理在重复内占据每个小区的机会完全均等。因此，这种方法可以降低系统误差。此外，随机排列法的试验结果还可以使用以概率论为基础的统计方法进行显著性检验，因此试验结果的准确度高。随机排列法的缺点是排列、观察及试验结果的分析都比较费事。

(1)完全随机设计

完全随机设计是一种最简单的随机排列法，其特点是将试验中的各处理或处理组合随机分配到各试验小区中。应用该方法的条件是试验田的土壤肥力和其他试验条件均匀一致，无趋向性差异。

完全随机设计的优点是试验设计较其他随机排列法简单，富于弹性，单因素试验、多因素试验都可以使用该方法；各处理或处理组合的重复次数可以相等，也可以不相等；应用了试验设计的重复原则和随机原则，可以使用以概率论为基础的方差分析法对试验结果进行分析；在试验过程中，如果有的小区因意外原因造成数据缺失，不必进行估计补足，只需舍去整个小区，即可进行方差分析，而其他比较复杂的随机排列法却必须用统计方法估计补足数据后才能进行分析，否则就会影响整个试验的正交性。

完全随机设计的主要缺点是该方法没有应用局部控制原则，因此不能将由土壤肥力或其他试验条件的趋向性差异所造成的系统误差从总变异中分离出来，从而不能提高试验的准确度和灵敏度。这种试验设计在试验室试验、盆栽试验和温室试验中应用得较多，而在田间试验中应用得较少。

(2)随机区组设计

随机区组设计是针对完全随机设计的缺点而提出的一种应用十分广泛的试验设计。它全面运用了田间试验设计的 3 个原则，既能减少由土壤肥力差异及其他偶然因素所造成的试验误差，又能正确地估算试验误差。随机区组设计的特点是按土壤肥力状况，将试验田划分为与重复次数一样多的区组，每个区组中再划分成若干试验小区。

每个处理在每个区组内只能被列入 1 次，各处理在同一区组内的排列完全随机，各区组内的随机排列是独立进行的。这种设计对试验田的土壤变异具有一个方向上的控制效能。

随机区组设计的优点是设计简单，容易掌握；具有伸缩性，单因素试验、多因素试验及综合试验都可以应用；能提供无偏差的误差估计，并可有效地减少单方向肥力差异对试验结果的影响，从而降低试验误差；对试验田的地形要求不严，必要时，不同区组可分散设置在不同地段上。

随机区组设计的缺点是处理数不宜过多，也不宜过少，一般 10～20 个比较合适。处理数量过多，区组必然增大，局部控制的效率就会降低；处理数量过少，试验误差的自由度太小，试验的灵敏度就会降低。这种设计只能控制一个方向的土壤差异。试验中不能有缺区，否则将会破坏正交性。因此，试验中若因意外出现缺区，应将缺区所在的区组和处理舍弃，或进行缺区估计后再进行试验结果分析。

三、作业与思考

尝试在一块由南向北土壤肥力递减的试验田上安排一个有12个大豆品种(含对照品种)参加的产量比较试验,编号为1～12,设3次重复,画出田间种植图。

实验二　育种材料春季播种

Ⅰ旱田春季播种

一、目的要求

以播种玉米为例,学习和掌握育种材料田间播种的技术。

二、材料及用具

(一)材料

用牛皮纸袋包好的种子。

(二)用具

播种器、划行器、开沟锄、台账和种子周转箱等。

三、内容说明

(一)播种时期

各种作物发芽所需的温度范围不同,最低温度也各有差异:麦类的发芽最低温度为3～4.5 ℃,豌豆为1～2 ℃,马铃薯为5～7 ℃,大豆、玉米、高粱、谷子为8～10 ℃,水稻、棉花为10～12 ℃。当土温达到某一作物的发芽最低温度时,就可进行该作物的播种。如果春播作物播种过早,常因低温,种子迟迟不发芽、不出苗而引起病菌侵染,丧失发芽力或烂种。如果秋播作物播种过早,常因温度过高,幼苗徒长,冬前生长过旺,易遭冻害;播种过迟,常因积温不足而生长不良,或因土壤水分不足而不易保苗,以及因冬前积累的干物质不足,耐寒力低而不易越冬。用于科学研究、需要鉴定的材料,需要在1 d内完成播种,以减少试验误差;繁种的材料或者没有特殊要求的材料,可以在1周之内完成播种。

(二)土壤墒情

水分是种子发芽的关键性因素。只有在土壤中吸足水分,才可使种子内部的酶及植物激素活化,促进种子体内贮藏物质的转化,从而使种子的呼吸作用加强,促成种子的萌发。不同作物或同一作物的不同品种对水分的要求各有差异,有些种子对水分较敏感,而有些种子对水分不太敏感。土壤水分过多,种子会腐烂发霉,丧失发芽力;土壤水分过少,种子发芽慢,严重时影响种子的发芽率。在土壤墒情适宜时播种,可最大限度地提高种子的发芽率。

(三)播种形式

1. 条播

条播即将种子成行地播入土层中,其特点是播种深度较一致,种子在行内的分布较均匀,便于采取行间中耕除草、施肥等管理措施和进行机械操作,因而是目前应用广泛的一种形式。按行距及播幅的不同,条播又有不同的规格:①宽行条播,行距一般为 35~70 cm,适宜播种植株营养面积较大或需要中耕的作物,如玉米、高粱、棉花、甜菜、大豆等。②窄行条播,行距一般为 10~30 cm,机播行距通常小于人播行距,适宜播种植株小而密植的作物,如小麦、亚麻和某些牧草等。③宽窄行条播,即宽行与窄行相间,便于机械化作业,适宜播种生长后期易受荫蔽的作物,如棉花、大豆、花生等。④带状条播,即若干窄行间隔两行宽行。两行宽行之间的几行窄行称为带。采用这种形式,有利于在宽行内进行中耕除草或套种其他作物。⑤宽幅条播,其播幅宽于一般条播,而幅距往往较窄。这种播种形式的土地利用率较高,有利于密植和集中施肥,常用于小麦等作物。条播一般采用播种耧、畜力条播机、机引条播机等进行操作。机引条播机落种均匀,播深一致,种肥、农药可同时播下,效率较高。

2. 点播

点播又称穴播,即在播行上每隔一定距离开穴播种。点播能保证株距和密度,有利于节省种子,便于间苗、中耕,多用于玉米、棉花、甜菜、向日葵等作物。采用精量播种机进行播种,可以按一定的距离和深度,精确地在每穴播下 1 粒或 2 粒种子,还可以结合播种撒入除草剂和农药。玉米、棉花等作物采用精量播种机进行播种时,可大大节约种子,减少间苗、定苗作业。但点播对整地和种子质量的要求较高,如棉花必须用硫酸脱绒,种子发芽率在 90%以上等。

(四)播种深度

一般的播种深度受土壤结构、土壤墒情、温度等因素的限制,具体的播种深度要因地制宜。播种深度是指作物播种后在种子上覆土的厚薄。一般作物的播种深度为 3~4 cm,最深不要超过 5 cm。大粒种子的播种深度为 3~5 cm,小粒种子为 2.5~3 cm。一般双子叶作物种子的顶土能力较弱,其播种深度较浅,单子叶作物则播种得相对深一些。

四、方法步骤

(一)划行

播种前应划行。根据设计要求,选用相应的划行器划好播行,划好的播行之间要平行且与边线垂直,还要清晰、准确、整齐。

(二)安放种子

根据试验内容,将袋装种子逐行放于小区的一端,放好后立即检查种子袋上的编号是否与小区的内容及行号一致。

(三)播种

1. 开沟播种

用开沟锄按划好的播行开沟,沟深要一致,土块要打碎。开沟后,立即撒肥播种,随开随撒随播种，以利于保墒。点种时，以播尺为尺度，等距离点播；条播时，要撒种均匀，严防将种子播于土块之上或之下。播后检查袋内是否有剩种子，将空袋仍放回原行的另一端，以便于查对。覆土要深浅均匀一致，不要用土块，覆土后要进行镇压。

2. 用播种器播种

在墒情较好或者免耕的地块，可以使用播种器进行播种。现在有很多类型的播种器免开沟、刨穴、覆土，能节省大量人力。播种前计算好播距，调节好标尺距离。

(四)收回种子袋

同一试验在播后经查对无误，将种子袋收回，有播错的情况立即记入台账。

(五)播种注意事项

①操作要严肃、细致，严格按要求进行，不要错乱，要符合质量要求。

②同一试验或试验的不同重复应在同一天完成，以减少人为误差。

③严防差错，有错应立即声明，以便更改台账，不造成混乱。

④播后不准在已播小区内行走。

五、作业与思考

参加田间播种，并记录时间、地点、作物名称、播种形式、行距、株距等内容。

Ⅱ 水田春季播种

一、目的要求

以北方寒地水稻春季播种为例，学习和掌握育种材料水田播种的技术。

二、材料、用具及试剂

(一)材料

水稻种子。

(二)用具

纱网袋、浸种箱、催芽箱等。

(三)试剂

相对密度为 1.13 的盐水[将 12～12.5 kg 大粒盐加入 50 kg 水中，充分溶解，用比重计或新鲜鸡蛋进行盐水相对密度测试(以鸡蛋倾斜在水面上露出 5 分硬币的大小为宜)]、种衣剂等。

三、方法步骤

(一)选种

选种前晒种 2～3 d，然后进行风筛选种，再用相对密度为 1.13 的盐水进行选种。为了保证选种质量，要经常检查盐水的相对密度。将经过盐水筛选后的种子用清水洗2遍，以洗净种子表面的盐分。每洗种3～4次更换1次清水，以防止因水中的盐分浓度过高而使洗盐不彻底，影响发芽率。

（二）种子包衣

在保证种子经机械加工后盐水选出率<2%的情况下，可用种衣剂直接进行种子包衣（按种衣剂使用说明进行）。种子包衣后，烘干、灌袋，于暖库中进行保管。种子包衣一般以秋季机械包衣为主，以提高包衣的作业质量，缓解农时的紧张。

（三）浸种

采用智能化浸种技术。为确保消毒及浸种效果，可选用种衣剂。浸种时，用纱网袋装2/3的种子，将纱网袋整齐地码放在浸种箱内（距箱边10～15 cm）。向浸种箱内加入清水，没过种子15～20 cm。浸种温度为11～12 ℃，浸种时间为7～8 d，浸种积温在100 ℃以上。经过烘干的种子要延长浸种时间2～3 d，但不宜增加浸种温度，严防因温度过高而导致浸种过度和种子内含物外渗，从而影响浸种质量。智能化浸种设备可自动监测并调节浸种温度。集中浸种时，每天进行1～2次浸种液循环，调温增氧。当采用常规浸种装置袋装浸种时，可以上下翻动浸种袋，但要轻拿轻放，不允许散放浸种。

种子浸好的标志是种子颖壳表面颜色变深，种皮呈半透明状态，透过颖壳可以看到腹白和种胚，剥去颖壳后米粒易被掐断，手捻米粒成粉末，没有生心。将浸好的种子捞出后，即可直接进行催芽。

（四）催芽

全部采用智能化催芽技术。将浸好的种子整齐地码放在催芽箱内（距催芽箱边缘10～15 cm），向催芽箱内先加入35～38 ℃的温水（或经过加热的浸种液），使温水没过种子5～6 cm；待种子的表面温度不再升高时将水抽出，重新加入35～38 ℃的温水（或加热后的浸种液）。当种子的表面温度达到30～32 ℃时，抽净催芽箱内的水分，将催芽箱上部盖好，防止因顶部的温度散失过快、温度过低而导致出芽不齐。种子破胸时，其表面温度上升很快。当温度超过32 ℃时，立即用25～26 ℃的温水进行降温，保证种子在25～28 ℃的适温条件下进行催芽，时间为20～24 h。催芽时，要保证种子内外、上下的温度均匀一致。当种子芽长达到1.5～1.6 mm时，注入18～20 ℃温水1次，以降低种子的表面温度，减缓芽种的生长速度，并使种子的表面温度接近外界温度。当种子芽长达到1.8 mm时，种子即可出箱，种子内部的余温可使种子芽长达到约2 mm。

催好芽的种子要在大棚或室内常温条件下晾芽，以抑制芽长，提高芽种的抗寒性，散去芽种表面多余的水分，保证播种均匀一致。注意：晾芽不能在阳光直射的条件下进行，温度不能过高，严防种子芽过长；不能晾芽过度，严防芽干。晾芽时间在1 d以内，第2天必须播完，严防因晾芽时间过长而降低发芽势，影响芽种质量。芽种出箱后，一定要在2～3 h内被运送到农户手中。在运送过程中，要用苫布盖好种子芽，严防因温度过低或运输停留时间过长而冻伤种子芽。

（五）秧田准备

要求早整地、早做床。秋季粗做床时，要求置床平整细碎、土质疏松，有利于部分根系通过盘孔扎入置床中吸收养分和水分。春季置床时，对床面的要求如下：

深：置床化冻深度为 20～30 cm。

平：床面平整，每 10 m^2 内的床面高差不超过 0.5 cm。

直：置床边缘要整齐一致，步道砖摆放在一条直线上，每延长 10 m，误差不超过 0.5 cm。

净：置床内无草根、石块等杂物。

碎：床面土壤细碎，无直径>1 cm 的土块。

实：床体上实下松，紧实度一致。

干：床土的田间持水量为 60%～80%。

（六）置床处理及摆盘

摆盘前，一定要先测定置床的 pH。当置床的 pH 高于 5.5 时，一定要进行调酸、消毒和施肥。

摆盘前，将由 5%锐劲特悬浮剂 10～20 mL、水 150 mL 和稻糠 4 kg 制成的毒饵均匀地撒施在每 100 m^2 的置床上。

机插秧苗摆盘在播种前 5～7 d 进行。顺摆秧盘必须夹在中间，要求秧盘摆放得横平竖直，盘与盘之间的衔接要紧密，边盘用细土挤紧，边摆盘边装土边用木拍子压实。普通秧盘盘内的装土厚度为 2 cm，高性能机插秧盘和钵形毯式秧盘盘内的装土厚度为 2.5 cm，盘土厚薄要一致，误差不超过 1 mm。

摆盘后采用微喷浇水或常规浇水时，要在秧盘上铺一层编织袋或草袋，严防浇水冲击导致盘内床土的厚度不一致；水分渗干后，当床土软硬适度时进行播种。要一次浇透底水，浇水标准是置床上 15～20 cm 的土层内无干土。

（七）播种

采用三膜覆盖或采取增温措施的大棚。机插苗在 4 月 8 日进行播种；钵育苗在 4 月 5 日开始播种，4 月 18 日结束，最佳播种期为 4 月 10—18 日。

摆好盘浇透底水 1～2 d 后，当棚外气温达到 5 ℃、置床温度达到 12 ℃时，即可进行播种。播种器要匀速作业，中间不能停车。播种量要准确，播种要均匀，无空穴、漏播、重播、压叠等现象。

机插中苗播芽种 4 400 粒/盘（种子发芽率为 90%，机插中苗田间成苗率为 90%，下同），即每 100 cm^2 播芽种 275 粒；种子田机插中苗播芽种 4 200 粒/盘，即每 100 cm^2 播芽种 260 粒；八行插秧机机插中苗（秧盘长 58.5 cm，宽 22.5 cm，面积为 1 316 cm^2）播芽种 3 600 粒/盘，八行插秧机要比常规育苗增加 20%的育秧面积；钵育大苗播芽种 4～5 粒/穴；钵形毯式苗播芽种 3 800～4 000 粒/盘，每钵播芽种 5～6 粒。

播种后，先用调种器（木杆绑鹅毛翎）调种，然后用压种磙（木磙）将种子压入土中，覆土厚度为 0.5～0.7 cm。覆土用的床土要混拌适量的有机肥、草炭土等，床土与有机肥或草炭土的比例为（4～5）：1，床土中不能加入肥料、壮秧剂等。覆土要求厚薄一致、到边到角、覆盖严密。

水稻播种后先覆地膜，在 4 月 15 日前播种的水稻还要扣小棚。早期播种的水稻采用三膜覆盖来提高棚内温度，即大棚内扣小棚，小棚内覆地膜。当棚内温度过低时，可采用炭火炉、液化气炉等进行增温。

（八）移栽

当地气温稳定通过 13 ℃、泥温稳定通过 15 ℃时为移栽始期，机插秧于 5 月 10 日开始，

5月25日结束；钵育摆栽于5月15日开始，5月23日结束。水稻高产插秧期是5月15—25日。在插秧前一天，把格田水层调整到约1 cm(呈花达水状态)，有利于插秧机作业。插秧时，检查田面硬度的方法是将食指(或木棍)插入田面一节(约2 cm)，深度划沟，如果周围软泥呈徐徐合拢状态，则为最佳的插秧状态。机械插秧的深度是否合适对秧苗的返青、分蘖及保全影响极大，一般水稻机械插秧深度控制在2 cm左右。确定移栽密度的总体原则是地力条件及秧苗素质好的地号宜稀植，地力条件及秧苗素质差的地号宜密植。人工宽窄行摆栽规格为(窄行18 cm＋宽行35 cm)×12 cm，机械插秧的规格为30 cm×12 cm。

四、作业与思考

参加水田春季播种，并记录时间、地点、品种名称、播种形式等内容。

实验三　区域试验田间测产

一、目的要求

以玉米为例，学会玉米生育期调查、测产和室内考种的方法，了解禾谷类作物的测产原理。

二、材料及用具

(一)材料

大田不同产量水平下的玉米植株或经过其他不同栽培措施处理的植株。

(二)用具

钢卷尺、皮卷尺、卡尺、精度为0.01 g的天平、瓷盘等。

三、内容说明

禾谷类作物单位面积的产量决定于单位面积的株数、单株穗数、单穗粒数和千粒重，这是它们的共同点，也是测产的根本依据。尽管各个作物都有具体要求，但其测产的准确性都取决于样点的数量及代表性、调查数据的准确性和粒重取值的可靠性。测产的方法分为预测(目测和抽样测)和实测(测样点上的实际产量)两种。前一种方法简便、迅速，但误差更大，特别是目测的误差更大；后一种方法的结果准确，但费工、不及时。

四、方法步骤

(一)田间测产

①玉米产量可在乳熟期末进行初测，在蜡熟期末进行实测。在一块地(或处理)上取3～5个点，在每个点上进行项目调查记载和测产。

②每个点选取50株或100株植株，调查空秆率、折断株率、双穗率、单株有效穗数和黑粉病株率等。

③测量行距和株距，量出21行的距离并求行距，量出51株的距离并求株距；根据行距、株

距，求每公顷的株数。

④从③中的调查株内连续选取 10～20 株植株，调查株高、茎粗及果穗着生节位（自下向上数）和穗位高度。

⑤从样点内连续选取 10～20 个果穗，除去苞叶，调查穗长、秃尖长、穗行数及行粒数。

⑥初测可在田间植株上进行；实测时，还需要把果穗晒干、脱粒，称取果穗重、籽粒重及千粒重，并求出出籽率等。

⑦根据以上调查结果，可计算出每公顷的产量：

$$\begin{cases}\text{初测每公顷产量(kg)}=\text{每公顷株数}\times\text{单株有效穗数}\times\text{穗粒数}\times\text{千粒重(g)}/1\,000\\ \text{实测每公顷产量(kg)}=\text{每公顷株数}\times\text{单株有效穗数}\times\text{穗粒重(g)}/1\,000\end{cases}\tag{7-1}$$

（二）调查记载项目的标准与方法

1. 每公顷株数

计算公式见式(7-2)：

$$\text{每公顷株数}=\frac{10\,000(\text{m}^2)}{\text{平均行距(m)}\times\text{平均株距(m)}}\tag{7-2}$$

2. 双穗率

双穗率是指单株双穗（指结实 10 粒以上的果穗）植株占全样品植株的百分率。

3. 空秆率

空秆率是指不结实果穗或有穗结实不足 10 粒的植株占全样品植株的百分率。

4. 单株绿叶面积

单株绿叶面积是指当时单株绿色叶片面积[单叶中脉长(cm)×最大宽度(cm)×0.7]的总和。

5. 每公顷绿叶面积和叶面积指数

按式(7-3)计算每公顷绿叶面积和叶面积指数：

$$\begin{cases}\text{每公顷绿叶面积}(\text{m}^2)=\dfrac{\text{平均单株绿叶面积}(\text{cm}^2)\times\text{每公顷株数}}{10\,000}\\ \text{叶面积指数}=\dfrac{\text{每公顷绿叶面积}(\text{m}^2)}{10\,000(\text{m}^2)}\end{cases}\tag{7-3}$$

6. 株高

株高是指自地面至雄穗顶端的高度(cm)，一般取 10～20 株植株株高的平均值。

7. 穗位高度

穗位高度是指自地面至最上部果穗着生节的高度(cm)。

8. 茎粗

茎粗是指植株地上部分第 3 节间中部扁平面的直径(cm 或 mm)。根据不同要求，可分别量出地上部第 1、2、3 节间的直径。

9. 穗长

穗长是指果穗基部（不包括穗柄）至果穗顶端的长度(cm)。

10. 果穗直径

果穗直径是指距果穗基部 1/3 处的直径(cm)。

11. 秃尖度

秃尖度是指秃尖长度占果穗长度的百分率。

12. 穗行数

穗行数是指果穗中部籽粒的行数。

13. 穗粒数

穗粒数是指每穗籽粒的总数。

14. 果穗重

果穗重是指风干果穗的质量(g)。

15. 穗粒重

穗粒重是指果穗上全部籽粒的风干质量(g)。

16. 出籽率

按式(7-4)计算出籽率：

$$出籽率=\frac{穗粒重}{果穗重}\times 100\% \tag{7-4}$$

17. 百粒重

从脱粒风干的种子中随机取出 100 粒，称重，结果精确到 0.01 g，重复测量 2 次。如果 2 次质量相差超过允许值的 3%～5%，就需再重复测量 1 次。取 2 次质量相近的结果的平均值。在样品量大的情况下，最好进行千粒重的测量。

五、作业与思考

1. 秋季参加玉米测产实习，并按表 7-1、表 7-2 要求的项目填写考查内容。

2. 比较分析考查材料的结果。

表 7-1　玉米田间测产统计表

处理及单位：　　　　　　品种：　　　　　　日期：　　　　　　调查人：

样点	行距/m	株距/m	每公顷株数	空秆率/%	双穗率/%	每公顷穗数	穗粒数	千粒重/g	产量/(kg/hm²)
合计									
平均									

表 7-2　玉米单株经济性状考种表

处理及单位：　　　　品种：　　　　日期：　　　　调查人：

株号	株高/cm	穗位高度/cm	有效穗数	穗长/cm	秃尖长/cm	秃尖度/%	穗行数	行粒数	果穗重/g	千粒重/g	出籽率/%
1											
2											
3											
4											
5											
6											
7											
8											
9											
10											
平均											

第八章

作物种子生产

- 实验一　水稻种子生产
- 实验二　玉米种子生产
- 实验三　大豆种子生产
- 实验四　高粱种子生产
- 实验五　谷子种子生产
- 实验六　马铃薯种子生产

实验一　水稻种子生产

一、目的要求

1. 学习并初步掌握水稻杂交种亲本繁殖和 F_1 制种的基本程序与技术；
2. 掌握常规水稻种子的生产技术。

二、材料、用具及试剂

(一)材料

水稻不育系繁殖田和 F_1 制种田正在抽穗开花的不育系、保持系和恢复系植株群体。

(二)用具

光学显微镜、体视显微镜、解剖针、喷雾器、塑料桶和量筒等。

(二)试剂

赤霉素、1%I_2-KI 溶液等。

三、内容说明

水稻是自花授粉作物，生产上应用的品种类型主要是纯系品种和 F_1 杂交种。水稻纯系品种原种生产的方法主要有改良混合选择法(三圃法)和株系循环法。水稻 F_1 杂交种种子生产主要采用“三系”法和“两系”法。生产 F_1 种子每年需要两个隔离区，一个用于不育系繁殖，另一个用于 F_1 制种。把不育系与其保持系按一定的行比进行种植，将保持系的花粉授给不育系，从不育系植株上收获的就是扩繁的不育系种子，从保持系自交株上收获的就是扩繁的保持系种子。把不育系与其恢复系按一定的行比进行种植，将恢复系的花粉授给不育系，从不育系植株上收获的就是 F_1 种子，从恢复系自交株上收获的就是扩繁的恢复系种子。保持系和恢复系如果能分设隔离区繁殖，则更好。“两系”法生产 F_1 种子的技术与“三系”法大体一致。光敏核不育系和温敏核不育系在特定的环境中通过自交进行繁殖。

四、方法步骤

(一)确定 F_1 制种面积和不育系繁殖面积

确定 F_1 制种面积的依据是市场上对 F_1 种子的需求量和 F_1 制种的预期单产，确定不育系繁殖面积的依据是 F_1 制种面积、单位制种面积、不育系用种量和不育系繁殖预期单产。

每公顷杂交水稻的大田用种量一般为 7.5～15 kg，每公顷繁殖田和制种田的不育系用种量一般为 45～52.5 kg，父本用种量一般为 7.5 kg。

(二)不育系繁殖技术

1. 核质互作不育系的繁殖技术

水稻核质互作不育系与其相应的保持系是同核异质体，除育性存在差异外，主要形态性状非常相近。若同日播种，不育系比保持系始花期迟 2～3 d，始花至终花历时 5～7 d，常有包颈现象，植株矮约 10 cm。在安全隔离的条件下，繁殖技术的主要环节如下：

①依据当地气候条件，确定母本最佳抽穗扬花期，倒推母本适宜的播种期。母本抽穗扬花期要避免低温和过度高温，避开伏旱和连绵阴雨等不良天气。在长江中上游地区，对于多数不育系，春繁应选择在 6 月下旬至 7 月初进行，抽穗扬花较好；在四川中东部地区，一般在 3 月上旬至中旬播种，可在 6 月下旬至 7 月上旬开花；在贵州，多数地区在 4 月中旬至下旬播种，7 月上旬至中旬抽穗开花；在湖南，一般在 3 月底至 4 月上旬或中旬播种，可在 6 月下旬至 7 月上旬开花；在江苏，一般在 4 月下旬或 5 月上旬播种，8 月上旬开花。父本保持系一般分 2 期播种，在母本苗约 1.5 叶时，播种第 1 期父本；在母本苗 2.5～3 叶时，播种第 2 期父本。

②精量播种，培育壮秧。父、母本的播种量都控制在 270～300 kg/hm^2。

③适龄移栽，保持适宜的行比和适当的密度，插足基本苗。当第 2 期父本苗达到 4.5～5 叶时，即可进行移栽。母本和两期父本要同期移栽。父、母本的行比一般为 1∶(4～5)或 2∶(6～8)，因品种和自然条件的不同而有所差异，主要根据父本长势、花粉量以及父、母本间株高差异的大小而定。母本行距一般为 16～20 cm，穴距为 10～13 cm；父本与母本间留宽行，行距通常为 26 cm，穴距为 10 cm。采用双行父本时，两行父本间留窄行，行距为 10 cm。每穴通常插 2 株。不育系应插 22.5 万～30 万穴/hm^2，保持系应插约 7.5 万穴/hm^2。

④喷施赤霉素，人工辅助授粉，提高异交结实率。喷施赤霉素，第 1 次在抽穗率达 5%时施用，用量为 60～90 g/hm^2，兑水 450～600 kg/hm^2；第 2 次在第 1 次喷施后 1～2 d 进行，用量为 120～150 g/hm^2，兑水 600～750 kg/hm^2，喷雾。也可按市售不同剂型的使用说明进行喷施。每次喷施以上午稻叶上的露水干后至父、母本开花前的这段时间为好。田间应保持浅水层。赤霉素若分 3 次施用，则可按 2∶5∶3 的比例，连续 3 d 在上午喷施。采用雾滴细而均匀的喷雾器喷施赤霉素，喷头距穗层约 33 cm，喷雾要均匀，每次喷施水量只有约 22.5 L/hm^2，可节省用工，减轻劳动强度。

人工辅助授粉从喷施赤霉素的第 2 天开始，每天用竹竿或光滑的绳子抖动父本，使花粉飞扬，以促进授粉。在每天上午母本接近盛花时赶第 1 次花粉，每隔 30 min 赶粉 1 次，直到下午父本无粉可赶为止。同一块田，一般赶粉 4～5 次/d。整个开花期人工赶粉约 10 d。

⑤去杂去劣，及时收获，严防混杂。去杂去劣以始穗期最为关键，要特别注意去除母本行中的可育株。成熟时，先收父本，后收母本。收割、脱粒、运输、晾晒、加工、储藏等过程都要注意严防机械混杂。对于不同的种子，要及时附上标签。

2. 光敏核不育系的繁殖技术

现有光敏核不育系多是晚粳类型。光敏核不育系的育性转换主要受光照长度的控制，温度起协调作用。在幼穗分化的第 3～6 期，处于 13.5 h 以上光照下发育的稻穗表现为雄性不育，处于 13.5 h 以下光照下发育的稻穗表现为雄性可育。光敏核不育系的繁殖就是利用秋季日长渐短、温度渐低的条件，让其自交结实获得种子，或者利用海南岛冬季短日长的条件，恢复自交结实，获得种子。确定好地点和播种期后，光敏核不育系的繁殖过程同水稻常规种。

3. 温敏核不育系的繁殖技术

温敏核不育系的育性转换主要受环境温度的控制，日长起协调作用。将温敏核不育系的育性敏感期(幼穗分化的第 4～6 期)安排在温度低于不育起点温度的环境中，使其自交结实，就能达到繁殖的目的。温敏核不育系的繁殖方法有春繁、秋繁、高海拔繁殖和冷灌繁殖4种。前3种方法依靠自然条件,多变的气候造成适宜繁殖的条件不稳定是其最大的限制因素。冷灌繁殖利用部分环境条件(春季低温)和部分辅助措施(冷水灌溉),既能摆脱自然条件对温敏核不育系繁殖的制约,又能降低成本。冷灌繁殖的具体做法是在幼穗分化的第4~6期,用水库的深层冷水灌溉稻田(20 cm深),持续15 d。要求稻田的入口水温约为18 ℃,出口水温约为24 ℃。其他栽培管理同常规种。

(三)杂交水稻 F_1 的制种技术

现有杂交水稻以杂交籼稻为主。杂交籼稻组合所用的母本不育系多数是早籼类型,父本恢复系则多数为中晚籼类型。调节父、母本的播种期,确保二者的花期相遇,是制种成功的关键。在安全隔离的条件下,着重抓好以下技术措施:

1)选择安全授粉季节,确定先播亲本的播种期。

2)以叶差为主,参考时差和有效积温差,确定后播亲本的播种期。

3)培育壮秧,适时移栽。当父本生育期比母本生育期长的天数较多或腾茬困难,不得不延长父本秧龄时,父本可采用2段育秧。第1段在温室内培育小秧,当小秧2叶1心时,将小秧寄栽到秧田中(7 cm×7 cm);第2段在寄栽秧田中培育壮秧。进行母本播种时,由于气温已升高,一般是在秧田中直接播种育秧。腾茬后先栽父本。如果茬口没有矛盾,父本秧龄一般为30~35 d,或中熟父本株龄达7~8叶、晚熟父本株龄达8~9叶时进行移栽;母本秧龄则以20~25 d为宜,株龄为5~6叶。

①行比适当,密度适宜,插足基本苗。

a.行比。父、母本行比由父、母本株高的差异和花粉量决定。粳稻制种多用2∶8的行比,籼稻制种多用1∶(10~12)的行比,也可采用早熟组合2∶(12~14)、中熟组合2∶(14~16)、晚熟组合2∶(16~18)的行比。

b.密度。不同地区和不同组合的适宜密度有所不同。母本行距一般为13~16 cm,穴距为10~13 cm,每穴2~3株(1粒种子长出的苗,不论分蘖多少,均为1株),每穴基本茎蘖数约为6个,每公顷基本茎蘖数为40.5万~48万个,这样可以保证成穗数为270万~330万穗。当采用单行父本时,父本与母本的行距一般为33.3 cm;当采用双行父本时,早熟组合可采用16.5 cm+33.3 cm的规格(即两行父本之间距离16.5 cm,父本行与母本行之间距离33.3 cm),中熟组合为16.5 cm+(33~40)cm,晚熟组合为20 cm+40 cm。父本穴距一般为14~16 cm。可把3期父本栽于同一行,比例以4∶8∶4为宜。可将第1期和第3期父本作为一组进行连续排列,也可采取将第2期父本栽1行、第1期父本和第3期父本合栽1行的方式。第1期父本、第2期父本每穴栽1~2株,第3期父本每穴栽2~3株。每穴基本茎蘖数约为8个,每公顷基本茎蘖数为37.5万~52.5万个,保证成穗数为120万~165万穗。

②科学施肥管水,培育高产苗架;注意双亲平衡,避免花期失遇;对于烤田时机,要掌握"时到不等苗"的原则。

③做好花期预测,及时进行调节。

a.花期预测。主要采用幼穗剥查法进行花期预测。根据幼穗的形态和长度来判断始穗的大致日期。水稻整个幼穗发育过程可以分为8个时期,这8个时期与幼穗形态的对应关系可表述为"1期看不见,2期苞毛现,3期毛茸茸,4期谷粒现,5期颖壳分,6期叶枕平,7期穗变绿,8期穗将出"。

b. 花期调节。当预测到花期将会不相遇时，可采取措施进行花期调节。例如，偏施氮肥，以延缓发育；增施磷钾肥，以加快发育；放水干旱，以抑制对水敏感的亲本的发育；在破口期喷施赤霉素，以提早抽穗等。

④适期割叶，适时、适量、适次喷施赤霉素，正确实施人工辅助授粉，提高杂交结实率。

a. 割叶的适期是母本始穗期，一般以母本剑叶割后约留 3.3 cm、父本约留 6.6 cm 为宜。

b. 赤霉素用量一般为 120～180 g/hm^2，分 3 次喷施，3 次的分配比例为 2∶5∶3，每次兑水 750～900 kg。粉剂赤霉素应先加少量 75%以上的酒精溶解，24 h 后才能兑水稀释喷施。

c. 人工辅助授粉从割叶的第 2 天开始，到母本开花结束为止，持续约 15 d。每天当母本接近盛花时，用竹竿或光滑的绳子进行第 1 次人工赶粉，每隔 30 min 赶 1 次，直至当天父本无粉可赶为止。每天赶粉 3～4 次。

(四)栽培技术

水稻的耕种方式除传统的人工耕种方式外，还有高度机械化的耕种方式。无论采用何种耕种方式，都需要完成下列步骤：

1. 整地

种稻之前，必须先将稻田的土壤翻过，使其松软。这个过程分为粗耕、细耕和盖平 3 个阶段。过去使用畜力(主要是水牛)和犁具来整地犁田，现在多使用机器整地。

2. 插秧

将秧苗仔细地插进稻田中，间隔有序。传统的插秧方法是使用秧绳、秧标或插秧轮在稻田中做记号。手工插秧时，会在左手的大拇指上戴好分秧器，帮助农民将秧苗分出，并插进土里。插秧时的气候相当重要，如果遇到大雨，秧苗将会被打坏。现在多用插秧机插秧，但在地势起伏大、形状不是方形的稻田中，还是需要人工插秧。秧苗一般呈南北走向。

3. 施肥

秧苗抽高至长出第 1 节稻茎的时期称为分蘖期，这段时期往往需要施肥，让稻苗成长得健壮，并可以保证日后结穗米质的饱满和数量。

4. 灌排水

水稻较为依赖灌排水程序。旱田灌排水的过程较不一样，但是都需要在插秧后、幼穗形成时和抽穗扬花期加强水分灌溉。

5. 收获

当稻穗垂下且金黄饱满时，就可以开始收获。在过去，农民用镰刀将水稻一束一束地割下，再扎起来，利用打谷机使稻穗分离；现在则有收割机，收割机将稻穗卷入后，直接将稻穗与稻茎分离，稻穗就成为稻谷。

6. 干燥、筛选

收获的稻谷需要进行晾晒。晒谷时，需要时时翻动稻谷，以让稻谷干燥。筛选是将瘪谷等杂质筛掉，采用电动分谷机、风车或手工抖动分谷的方式，利用风力将饱满、有质量的稻谷自动筛选出来。

五、作业与思考

1. 在大田用种生产种子田中，管理水稻常规种时应注意哪些问题?

2. 试述在进行杂交水稻制种时，确定父本与母本播差期的方法。

3. 在“三系”配套水稻杂交种制种过程中，保证父本与母本花期相遇的措施有哪些？

实验二　玉米种子生产

一、目的要求

1. 学习和初步掌握玉米自交系育种家种子和 F_1 单交种种子生产的关键技术；

2. 了解玉米常规种、自交系、单交种、双交种和三交种种子的质量标准。

二、材料及用具

(一)材料

单交种制种田母本自交系顶叶抽出 2/3 的植株群体和自交系育种家种子生产田雌穗吐丝在 1 cm 以内的植株群体。

(二)用具

黄色羊皮纸小袋(20 cm×11 cm，用于套雌穗隔离花粉)、白色羊皮纸大袋(40 cm×22 cm，用于套雄穗隔离花粉，并在授粉后替换黄色纸袋套雌穗)、回形针、普通剪刀、标签、铅笔、记载本、橡皮筋、镊子、75%酒精棉球、大尼龙网袋(60 cm×40 cm，用于装拔出的雄穗)、小尼龙网袋(30 cm×20 cm，用于装套袋授粉的原原种玉米果穗)等。

三、内容说明

自交系是配制玉米杂交种的物质基础，自交系纯度的高低将直接影响杂交种的质量和产量。越来越多的种子企业用自交系原种作为制种亲本。自交系原种的生产方法有 3 种：第 1 种是使用原原种在隔离区内自由传粉扩繁(重复繁殖法)；第 2 种是穗行半分法(自交穗行鉴定法)；第 3 种是测交法(测交种鉴定法)。重复繁殖法是指以后每年从上一年隔离区内取出一部分育种家种子进行种植，在花期套袋，姊妹自交繁殖原原种，原原种在隔离区内自由授粉繁殖原种。穗行半分法的做法是第 1 年种植选择圃，选株自交。每个系可自交 100～1 000 穗，视选择圃自交系的纯度和所需原种的数量而定。第 2 年进行半分穗行比较，即将每个自交穗的种子均分为 2 份，一份用于保存，另一份被种成穗行。在苗期、拔节期、抽雄开花期，根据自交系的典型性、一致性和丰产性进行穗行间的鉴定比较。当年比较只提供穗行优劣的资料，并不留种。第 3 年混合繁殖，取出与当选株行相对应的第 1 年自交果穗预留的那份种子进行混合，隔离繁殖，生产原种。测交法的做法是第 1 年种植选择圃，选株自交并测交。测交种是用该自交系在某一特定杂交组合中的另一个亲本自交系。测交种要满足下一年的产量比较，一般要测交5～7穗，自交果穗进行单穗脱粒保存。第 2 年种植测交种鉴定圃，进行产量比较，鉴定单株配合力。第 3 年混合繁殖。根据配合力测定结果，将测交种表现优良的相应各自交果穗的种子进行混合，隔离繁殖，生产原种。玉米单交种的生产主要采用人工去雄制种法。在父、母本花期相遇的基础上，及时、彻底、干净地拔除雄花序是关键。

四、方法步骤

(一)玉米自交系原原种种子生产技术

1. 选择单株

典型的单株是自交系原原种生产的基础。预套单株的选择一般在播种后 2 个月进行。选择株高、穗位、叶相、雄穗分枝及其大小一致的单株作为预套单株。

2. 套袋

(1)雌穗套袋

在雌穗花丝未抽出前进行套袋。自交系单株若有多个雌穗,选择最上端的雌穗进行套袋,纸袋顶部与雌穗间需留有 4~5 cm 的空间。套袋时,将袋口的一边卡入茎秆与雌穗之间,另一边卡入叶鞘与雌穗之间,将纸袋下角拉紧对折后用回形针卡住。

(2)雄穗套袋

雄穗套袋的时间宜在授粉的前一天下午进行。套袋前,先轻轻拍打雄穗,去掉异质花粉和死花粉。套袋时,用较大的纸袋将雄穗套住,包住穗轴基部,折叠好袋口后用回形针固定,防止异质花粉飘入雄花序中。套雄穗用过的大纸袋必须放置 2 d 以上,待袋内花粉完全失活后才能再用。

套袋后,要留意纸袋是否因风雨等影响而倾斜或脱落。若纸袋脱落且花丝未抽出,应及时复套;若花丝已抽出,则应舍弃此穗,重找新穗进行套袋。

3. 授粉

(1)把握最佳授粉时间

雌穗花丝吐出 3~4 cm 且呈短刷状时为最佳授粉时间。授粉时间过早,授粉不完全,易造成秃尖;授粉时间过晚,授粉不均匀,易形成一侧粒小、粒少的弯棒。雄穗套袋后的第 2 天上午 9:00—11:00,花粉的活力最高,此时为最佳授粉时间。在温度过高或过低、湿度过大等条件下,不宜进行授粉。若授粉时突遇降雨,则应立即停止授粉,待雨后天晴雄穗上水珠蒸发完毕且开始散粉后再进行授粉。

(2)采集花粉与授粉换袋

采集花粉时,将雄穗轻轻弯下,轻拍穗轴,振落花粉于纸袋内,然后取下纸袋,迅速将袋口叠好,防止其他花粉混入。操作时,尽量避免碰撞周围玉米秆而引起串粉。采集到花粉后,轻取雌穗套袋,露出花丝,将花粉置于花丝上方 3~5 cm 处轻轻抖动,均匀散粉,再套上刚刚装入花粉的大纸袋,即完成授粉。若花丝过长,应用消过毒的剪刀将花丝剪短后再进行授粉。授粉时,授粉人员要头戴一顶大檐草帽,遮住雌穗上方,以阻挡异质花粉的混入,增强授粉的安全性;手不要碰到花丝,以免发生串粉或污染。每授粉完一株,应立即用 75%酒精棉球擦手,以杀死附着在手上的花粉。整个授粉过程中的动作要快。

4. 纸袋固定与挂标签

套袋完毕,将纸袋一角对折后用回形针卡住,松紧要适度:不能过紧,以免影响果穗生长;不能过松,以免纸袋脱落,造成"跑丝"。回形针应独立,不应卡住苞叶或叶鞘,以免苞叶、叶鞘等生长而拉扯纸袋。用回形针卡住纸袋时,回形针与果穗基部成 45°角时的固定效果最好。

在授粉果穗穗位的上一节间挂上标签,标签上用铅笔写明自交系名称、株号、授粉日期、授粉人员等,同时记入记载本。写标签时,要细心、耐心,不要写错。

5. 授粉后的管理与果穗收获及保存

在授粉结束至籽粒形成期，果穗生长得很快，应及时进行检查，防止套袋脱落。若授粉果穗的顶部霉变腐烂，则应及时取下套袋，以防果穗全部变坏。套袋授粉的果穗成熟后应及时进行收获。收获时，用小尼龙网袋成对单收，袋的内、外均放标签。将收获的果穗挂在通风处晾干，使含水量降至14%以下，再根据穗形、粒型、粒色、穗行数等进行穗选。去除杂穗后，将单穗脱粒，装入羊皮纸袋内，标注清楚信息后，再装入大尼龙网袋内，标明套袋授粉的自交系名称、产地、数量、质量、生产年月等。将穗粒熏蒸后入冷库保存，以备下一年扩繁。

(二)玉米单交种种子生产技术

1. 制种基地的准备

玉米杂交种的制种基地要选择土质肥沃、灌排方便、旱涝保收且符合隔离条件的地块。制种田选茬以豆类茬、绿肥茬、麦茬、葱蒜茬、蔬菜茬为好，不宜选用2年以上的重茬地、盐碱地、漏沙地、园林地。可利用山沟、河流、村镇等自然屏障阻拦外来花粉的侵入；对需要进行空间隔离的地块，其隔离距离应严格控制在500 m以上，尤其当隔离区地势较低或处于下风口时，必须增大隔离距离(不得少于1 000 m)。

2. 播种前挑选和包衣亲本种子

制种亲本选用纯度在98%以上、发芽率高于85%的种子。播种前，将亲本种子进行严格挑选，选择粒大、饱满、无损伤的种子，晒种2～3 d，然后包衣，以防治地下虫害，确保一播全苗。

3. 播种要求与父、母本行比

一般以每667 m^2母本保苗约7 500株为宜。株型紧凑、植株较矮的品种宜密植，否则宜稀植。播种时，按宽、窄行开沟(宽行72 cm，窄行48 cm)，深浅和株距一致，每穴2～3粒；种间施肥，施尿素75 kg/hm^2、磷酸二铵150 kg/hm^2、硫酸钾75 kg/hm^2，混匀施入；种、肥隔离，平耙覆土，使覆土均匀一致。地膜采取大、小行种植，大行宽60 cm，小行宽40 cm，株距为23 cm。露地采取等行种植，即行距为40 cm，株距为30 cm。为确保玉米制种花期相遇，延长授粉时间，父本应分两期进行播种，第1期播70%，第2期播30%。两期相差7 d以上，以点播形式为宜。玉米亲本芽鞘软，播种不宜过深，掌握在5 cm左右，黏土地播浅一点，沙土地可适当播深一点。可采用耧播或机播形式，达到播种深浅一致。

父、母本行比为1∶6较为合理。有些组合的父本植株较大，花粉量大，父、母本行比也可为1∶8。播种时，严禁错行、串行、漏行。

当两亲本的花期有较大差异时，父、母本应错期播种。以母本吐丝期比父本散粉期早1～3 d为标准，确定父、母本的播差期。

4. 定苗和肥水管理

对于地膜覆盖制种，在植株出苗1叶1心至2叶1心时，应及时放苗，以防遇高温伤苗。间苗、定苗同时进行。露地播种5～6片叶时，结合中耕开始定苗，母本去大、去小，留长势均匀一致的苗；父本留大、中、小3类苗，以延长授粉时间。根据父、母本的生物学特征，定苗时拔除杂苗。如果发现缺苗，切不可补种其他玉米，父本行可补种或移栽原父本的种子或幼苗，母本行一般不允许补种或移栽，以防止抽雄时间过长，影响去雄质量。

在浇水不太充足的情况下，当植株长到喇叭口前期时，结合浇水追尿素300～375 kg/hm^2或碳酸氢铵600～750 kg/hm^2，此时要做好花期的预测和调节。采用叶片计数比较法预测花期，母本比父本多 1～2 片叶为花期相遇良好。根据预测结果，当判断父、母本花期不相遇时，可对父、母本偏施肥水，以调节花期。

5. 严格去杂去劣和彻底去雄

制种田要在苗期、拔节期、抽雄前期进行 3 次去杂去劣。

①苗期去杂去劣：结合间苗、定苗和中耕，根据父、母本苗期特征严格、细致地去杂。母本留苗要大小一致，缺苗处可留双苗，一般不提倡补苗；父本留苗要大小不一，以延长散粉期。

②拔节期（喇叭口时期）去杂去劣：根据双亲的株高、株型、叶色等特征细致、彻底、干净地拔除杂株。

③抽雄前期去杂去劣：抽雄散粉前，结合去雄，按照自交系的典型性状进行关键性的去杂去劣，彻底清除杂株、矮小株、病劣株、异型株、双株，保证杂株花粉绝对不在隔离区内扩散。父本去杂依据父本雄穗的分枝数、花药颜色，做到逐株检查；母本去杂依据雌穗的花丝颜色。凡是杂株必须连根拔除。另外，在收获后、脱粒前，仍可根据穗形、粒型、粒色、轴色等性状对母本果穗进行穗选，去除杂穗、劣穗。

抽穗开花前彻底拔除母本的雄花序，在拔除时间上宜早不宜迟，一般在母本顶叶抽出2/3时，即可连同顶叶甚至下一片叶一起拔除，这个过程常被称为“母本摸苞带叶去雄”。被拔除的母本雄花序必须带出田间进行妥善处理。为了获得较高的制种产量，可进行人工辅助授粉。人工辅助授粉一般要求在每天上午 9:00—10:00 开始，11:00—12:00 结束。

6. 收获

玉米制种全生育期为 110～120 d。当玉米苞叶呈现黄白色、果穗柄微弯时，应及时进行收获。成熟后的父本与母本要严格分收分藏。收获时，先收父本，隔 1 d 后再收母本，确保不混杂。当将玉米果穗放在阳光下暴晒至种子松动时，及时进行脱粒，注意不要损伤种胚。脱粒后，再将种子进行晾晒，至含水量低于 13%时包装储藏，以用于下一年大田种植。在生长期间严格去杂去劣的情况下，父本上收获的种子便是繁殖的父本，可供下一年制种时继续作父本使用。

（三）玉米种子质量检验

根据 GB 4404.1—2008 检验玉米种子的质量，其质量标准见表 8-1。

表 8-1 玉米种子质量标准 %

品种类型	种子类别	品种纯度不低于	净度不低于	发芽率不低于	水分不高于
常规种	原种	99.0	99.0	85	13.0
	大田用种	97.0	99.0	85	13.0
自交系	原种	99.9	99.0	80	13.0
	大田用种	99.0	99.0	80	13.0
单交种	大田用种（非单粒播种）	96.0	99.0	85	13.0
	大田用种（单粒播种）	97.0		93	13.0
双交种	大田用种	95.0	99.0	85	13.0
三交种	大田用种	95.0	99.0	85	13.0

五、作业与思考

1. 玉米穗行选优保纯自交系原种的生产方法和步骤是什么？
2. 在玉米杂交制种技术中，主要掌握哪些环节？

实验三　大豆种子生产

一、目的要求

学习和初步掌握栽培大豆育种家种子生产的3种程序及后续各级别种子生产的关键技术。

二、材料及用具

（一）材料

大豆新品种育种家种子生产流程中处于成熟期的植株群体。

（二）用具

大尼龙网袋（145 cm×100 cm，用于装载田间入选的该品种的典型单株）、小尼龙网袋（30 cm×20 cm，用于装载各单株的籽粒）、可装500 g大豆种子的牛皮纸袋、包装绳、塑料挂牌、铅笔、橡皮、普通剪刀、米尺、三角盘、精度为0.01 g的天平和记载本等。

三、内容说明

通常培育新品种的大豆育种家负责生产最初一批纯种——育种家种子。生产育种家种子有3种程序。第1种是最简单的混合选择程序。检查一份来自新品种产量试验的种子样本的脐色和种皮光泽，剔除异型种子；种植入选样本，根据花色、茸毛色、荚皮色、成熟期、株高及其他性状淘汰异型株，将剩下的植株进行混合收获，所得的种子即为育种家种子。这个程序的优点是只需要一个季节且工作量最少。但是，这种程序消除所有异型株的能力以及种子和植株的一致性都差于有后代测验的程序。第2种是包含一个世代的后代测验的程序。从新品种中收获具有同样性状的单株200～300行，将每株单株的种子种成一个株行，剔除异型株行，将剩下的株行一起收获，所得的种子作为育种家种子。这种程序比混合选择程序需要的工作量多，但可获得较高水平的遗传纯度。第3种是包含两个世代的后代测验的程序。具有相同性状的单株经过后代测验，剔除异型株行，将入选的单株按株行单独进行收获，将每个株行的种子在下一季种成一个小区。在第2次后代测验中，剔除含有异型株的小区，将余下的小区一起收获，所得的种子即为育种家种子。这种程序比混合选择程序或包含一个世代的后代测验的程序需要的时间和工作量多，但是可以获得更高水平的遗传纯度。

育种家种子用于生产基础种子（原原种）。一个品种的种子是需要每年都进行生产的，因此也必须每年都有育种家种子供应。除上述生产育种家种子的程序外，还可以冷藏部分原始的纯种，定期用于更新繁殖，保持该品种的遗传纯度和真实性。

育种家种子还用于生产原种。大豆纯系品种大田用种是从原种繁殖而来的。遗传纯度的保持需要注意防止偶尔的异交和种子混杂。在没有温度、湿度控制的条件下，储藏1年以上的种子就会丧失发芽力。有计划的多系混合品种主要是采用先分别繁殖各个成分的纯系，清选时或清选后再按计划比例进行混合的方法配制而成的。

四、方法步骤

(一)育种家种子生产(后代测验法)

1. 在株行圃中鉴定各个株行的植株典型性

当植株成熟时，主要根据成熟期、株高、荚皮色、茸毛色、结荚习性、株型、抗倒伏性等性状，在田间鉴定非典型单株。凡是含有非典型单株的株行一律被淘汰。

2. 在典型株行中选拔典型单株

在余下的典型株行中，每个株行选拔1～3株典型单株。将典型单株分别装入尼龙网袋中，放到水泥晒场上进行暴晒，晒干后就在尼龙网袋中进行脱粒。脱粒后，将种粒存入种子库中，用作下一轮株行的种源。

3. 入选典型株行分别脱粒、分别鉴定种粒的典型性

将选拔完典型单株后的典型株行分别进行收获、脱粒；经过室内对各株行种粒的典型性鉴定，将入选典型株行的种粒混合在一起即为育种家种子。

(二)后续各等级大豆种子生产

根据4级种子生产技术规程，育种家种子繁殖一代为原原种，原原种繁殖一代为原种，原种繁殖一代为大田用种。后3级种子生产繁殖过程中的各个环节必须规范，以保证各等级种子的质量。

1. 设置等级种子田

育种家种子以后的各等级种子的生产应设置等级种子田，采用指定等级的种子进行播种。

2. 地块选择

宜选择地形平坦、肥力均匀、灌排方便、耕作细致的地块，从而易于判别杂株；不宜选择重茬和向日葵茬地块，以防止病害加重。

3. 种子精选和包衣

播种前，要经过粒选、脐选将病粒、虫蚀粒、破碎粒及杂粒剔除，以提高种子的生活力和播种质量。精选后，可进行种子包衣。防治大豆根腐病、孢囊线虫病，可选用35%或30%的多克福种衣剂；防治大豆根腐病，也可选用新型大豆种衣剂——2.5%适乐时悬浮种衣剂。该种衣剂的效果好，持效期长。种衣剂和种子按1∶70的质量比进行包衣。使用大豆根瘤菌剂拌种时，每667 m^2用100 mL菌剂。包衣方法有机械包衣和人工包衣2种。人工包衣可采用铁锅或大盆包衣法，即先将铁锅或大盆固定，按比例称好种子和种衣剂的质量，将二者倒入铁锅或大盆内，用木锨或双手快速翻动，拌匀后取出阴干备用。人工包衣也可采用塑料薄膜包衣法：在离村庄较远的地方选一块背阴通风地，挖一个圆坑，在坑内铺放塑料薄膜，把种子和种衣剂按比例倒入坑里进行搅拌，使种皮沾药均匀，然后取出摊放在薄膜上，3～4 h形成种衣后收起来保存备用。

4. 适时足墒播种

当播种层内的土壤日平均地温稳定通过 10 ℃时，即可进行播种；当土壤日平均地温稳定通过 14 ℃时，播种较为安全。整地保墒良好，做到精量点播，保证一次全苗。行距宜便于田间作业及去杂去劣。

5. 田间去杂去劣

当豆苗第 1 对真叶展开后，根据下胚轴的色泽及第 1 对真叶的形状进行去杂去劣。在花期，按花色、茸毛色、叶形、子叶色及叶大小等进行去杂去劣，拔除不正常的弱小植株和病株；在成熟初期，按成熟期、茸毛色、荚皮色、荚大小、株型及结荚习性严格进行去杂去劣。

6. 加强肥水管理

播前除施足底肥外，于始花期追施氮肥，花荚期可进行叶面喷施微量元素肥料，如钼、硼、锌、锰等。翻地前，施优质农家肥 15 000～22 500 kg/hm^2（作为底肥）；在始花期，结合开沟追施尿素 225 kg/hm^2、磷酸二铵 75 kg/hm^2、硫酸钾肥 75 kg/hm^2；在花荚期，施用磷酸二氢钾 2 250 g/hm^2、尿素 1 500 g/hm^2、钼酸铵 300～375 g/hm^2，兑水 450 kg/hm^2，均匀喷施在叶面上，可以保荚、增粒、增重。在大豆生育期，尤其是当花期、鼓粒期遇到干旱时，应适当灌水；当午后 2:00—3:00，上部叶片翻背、叶色暗绿时，应及时灌水；花荚期和鼓粒期要保持田间湿润。每次灌水要灌匀、灌透，不留旱点。

7. 及时除草和防治病虫害

通过中耕除草或施用药剂将杂草消灭在幼小阶段；于结荚期彻底消除大草，降低种子的含草籽率。黄淮流域菟丝子、东北地区苍耳的危害十分普遍，要特别注意预防。

紫斑病是全国性的种子病害；灰斑病和霜霉病在东北地区危害植株及其籽粒；荚枯病、黑点病和炭疽病在南方高温多雨的条件下，会使大豆出现霉烂；花叶病毒病会使豆粒出现褐（黑）斑；东北地区的大豆食心虫和关内地区的豆荚螟，可以使豆粒破碎残缺。这些病虫害均应及时进行防治。大豆食心虫的防治方法如下：

（1）成虫防治

关键在于抓住发蛾盛期进行用药。在 8 月上旬开始选择重茬或距上一年豆茬较近的豆田地块，固定 4 点，垄长为 50 m。在每天下午 4:00 以后用木棍拨动大豆植株，当发现蛾量成倍增长并有成群蛾飞翔时，即为成虫出现盛期，此时是最佳的防治时期。药剂喷雾，用 20%速灭威乳油（具有触杀、熏蒸作用）进行喷雾，每 667 m^2 用药液 20 mL、兑水 25～30 kg。或用 5%来福灵乳油 1 000 倍液，每 667 m^2 用药液 25～30 kg，喷雾。

（2）幼虫防治

成虫盛期后的 5～7 d 就是卵刚孵化出幼虫的盛期，此时幼虫裸露在外，抗逆性差，是防治幼虫的最佳时期。防治方法如下：每 667 m^2 用 2.5%溴氰菊酯乳油 40 mL（有效成分为1 g），兑水 50～60 kg，喷雾，喷施均匀，不能使幼荚漏喷；每 667 m^2 用 20%氰戊菊酯（速灭杀丁）40 mL，兑水 50～60 kg，喷雾。

对于蚜虫，初发时用乐果进行防治；对于豆荚螟，用溴氰菊酯 1 200～1 500 倍液和久效磷 800 倍混合液进行防治。

8. 适时收获

在豆叶大部分脱落进入完熟期、种子含水量降至 14%～15%时，适期进行早收。采用机械脱粒时，需防止损伤豆粒。东北地区在晒场结冰后用碳压法脱粒，对豆粒的损伤小。对于被收获豆株的运送、堆垛、晒场、脱粒以及对机械与麻袋仓库的清理，务必做到细致、彻底，防止混杂。

9. 安全储存

在储存大批大豆种子时，大豆种子的含水量应在13%以下。大豆种子入库时，要注意标好品种名称，最好分品种单库堆放。对种子进行内在与外在品质检验时，应做好入库记录，注意采光、通风、防潮、防鼠，确保种子的发芽率与完好率。

五、作业与思考

比较大豆原种生产技术三圃制和二圃制的区别。

实验四　高粱种子生产

一、目的要求

1. 学习和掌握高粱的开花习性；

2. 基本掌握高粱亲本繁育和杂交种生产的关键技术，同时了解高粱亲本和杂交种的种子质量标准。

二、材料及用具

（一）材料

不育系繁育田、保持系繁育田、恢复系繁育田、杂交种制种田中的亲本系。

（二）用具

铅笔、标签、竹竿和种子袋等。

三、内容说明

在粮食作物中，高粱是最早实现“三系”（不育系、保持系、恢复系）配套并把杂交种用于大面积生产的作物之一。目前，高粱生产上应用的种子绝大多数为杂交种。高粱杂交种的生产离不开“三系”，杂交种由不育系和恢复系组配而成。

（一）不育系

不育系是指具有雄性不育特性的品种、品系，其雌蕊发育正常，但雄蕊表现异常，花药干瘪瘦小，没有花粉，或者只有少量没有受精能力的干瘪花粉粒，无生育能力。因此，在制种时，用不育系作母本时不用去雄。

（二）保持系

保持系是指用于给不育系授粉，保持其不育性的品种、品系或自交系。每个不育系都有其特定的同型保持系。不育系与保持系互为相似体，除在雄性的育性上不同外，其他特征特性几乎完全相同。

(三)恢复系

恢复系是指给不育系授粉的正常可育的品种、品系或自交系。其 F_1 的不育特性消失,具有正常散粉生育的能力,结实正常。在隔离区内,用恢复系作父本,与不育系母本杂交制种,便可在母本上得到杂交种种子。

四、方法步骤

不育系及其保持系的繁育既可以在一个隔离区内完成,也可以与恢复系一样,分别单设隔离区。

(一)不育系种子繁育

1. 选地与隔离

不育系种子繁育田周围 500 m 以内禁止种植高粱属植物。选择地势平坦、地力均匀、土质肥沃、灌排方便、通风透光、旱涝保收的地块,不得重茬,注意除草剂的残效。

2. 确定行比

一般情况下,为保证不育系能够获得足够的花粉,不育系繁育田的母本行数不应超过父本行数的 4 倍。为方便错期播种,通常将不育系繁育田母本与父本的行比确定为 8∶2。应在保持系行内做好标记,以便分辨不育系和保持系。

3. 适时播种

适时播种。在同播情况下,保持系的抽穗扬花期通常稍早于不育系。为了使不育系和保持系花期相遇,保证不育系有足够的花粉进行授粉,应先播不育系,待不育系种子发芽后再播种第 1 期保持系,第 1 期保持系钻锥时播种第 2 期保持系。对于相邻的两行保持系,一行进行第 1 期播种,另一行进行第 2 期播种。

4. 合理密植

按照土壤肥力和不育系的特征特性确定留苗密度,一般为 12 万株/hm^2。

5. 去杂去劣

在苗期、拔节后和开花前,分期将杂株和劣株全部拔除。

开花期要在露水干前及时拔除不育系行内的散粉株;一旦发现杂株,应及时拔除,就地掩埋。在花期进行鉴定时,杂株率和散粉株率的总和≤0.1%。花期严防由人为因素将高粱属植物花粉带入隔离区内。

6. 辅助授粉

不育系繁育田应及时、多次地进行人工辅助授粉,以提高结实率。人工辅助授粉可采用在晴天的上午 9:00—10:00,用竹竿轻敲保持系植株或人工采粉手授的方法进行。

7. 后期管理与收获

授粉结束后,如果不想收获保持系,可将其全部割除。

后期田间管理应注意预防鸟害、虫害和病害;收获前,进行田间复检,拔除劣株、杂株。注意中长期天气预报,成熟后及时收获、及早晾晒、尽快脱水,以防止霜冻、降水或其他因素影响种子质量。如果授粉后未将保持系割除,为防止不育系内混杂保持系果穗,应先收获保持系,收获后立即将其运到田外，捡净田内脱落的保持系果穗，然后再收获不育系。不育系要单独进行收获、运输、晾晒、脱粒、包装，防止机械混杂。

(二)保持系、恢复系种子繁育

1. 选地与隔离

保持系或恢复系种子繁育田周围 300 m 以内禁止种植高粱属植物。选择地势平坦、地力均匀、土质肥沃、灌排方便、通风透光、旱涝保收的地块，不得重茬，注意除草剂的残效。

2. 适时播种

一般以在土壤 10 cm 耕层、地温稳定在约 12 ℃、土壤含水量为 15%～20%时播种为宜。

3. 合理密植

按照土壤肥力及保持系、恢复系的特征特性确定留苗密度。一般保持系的留苗密度为 12 万株/hm^2，恢复系为 10 万株/hm^2。甜高粱适当稀植，饲草高粱适当密植。

4. 去杂去劣

在苗期、拔节后和开花前，分期将杂株和劣株全部拔除。开花期一旦发现杂株，要在露水干前及时将其拔除，就地掩埋。在花期进行鉴定时，杂株率≤0.05%。

5. 后期管理与收获

注意预防鸟害、虫害和病害；收获前，进行田间复检，拔除劣株、杂株；注意中长期天气预报，成熟后及时收获、及早晾晒、尽快脱水，以防止霜冻、降水或其他因素影响种子的质量。保持系和恢复系要单独进行收获、运输、脱粒、包装，防止机械混杂。

(三)杂交种制种

1. 选地与隔离

同保持系、恢复系。

2. 确定行比

根据父、母本植株的株高，母本接受花粉的能力和父本花粉量确定父、母本种植的行比。一般情况下，母本与父本的行比为 8∶2 或 10∶2。

3. 适时播种

适时播种，根据父、母本的花期调节播期，母本一次播完，父本分 2 期或 3 期进行播种。

4. 合理密植

按照土壤肥力及父、母本的特征特性确定留苗密度。一般按不育系 12 万株/hm^2、恢复系 10 万株/hm^2 的标准留苗。如果是甜高粱，应适当降低留苗密度；如果是饲草高粱，应适当增加留苗密度。

5. 去杂去劣

在苗期，根据叶鞘色、叶色及分蘖性等主要特征，去除杂株；拔节后，根据株高、叶形、叶色、叶脉色等主要性状，及时将杂株、劣株拔除；开花前，根据株型、叶脉色、穗型、颖色等主要性状，去除杂株、劣株。

在开花期，要在露水干前及时拔除杂株、劣株，特别是要拔除母本行内的保持系及其他散粉株。在花期进行鉴定时，制种田杂株率和散粉株率的总和≤1%。花期严防由人为因素将高梁属植物的花粉带入隔离区内。

6. 花期预测和调节

在苗期，当因干旱或其他原因影响了某一亲本的正常出苗或苗期生长时，可采用留大小苗或促控的办法调节花期。拔节后，可采用解剖植株的方法，通过未见叶母本比父本少 1 片或母本幼穗比父本幼穗大 1/3 来预测花期能否相遇。当花期相遇不好时，对偏晚亲本，要采取早中耕、多中耕、偏水偏肥、喷施激素等措施来促进其生长发育；对偏早亲本，要采取深中耕断根、适当减少水肥等措施，控制其生长发育，促使花期相遇。

7. 辅助授粉

要及时、多次地进行人工辅助授粉，以提高结实率。人工辅助授粉可采用在晴天的上午 9:00—10:00，用竹竿轻敲父本植株或人工采粉手授的方法进行。如果父本茎秆低于母本，可采用喷粉器向父本吹风的方法，将花粉吹起进行辅助授粉。

8. 后期管理与收获

授粉结束后，如果不想收获父本(恢复系)，可将其全部割除。

后期田间管理应注意预防鸟害、虫害和病害；收获前，进行田间复检，拔除劣株、杂株；注意中长期天气预报，成熟后及时收获、及早晾晒、尽快脱水，以防止霜冻、降水或其他因素影响种子质量。

如果授粉后未将父本割除，为防止母本中混杂父本穗，应先收获父本，收获后立即将父本运到田外，捡净田内脱落的父本穗，然后再收获母本。母本要单独进行收获、运输、晾晒、脱粒、包装，防止机械混杂。

9. 种子质量检验

根据 GB 4404.1—2008 进行种子质量检验，高粱亲本和杂交种的种子质量应符合表 8-2 的标准。

表 8-2 高粱亲本和杂交种的种子质量标准(GB 4404.1—2008) %

种子类别	纯度不低于	净度不低于	发芽率不低于	水分不高于	
				长城以南	长城以北
不育系原种	99.9	98.0	75	13.0	16.0
保持系原种	99.9	98.0	75	13.0	16.0
恢复系大田用种	99.0	98.0	75	13.0	16.0
杂交种大田用种	93.0	98.0	80	13.0	16.0

五、作业与思考

1. 高粱“三系”配套制种亲本原种穗行提纯法的要点是什么？
2. 高粱杂交种制种技术应注意哪些问题？

实验五　谷子种子生产

一、目的要求

1. 学会识别谷子种子生产田中的变异株；
2. 基本掌握谷子常规种各级种子的生产技术；
3. 了解谷子常规种 4 级种子的质量标准。

二、材料及用具

(一)材料

谷子常规种生产大田，株行圃、株系圃和原种圃中种植的植株群体。

(二)用具

铅笔、记载本、米尺、种子袋等。

三、内容说明

生产上应用的谷子品种基本上都是常规(纯系)种，种子级别分别为原种和大田用种。各级别谷子种子的质量标准(GB 4404.1—2008)见表 8-3。

表 8-3　各级别谷子种子的质量标准(GB 4404.1—2008)　　%

级别	纯度不低于	净度不低于	发芽率不低于	水分不高于
原种	99.8	98.0	85	13.0
大田用种	98.0	98.0	85	13.0

谷子具有良好的耐储存特性，在干燥通风的常温种子库中储存 2 年，其发芽率仍可达到 85%以上。谷子在低温低湿种子库中可储存多年，加上单位面积用种量小，采用储存繁殖法或株行循环法生产原种和大田用种种子也是方便的，具体做法可参考水稻和小麦种子生产试验。本实验主要讲解谷子 4 级种子生产体系的具体操作技术。

四、方法步骤

(一)育种家种子生产

在育种家种子圃进行种子生产。种子来自上一年收获的单株，每个品种至少种植 20 个株系；一个小区为一个株系，每小区 3～5 行，行长为 4～5 m，行距为 0.33 m；每隔一个株系空一行，作为观察道。

(二)原原种种子生产

原原种种子由育种家种子直接进行生产，主要是对原原种群体进行典型性鉴定和扩大生产，主要技术如下：

①繁殖田的选择：选择土地肥沃、地力均匀、灌排方便、与其他谷子品种隔离距离在 30 m 以上和 2 年以上未种过谷子的地块。

②播种技术：适时播种，精播稀植。

③田间管理：及时拔除杂草，在苗期、孕穗期、抽穗期和成熟期分别按品种典型特征拔除杂株和病株。

④收获：单独进行收获、脱粒、存放。

(三)原种种子生产

原种种子的生产方式有 2 种：一种是种子来源于原原种，采用重复繁殖法，其繁殖技术同原原种种子生产；另一种是种子来源于生产大田的单株选择，采用二圃制或三圃制原种繁殖法。

①单株选择：分 2 次进行，在抽穗扬花期预选 1 次，在当选单株上做上标记；在收获前复选 1 次，分株收获保存并进行室内鉴定决选。

选择标准：品种的典型性。

选择数量：田间收获的单株要比室内决选的单株多 1.5～2 倍。

收获：当选单株单独进行收获、脱粒、存放，以供下一年株(穗)行比较鉴定使用。

②株(穗)行圃：将上一年当选的单株种成小区，每区 3～4 行，每隔 9 个小区种植原品种的原种作为对照。在苗期、抽穗期、成熟期对每个小区进行评定取舍，当选小区单独进行收获、脱粒。

③株(穗)系圃：将上一年入选的株行种子分别种成株系，其田间选择、收获、鉴定的方法同株行圃。

④原种圃：将当选株系的种子混合种植于原种圃中，除去杂株后收获的种子即为原种种子。

(四)大田用种种子生产

大田用种繁殖方法与技术的关键是防杂保纯。繁种基地要严格做到一村一个品种，并连片种植，周围设置隔离带；统一播种、统一收获，严防生物学混杂和机械混杂。

五、作业与思考

1. 试述谷子二圃制生产原种种子的程序和方法。
2. 在谷子杂交种的生产过程中，应注意哪些问题？

实验六　马铃薯种子生产

一、目的要求

1. 了解马铃薯茎尖脱毒的原理和脱毒苗快速繁殖(简称“快繁”)的方法；
2. 通过操作，初步掌握马铃薯茎尖脱毒和脱毒苗快繁的技术。

二、材料、用具及试剂

(一)材料

马铃薯鲜薯块茎、脱毒苗。

(二)用具

超净工作台、体视显微镜、解剖针、小镊子、酒精灯、烧杯、纱布、手术剪刀、试管、三角瓶和大镊子等。

(三)试剂

MS固体培养基(里面添加不同种类及浓度的激素,分别用于茎尖脱毒和脱毒苗快繁)、酒精、漂白粉溶液和无菌水等。

三、内容说明

(一)茎尖脱毒

马铃薯脱毒种薯生产中常说的"茎尖脱毒",即在无菌操作条件下,将感染了病毒、出现退化症状的植株、分枝或块茎上芽的顶部生长点切下,进行组织培养。生长点的切取长度一般为0.2～0.3 mm,带1～2个叶原基。利用MS培养基把切取的茎尖放在三角瓶中进行培养,切取茎尖和培养过程必须在严格消毒、灭菌的条件下完成。经过4～6个月的培养,茎尖即可长成小苗。这些小苗是否脱掉了病毒,还必须进行检测。由茎尖长成的小苗,在4～5叶时即可切段繁殖,可用繁殖的茎尖苗进行病毒检测。通常用血清学、免疫吸附电子显微镜检测和指示植物检测等方法检测病毒。淘汰仍带有病毒的茎尖苗,保留确实无病毒的茎尖苗,这个过程就是茎尖脱毒。一般无病毒的茎尖苗的比例大约是百分之几或千分之几。只有经过检测、确认无病毒的茎尖苗,才是可靠的脱毒苗,才能进行繁殖,才可在生产上应用。不经过病毒检测的茎尖苗,不宜繁殖推广。

茎尖培养之所以能根除病毒,主要是利用了病毒在植物组织中分布的不均匀性和病害受一定环境条件制约的特点。除利用病毒在组织中分布不均匀的特点进行茎尖培养获得脱毒苗外,用高温处理植株可提高茎尖苗的脱毒率。

(二)脱毒苗快繁

马铃薯脱毒苗在获得之初只有很少几棵,而马铃薯用薯块繁殖的系数只有10～15倍。另外,种薯经过脱毒,不仅脱去了致病的强系,同时也把具有保护作用的弱系去掉了,这使脱毒种薯被强系侵染后表现的病毒性退化更快。因此,需要不断地给生产上提供大量的脱毒种薯。只有加快繁殖高质量的脱毒种薯,不断用脱毒种薯更替退化种薯,才能完全摆脱病毒危害,使产量得到保证。加快脱毒种薯的生产,就必须利用组织培养快繁技术,以工厂化生产的方式快速繁殖脱毒苗,达到在生产上快速利用的目的。

四、方法步骤

(一)茎尖脱毒

1.取材和消毒

将入选的无性系块茎解除休眠之后,在温室里催芽,当芽长达到4～5 cm时剪取芽尖,然后剥去外面的几层叶片，将芽尖放在烧杯中，用纱布封口，放在自来水下冲洗 0.5 h。在无菌室内进行消毒，消毒时，先将芽尖在 95%酒精中迅速蘸一下，以消除叶片茸毛的表面张力，然后放在漂白粉溶液中浸泡 5～10 min，再用无菌水冲洗 3～5 次。

2. 剥离茎尖和接种

在无菌条件下，将消毒过的芽尖于 40 倍的解剖镜下用解剖针剥去幼叶，露出带有叶原基的圆滑生长点，挑取带有 1～2 个叶原基的茎尖，将其接种在有培养基的试管中。

3. 培养与病毒鉴定

将接种后的试管茎尖在室温 25 ℃、光照强度 2 000～3 000 lx、每天光照 16 h 的条件下进行培养，30～40 d 即可看见明显伸长的茎，叶原基处形成可见的小叶。这时，可将苗转移到无生长调节剂的培养基中，再经过 4～5 个月，苗可发育成有 3～4 片叶的小植株。这时，就可以将植株转移到繁殖培养基上进行扩繁，同时开始对植株进行病毒含量的检测。

(二)脱毒苗快繁

在无菌条件下，将试管或三角瓶中的脱毒苗按单节切段，每节带 1 片叶，将脱毒苗接种到盛有 MS 固体培养基的试管或三角瓶中。接种时，叶芽向上，每 150 mL 三角瓶可接种 10～12 个节。繁殖脱毒苗的温度应在 25 ℃左右，每天光照 16 h，光照强度为 2 000～3 000 lx。接种后约 5 d 生根，幼芽从叶腋发出，25～30 d 即可长成有 6～7 个茎节的小植株(也可切段繁殖)。为降低成本，切段繁殖培养基可不添加植物生长调节剂。有些有机成分，如生物素、泛酸钙、烟酸、肌醇等，也可以省去；蔗糖可以用白糖代替，离子水可以用蒸馏水代替。脱毒苗用于在网棚内生产脱毒薯。

五、作业与思考

1. 试述马铃薯种薯茎尖脱毒技术。
2. 影响马铃薯茎尖成活和脱毒效果的因素有哪些？
3. 简述马铃薯脱毒苗的快繁方法。

第九章

新品种选育过程虚拟仿真实训

实验一　水稻新品种选育虚拟仿真实训

一、目的要求

1. 了解水稻新品种的选育过程；
2. 学会运用计算机熟练地操作水稻新品种选育虚拟仿真的全过程。

二、用具

计算机。

三、内容说明

水稻新品种选育虚拟仿真是指利用计算机软件全程参与水稻新品种选育的各个环节，包括秧田选地、秧田规划与建设、床土处理、种子处理、育秧、本田的准备、水田插秧技术、叶龄诊断及植保技术、收获及储藏 9 个部分，其中涉及秧田选地、育秧棚建设、床土调酸和浸种等内容。

四、方法步骤

(一)秧田选地

按照种植要求进行秧田选地(图 9-1)。为确保旱育条件，秧田选地的首要条件是地势高燥，排水良好。

图 9-1　秧田选地

(二)秧田规划与建设

按照实际种植要求进行秧田规划与建设，包括秧田的规划(图 9-2)及育秧棚的建设(图 9-3)。

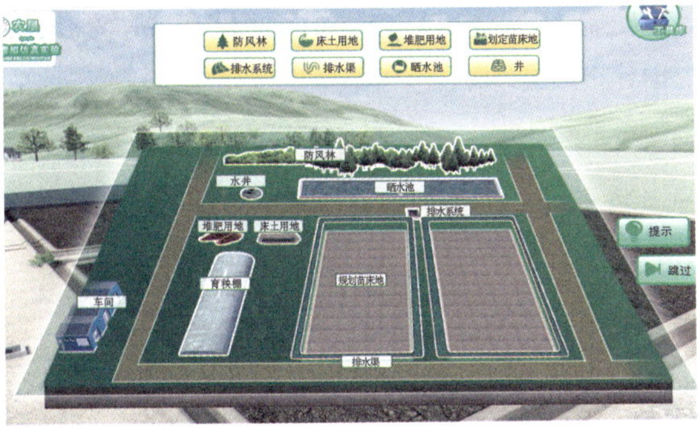

图 9-2　秧田的规划

图 9-3　育秧棚的建设

(三)床土处理

1. 床土配制

预先配制优质营养土，对培育壮秧是至关重要的。山地腐殖土、旱田土、园田土、肥沃的水田表土等都可以作为床土，对床土的要求如图 9-4 所示。床土与农肥的比例(图 9-5)为 3∶1，草炭与床土、农肥的比例为 3∶5∶2(图 9-6)。配制床土时，也要注意选择适合床土的营养剂(图 9-7)。

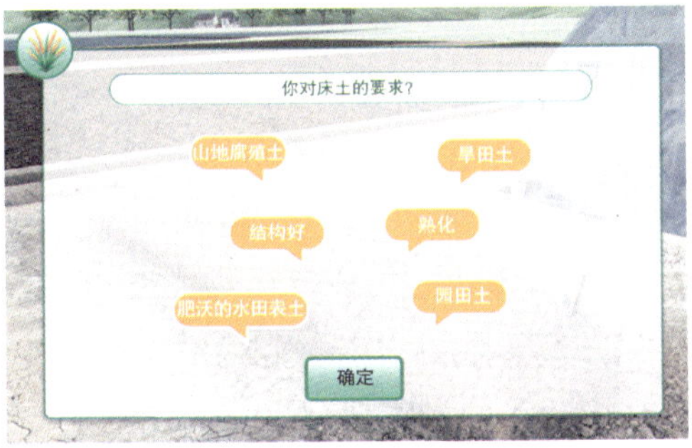

注：图中的黄色框为正确答案。

图 9-4　对床土的要求

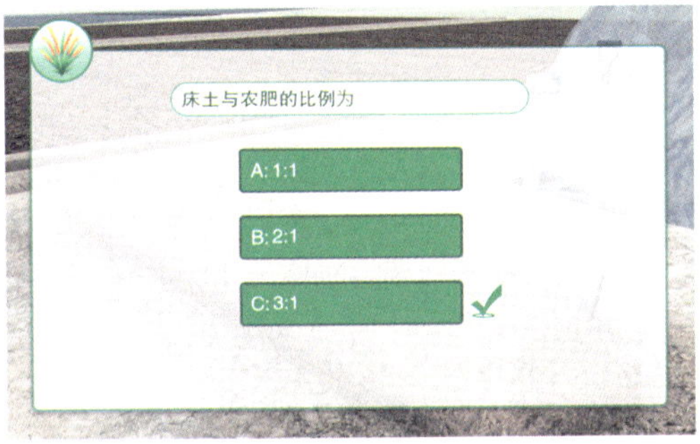

图 9-5　床土与农肥的比例

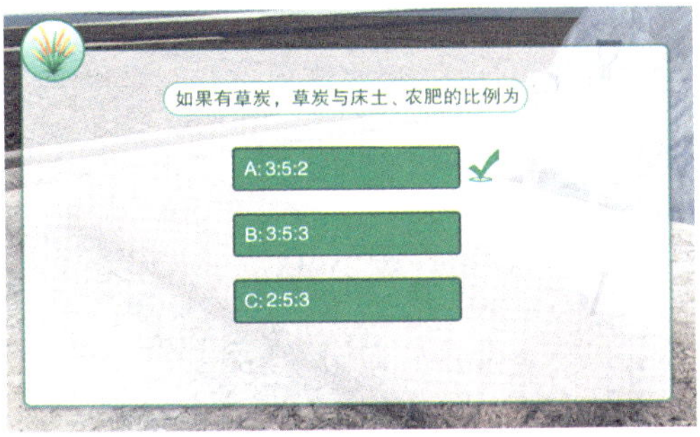

图 9-6　草炭与床土、农肥的比例

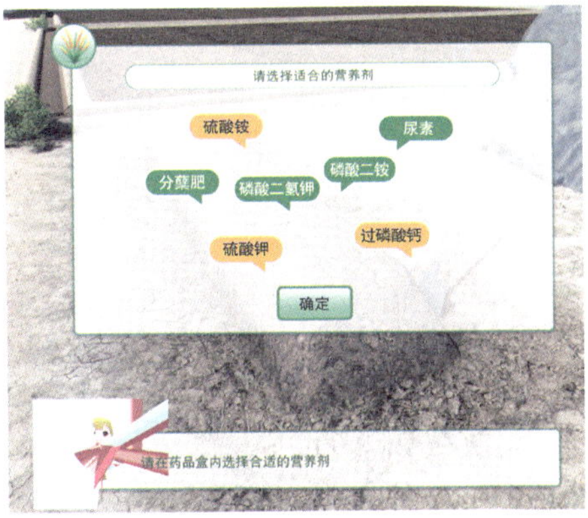

注：图中的黄色框为正确答案。

图 9-7　适合床土的营养剂

2. 床土调酸

床土调酸的目的是创造偏酸性的土壤环境，增强水稻种子萌发的生理机能，提高育苗土壤中磷、铁等营养元素的有效性和幼苗根系的吸收能力，并抑制立枯病菌的增殖，从而壮苗抗病、抑菌防病，保证秧苗茁壮成长。床土的 pH 如图 9-8 所示。

图 9-8　床土的 pH

3. 床土消毒

为了增强秧苗的抗性、促进秧苗的生长，还需要进行床土消毒(图 9-9)。

注：图中的黄色框为正确答案。

图 9-9　床土消毒

(四)种子处理

种子处理包括浸种、消毒与催芽。浸种是为了满足稻种发芽对水分的需要,只有使全部种子均匀地吸足水分,催芽时发芽才能整齐。种子消毒是为了杀死稻壳表面和潜伏在稻谷与种皮之间的病菌,预防恶苗病、稻瘟病、稻曲病、白叶枯病等病害。根据实际情况,可将浸种分为机械浸种和人工浸种。机械浸种时,需注意在上、中、下层都应放置感温仪器,使用臭氧作为消毒剂,控制温度在 30～32 ℃。人工浸种时,需注意选择合适的药剂,消毒时的水层高于种子 10 cm,溶液温度保持在 12～15 ℃,每天将种子捞出沥水、通气等。种子经过浸种和消毒后,再经过催芽就可以保证出苗快而整齐。催芽的方法有很多,这里选用室内堆种催芽法。浸种和消毒如图 9-10 所示,催芽标准如图 9-11 所示。

图 9-10　浸种和消毒

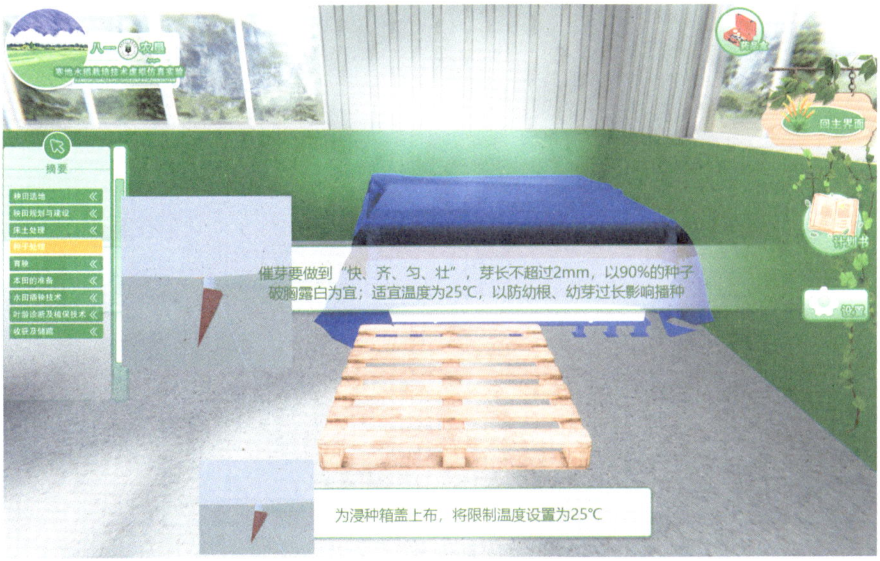

图 9-11　催芽标准

（五）育秧

育秧分为手动播种和机械播种。手动播种（图 9-12）是指铺好育秧盘，在上面撒满床土，再撒种子，最后撒床土进行覆盖；机械播种是指使用播种机，将育秧盘放置在机器上后，在机器内铲入床土与种子，然后将育秧盘放入机械播种育秧棚（图 9-13）内，并通过浇水、调酸、控温、杀菌、施肥等措施完成育秧。

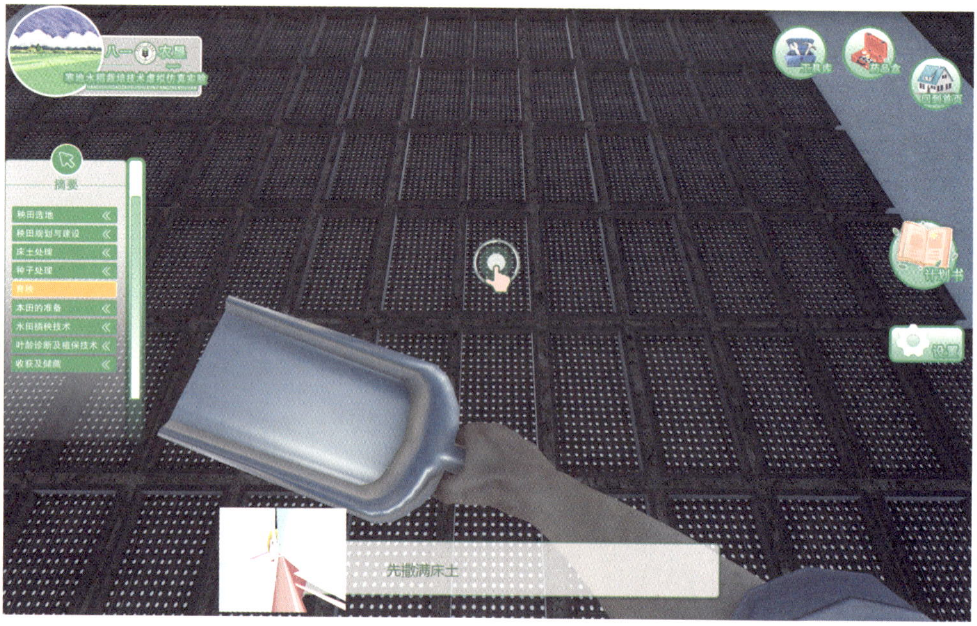

图 9-12　手动播种

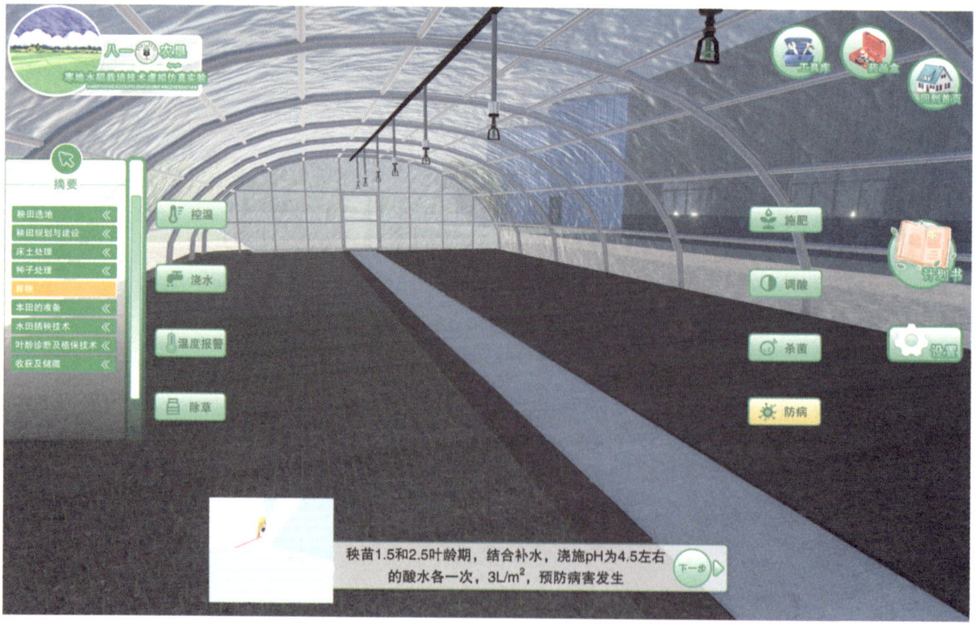

图 9-13　机械播种育秧棚

(六)本田的准备

旱整地如图 9-14 所示。使用犁地机完成耕地后进行打浆,最后进行封闭除草和施基肥(图 9-15)。

图 9-14　旱整地

图 9-15　封闭除草和施基肥

(七)水田插秧技术

本田准备完毕后,用插秧机进行水田插秧,注意插秧标准(图 9-16)及插秧时间。东北稻区的插秧时间如图 9-17 所示。

图 9-16　插秧标准

图 9-17　东北稻区的插秧时间

(八)叶龄诊断及植保技术

依托叶龄诊断技术，将水稻的生长时期分为分蘖期、生育转换期、长穗期和结实期，各个时期的任务目标分别如图 9-18 至图 9-21 所示。根据水稻不同的生长时期采取相应的配套措施，同时学习了解不同时期的任务目标。

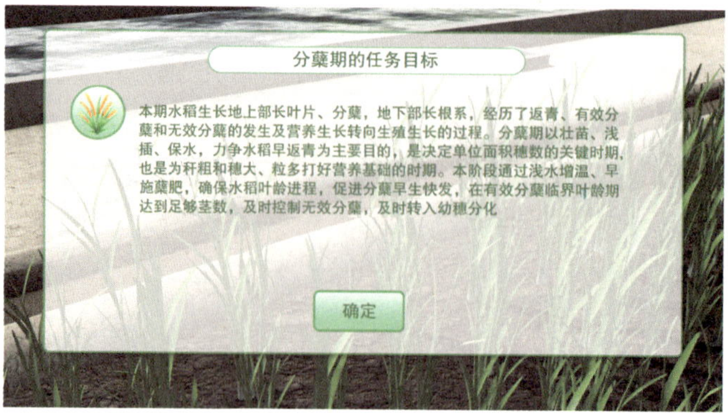

图 9-18　分蘖期的任务目标

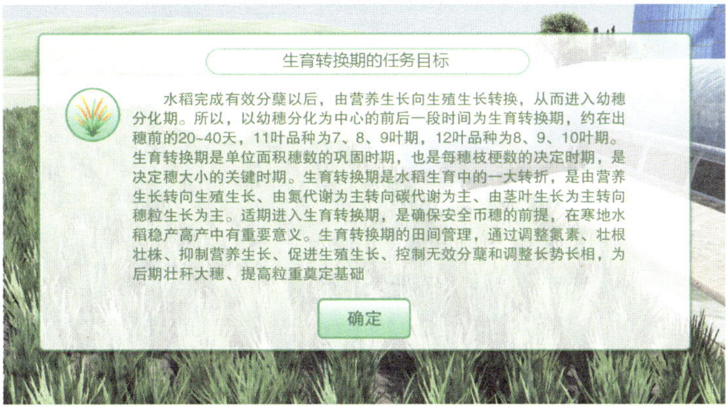

图 9-19 生育转换期的任务目标

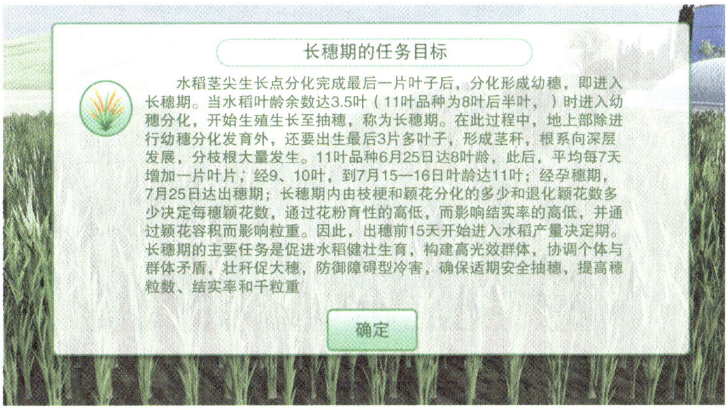

图 9-20 长穗期的任务目标

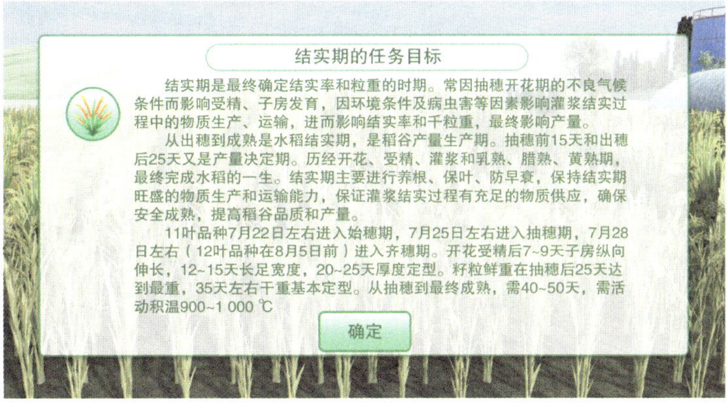

图 9-21 结实期的任务目标

(九)收获及储藏

学习了解水稻成熟标准(图 9-22)，并在水稻成熟后进行收获、装车(图 9-23)及储藏。注意：将水稻储藏温度设置在 45 ℃以下。

图 9-22　水稻成熟标准

图 9-23　水稻收获、装车

五、作业与思考

1. 利用计算机完成水稻新品种选育虚拟仿真实训过程。
2. 在完成水稻新品种虚拟仿真实训的过程中,进行所列题目的问答。

实验二　玉米新品种选育虚拟仿真实训

一、目的要求

1. 了解玉米自交系和杂交种选育过程;
2. 学会运用计算机熟练地操作玉米新品种选育虚拟仿真的全过程。

二、用具

计算机。

三、内容说明

玉米新品种选育虚拟仿真是指利用计算机软件全程参与玉米新品种选育的各个环节,包括播前准备、自交系选育、杂交种选育、玉米制种技术和田间收获 5 个部分，其中涉及育种目标的制定、各个育种世代材料的田间选择与鉴定、试验结果的整理与分析等内容。

四、方法步骤

(一)播前准备

1. 编制田间种植计划书

编制玉米田间种植计划书(图 9-24)，按照田间种植计划书的要求进行田间种植。

2. 种子准备

按照田间种植计划书进行种子准备，准备的方法有人工数粒法和数粒仪数粒法 2 种。当种子量比较少、种子类型较多时，建议采用人工数粒法。人工数粒及装袋过程如图 9-25 所示。

图 9-24 玉米田间种植计划书

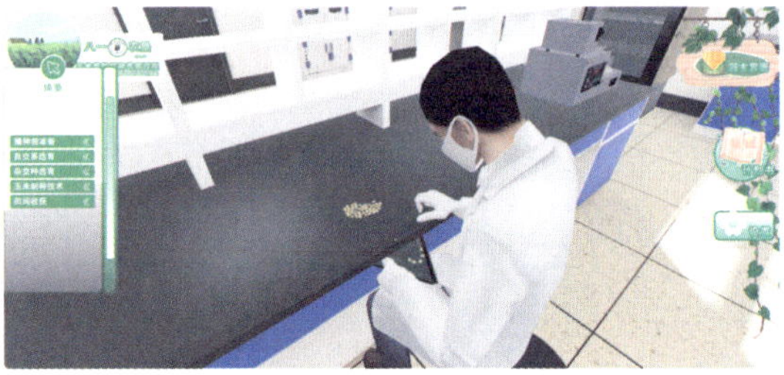

图 9-25 人工数粒及装袋过程

3. 育种试验田区划与播种

(1)选地

试验田不仅要地势平坦、土质肥沃，还要位置恰当。试验田的位置立体图如图 9-26 所示。

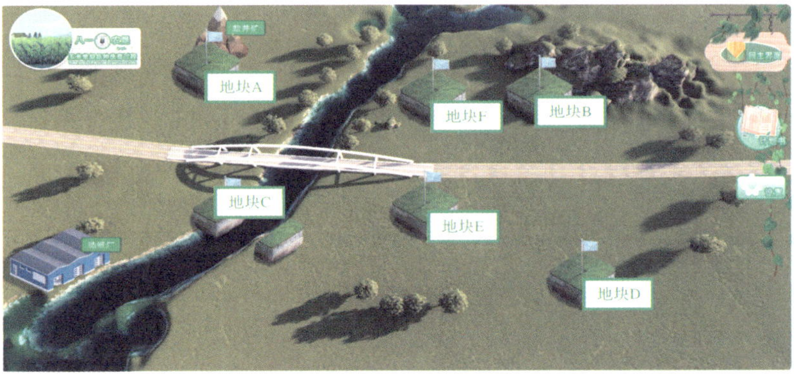

图 9-26 试验田的位置立体图

(2)整地

整地最好选择在当年的秋天进行。旋耕整地如图 9-27 所示。

(3)试验田的区划

根据田间种植计划书的区划图完成试验田的区划(图 9-28)，一般来说，玉米自交系试验田的小区长度为 3 m，单行区种植；杂交种试验田的小区长度为 5 m，双行区种植；试验田的两侧要有保护行。

图 9-27　旋耕整地

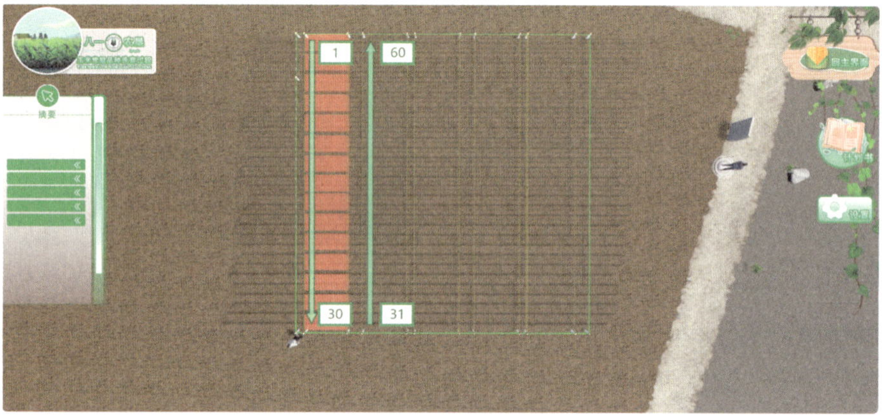

图 9-28　试验田的区划

(4)播种

按照田间种植计划书的种子编号安放种子，然后逐一完成播种，如图 9-29 所示。播完后检查种子袋，检查是否存在错播和漏播情况。如果有，需要在田间种植计划书上予以记录。

图 9-29　人工播种

(二)自交系选育

1. 种质资源圃

在种质资源圃(图 9-30)内，主要进行基本材料的种植与选择、基本株的自交等工作。基本材料包括地方品种、推广品种、各类杂交种、综合品种或人工合成的群体。

图 9-30　种质资源圃

2. 自交分离与单株选种圃

在自交分离与单株选种圃内，主要进行自交工作。在性状分离的群体中选择理想单株进行自交，直至分离得到基因型纯合、表现型一致的自交系。

3. 自交系配合力测定圃

自交系配合力测定圃(图 9-31)的主要工作是种植测交种、完成产量测产、计算自交系和配合力。

图 9-31　自交系配合力测定圃

(三)杂交种选育

1. 原始材料圃和亲本圃

在原始材料圃和亲本圃内，主要种植原始材料和杂交组合的亲本，主要任务是选择适宜亲本组配、优势大的杂交组合。

2. 鉴定圃和品种比较试验

通过品种比较试验，确定杂交组合的优劣。鉴定圃如图 9-32 所示。

3. 区域试验

区域试验是由国家或省种子管理部门组织、在一定生态区域内完成的多年、多点的品种比较试验，一般采用随机区组设计(图 9-33)。

图 9-32　鉴定圃

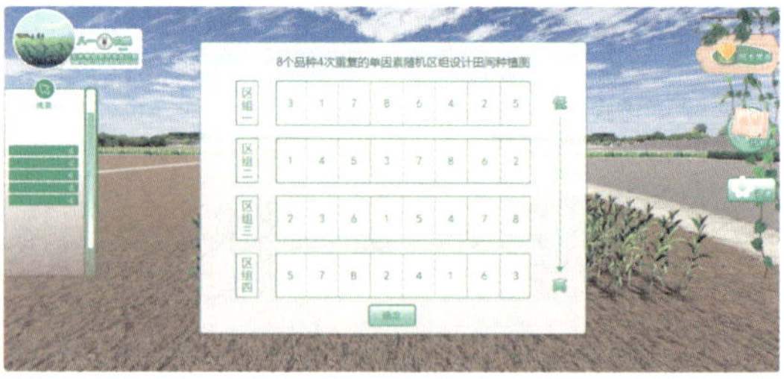

图 9-33　随机区组设计

(四)玉米制种技术

1. 亲本自交系的繁殖技术

各亲本自交系在严格隔离的条件下进行繁殖。

2. 杂交制种技术

确定父、母本的播种期和行比(一般为 1∶4～1∶6)。在玉米植株生长过程中,要严格去杂去劣(图 9-34),同时将母本彻底去雄(图 9-35),以保证杂交种的纯度。

图 9-34　自交系去杂去劣

图 9-35　母本彻底去雄

(五)田间收获

1. 自交系收获

自交系选育的方法是进行单株选择。在收获时,根据育种目标完成单株选择和收获。

2. 杂交种收获

杂交种的收获方法因是否同期成熟而稍有不同。杂交种收获情况如图 9-36 所示。

图 9-36　杂交种收获情况

3. 收获时的注意事项

收获时,要严防混杂,按照小区完成脱粒,防止边际效应,如图 9-37 所示。

图 9-37　收获时的注意事项

利用计算机完成玉米品种选育的 5 个模块,根据实验过程中回答问题的正确性得到最终的成绩(图 9-38),完成玉米新品种选育虚拟仿真实训的全过程。

五、作业与思考

1. 利用计算机完成玉米新品种选育的虚拟仿真过程。
2. 在完成玉米新品种选育虚拟仿真实训的过程中,回答所列的题目。

图 9-38　最终的成绩

实验三　高粱新品种选育虚拟仿真实训

一、目的要求

1. 了解高粱杂交亲本“三系”选育的过程；
2. 运用计算机熟练地操作高粱新品种选育虚拟仿真的全过程。

二、用具

计算机。

三、内容说明

高粱新品种选育虚拟仿真是指利用计算机软件模拟高粱的生长周期，包括高粱杂交亲本“三系”的选育、高粱杂交亲本的选育和高粱有性杂交技术 3 个模块，涉及高粱花器构造的识别，不育系、保持系和恢复系的选育方法，杂交种选育的工作程序以及杂交技术等相关知识。

四、方法步骤

(一)高粱杂交亲本“三系”的选育

1. 高粱花器

高粱的穗为圆锥花序，如图 9-39 所示，着生于穗柄顶部；穗中间有一条明显的直立主轴，即穗轴。高粱穗的分枝上成对着生小穗，即无柄小穗和有柄小穗，如图 9-40 所示。高粱的器官结构(图 9-41)包括花药、花丝、柱头、花柱、子房、内稃和外稃(图上未标出)。

图 9-39　高粱的花序

图 9-40　高粱的小穗

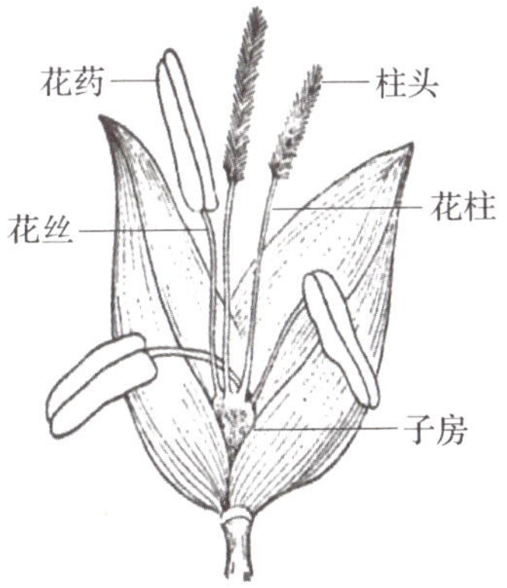

图 9-41　高粱的器官结构

2. 高粱的开花习性

高粱为常异花授粉植物，开花的顺序大多是由上而下，即先由上部的小穗开始，然后渐及下部。也有极个别果穗的开花顺序是相反的，即开花顺序是由下而上。开花的时间多在凌晨 2:00 左右。

3. 高粱的“三系”

高粱“三系”的相关内容已在第八章实验四“高粱种子生产”中详述，此处不再介绍。

(二)高粱杂交亲本的选育

1. 杂交工作前的准备

掌握高粱的花器构造和开花习性。

2. 确定杂交亲本选育的工作流程

工作流程包括测交、性状鉴定、产量比较试验、区域试验、生产试验、示范试验和杂交亲本的审定及推广。

3. 抗性鉴定

认识高粱的病虫害，如高粱丝黑穗病(图 9-42)和高粱蚜虫(图 9-43)等。

图 9-42　高粱丝黑穗病

图 9-43　高粱蚜虫

4. 高粱的育性鉴定

杂交种的育性鉴定主要是指恢复性鉴定。一般来说，采用套袋自交鉴定法进行育性鉴定。在植株抽穗后、开花前严格套袋，收获后记录每穗的结实数和空粒数，然后算出自交结实率，以确定该杂交亲本的育性。

(三)高粱有性杂交技术

1. 选地和隔离

选择合适的杂交种制种田，其肥力图如图 9-44 所示，并进行空间隔离(图 9-45)。

图 9-44　杂交种制种田肥力图

图 9-45　高粱地的空间隔离

2. 播种期和行比

调节开花期，以使父、母本的花期相遇。高粱制种田通常采用的父、母本行比为 2∶10、2∶12、2∶14 和 2∶16 等。具体采用哪种行比，要根据实际情况确定。

3. 辅助授粉

使用合适的授粉工具(图 9-46)对母本材料进行去雄，并采集父本的花粉进行授粉。

图 9-46　授粉工具

(1)选穗

选择典型、健壮、无病虫害、穗轴抽出叶鞘、上部小穗已开花的植株。

(2)整穗

使用剪刀进行母本植株穗部的整理，如图 9-47 所示。

(3)母本去雄

穗部开花以后，一般选择在第 2 天下午进行母本去雄，如图 9-48 所示。母本去雄后，需挂牌。

图 9-47　穗部的整理

图 9-48　母本去雄

(4)授粉

在授粉前一天，将即将进入盛粉期的父本穗进行套袋隔离，第 2 天采集父本花粉并在上午 9:00—10:00 进行授粉。

(5)收获和保存

父、母本行同时收获容易造成品种混杂，应分期进行收获。高粱安全过冬的含水量应在 14%以下。

五、作业与思考

1. 利用计算机完成高粱新品种选育的虚拟仿真过程。

2. 除了实验中给出的高粱丝黑穗病和高粱蚜虫外，请再列举出 2 种高粱的病虫害。

实验四　马铃薯新品种选育虚拟仿真实训

一、目的要求

1. 了解马铃薯杂交选育新品种的技术及种薯的生产过程；
2. 运用计算机熟练地操作马铃薯新品种选育虚拟仿真的全过程。

二、用具

计算机。

三、内容说明

马铃薯新品种选育虚拟仿真是针对马铃薯新品种选育各环节进行的虚拟场景操作与追踪，包括马铃薯有性杂交技术、马铃薯杂交后代选择、马铃薯脱毒种薯生产技术和马铃薯花药培养诱导双单倍体技术 4 个模块，涉及马铃薯花器构造的识别、马铃薯去雄授粉技术、马铃薯脱毒种薯的生产技术和马铃薯花药培养技术等内容。

四、方法步骤

(一)马铃薯有性杂交技术

1. 花器构造

马铃薯的花序为聚伞花序，每个花序有 2～5 个分枝，每个分枝上有 4～8 朵花。每朵花由花柄、花萼、花冠、5 枚雄蕊和 1 枚雌蕊组成，如图 9-49 所示。花冠合瓣呈星轮状。雄蕊的花丝短，花药长且直立，环抱花柱，成熟后的花药由粉囊顶开裂而散粉。柱头通常呈绿色乳头状，子房为 2 室，内含多个胚珠。

图 9-49　马铃薯的花器构造

2. 开花习性

马铃薯开花的最佳条件如下：气温约为 18 ℃，相对湿度在 70%以上，阳光普照。在气温为 15～

20 ℃的条件下，马铃薯可产生较多正常能育的花粉；当气温达到25～35 ℃时，花粉母细胞的减数分裂不正常，花粉育性降低。一个花序的花期一般为5～7 d，每朵花开放的时间为2～4 d。

3. 亲本选择与种植

根据育种目标，选择双亲和配置组合。亲本必须具备与育种目标有关的遗传基因，双亲应有良好的配合力。种植亲本时，父、母本要分期播种，以保证杂交时二者花期相遇和延长花期。亲本田要加强栽培管理，注意浇水，防治虫害和晚疫病，以提高杂交的成功率。

4. 选株与整序

在杂交前一天下午，选择具有母本品种典型性状、生长健壮、前期开花较多的植株，并选择已有几朵花开放或开放不久的主茎花序进行整序。用剪刀将所选花序上已经开过的很小或发育不全的花朵全部剪去，留下3～5朵刚开花但粉囊顶孔尚未破裂或第2天即将开放的花朵，以供去雄。

5. 去雄

左手固定花蕾，右手用镊子尖小心地剖开花冠，使雄蕊露出，然后用镊子逐一将5枚花药取出，如图9-50所示。

图9-50　马铃薯去雄

6. 授粉

用镊子尖蘸取花粉，将花粉涂于母本柱头上，如图9-51所示。授粉后，用硫酸纸袋套上整个花序进行隔离，如图9-52所示，在塑料牌上写好父、母本的代号或名称和授粉日期，并在工作本上进行记录。

图9-51　马铃薯授粉

图9-52　授粉后套袋

7. 浆果采收及洗籽

收获前，将马铃薯浆果(图 9-53)连同塑料牌一起及时进行收获，以防脱落。收获后，将浆果风干 2～3 d，以促进后熟作用。风干后，将浆果浸入清水中，至第 2 天浆果被浸泡得柔软以后，将浆果内的实生种子(图 9-54)洗出、晾干、妥善保存，以备下一年种植。

图 9-53　马铃薯浆果

图 9-54　马铃薯实生种子

(二)马铃薯杂交后代选择

1. 实生种子处理

马铃薯的实生种子有约 6 个月的休眠期，贮存 1 年以上的实生种子可直接用于发芽；对于贮存不足 1 年的实生种子，可使用 1 000 mg/kg 的赤霉素溶液浸泡 24 h 来打破休眠。将实生种子用清水淘洗后进行催芽，如图 9-55 所示。

2. 播种育苗

播种前，根据实际情况选择适宜的育苗土。育苗土应选用没有栽植过马铃薯、茄子等茄科作物的黑壤土。过筛后，将细土装入育苗箱(或塑料钵)中铺平，用喷壶浇透水。将催芽的种子均匀地进行撒播，如图 9-56 所示，每 2.5～3 m^2 播种约 5 g 种子。

图 9-55　马铃薯实生种子催芽

图 9-56　马铃薯实生种子播种

3. 定植

在播种后 1 个月左右，当马铃薯实生苗(图 9-57)长出 4～5 片真叶时进行移栽，如图 9-58 所示。一般将实生苗移栽到覆盖有防蚜网的塑料大棚中。移栽时，将单株移栽至塑料钵中，浇透水，缓苗期间注意遮阴和防暴晒。

图 9-57 马铃薯实生苗

图 9-58 马铃薯实生苗移栽

4. 实生薯(F_1)收获

一般不进行 F_1 选择，但对感病植株要及时予以剔除。收获时，按单株收获实生薯。

5. 无性第一代(FCY)选择(株选圃)

将收获的 F_1 实生薯进行编号，将单株播种于田间，同时播种父、母本作为对照。在生育期，进行正常的田间管理，并观察记录株高、长势、主茎数、花色等性状，收获后进行单株考种。根据育种目标，对无性第一代进行单株选择。

6. 无性第二代(SCY)选择(系选圃)

对入选的无性第一代单株继续进行抗性和经济性状的选择。结合地上部选择无性第二代，于开花后期自每个无性系中取样 2 株，测定块茎膨大的情况。根据病毒病抗性、产量、块茎大小和整齐度等性状，选择优良品系进行品系鉴定试验。

(三)马铃薯脱毒种薯生产技术

1. 脱毒苗驯化

将脱毒苗从实验室搬运至网室大棚，放置 3 d。打开瓶口，向每瓶内倒入 10 mL 蒸馏水，以保证培养基不会失水干掉。第 1 天每隔 1 h 给脱毒苗表面喷洒蒸馏水，第 2 天可以每隔 3 h 喷水 1 次。表面喷水可以减弱脱毒苗的蒸腾作用，防止幼苗失水萎蔫。

2. 洗苗

用晾晒过的清水将脱毒苗上的培养基洗掉，粗洗 1 遍，再用清水洗涤 1 遍，如图 9-59 所示。

图 9-59 清洗脱毒苗

3. 定植

用镊子夹住脱毒苗的根部，将其轻轻插入蛭石并深栽入蛭石内，只露出 1～2 片叶（长约 2 cm）。如果脱毒苗过长，可以将其倾斜栽入。脱毒苗不能直接用手拿，而应在手上垫一层塑料纸，这样既可以减少污染，又可以防止脱毒苗失水。脱毒苗定植如图 9-60 所示。

4. 网室管理

脱毒苗移栽初期的最佳温度为(20±2)℃；茎叶生长期的最佳温度为 15～21 ℃；结薯期的最佳温度为 15～18 ℃，同时注重病虫害的防治。网室内的植株如图 9-61 所示。

图 9-60　脱毒苗定植

图 9-61　网室内的植株

5. 脱毒种薯收获

当脱毒种薯生理成熟时，采用人工方法进行收获。收获前 7 d，清除地上部的茎叶，并将茎叶及时运出网室；收获时，注意减少机械损伤；收获后，将脱毒种薯放在通风的室内进行晾晒，如图 9-62 所示，且避免阳光直晒，5 d 后开始分级。

图 9-62　脱毒种薯收获后的晾晒

6. 脱毒种薯贮藏

将分级包装好的微型薯放入贮藏窖内，按堆摆放，每堆最多摆 5 层，底层铺木板，中间留通风口。每个品种最好用不同颜色的包装袋，做好品种标记，分开摆放，以防止品种混杂。

(四)马铃薯花药培养诱导双单倍体技术

1. 材料选择

马铃薯现蕾之后，采摘颜色为绿色的花蕾，将尚未散粉的花蕾置于保温箱中带回实验室，于 4 ℃下冷藏保存。最佳取蕾时间为早上 8:00—9:00。马铃薯花药选择如图 9-63 所示。

图 9-63　马铃薯花药选择

2. 花药诱导培养基的制备

以 MS 培养基为基础培养基，在愈伤组织诱导培养基中添加萘乙酸（NAA）、2，4-二氯苯氧乙酸（2，4-D）和激动素（KT）。吲哚乙酸（IAA）和硝酸银用 0.22 μm 的过滤膜进行过滤灭菌。培养基的 pH 用 1 mol/L 盐酸或 1 mol/L 氢氧化钠调节至 5.8。培养基于 121 ℃湿热灭菌 15 min。

培养基的总体成分如下：MS＋0.5 mg/L NAA＋1 mg/L 2，4-D＋1 mg/L KT＋7％琼脂＋60 g/L 蔗糖＋0.3％活性炭＋20 mg/L 硝酸银。

3. 花药培养

取绿色、大小为 6～8.5 mm 的花蕾，从中取出花药，用显微镜检测小孢子时期。将单核靠边期的花蕾用自来水冲洗 10～20 min，在超净工作台上用 75％酒精灭菌 30 s，如图 9-64 所示，再用 0.1％氯化汞浸泡 15 min，然后用无菌水清洗 3～4 次，将花蕾置于已灭菌的培养皿中。用镊子剥开花蕾，取出花药，将花药接种到愈伤组织诱导培养基上，如图 9-65 所示，然后放到 35 ℃高温、黑暗条件下（恒温培养箱中）热激处理 24 h，再转入 25 ℃、相对湿度为 60％～70％的智能气候培养箱中进行暗培养。待诱导出愈伤组织或胚状体后，将其放于光下培养。光源采用日光灯，光照强度为 2 500 lx，光照时间为 16 h，黑暗时间为 8 h。

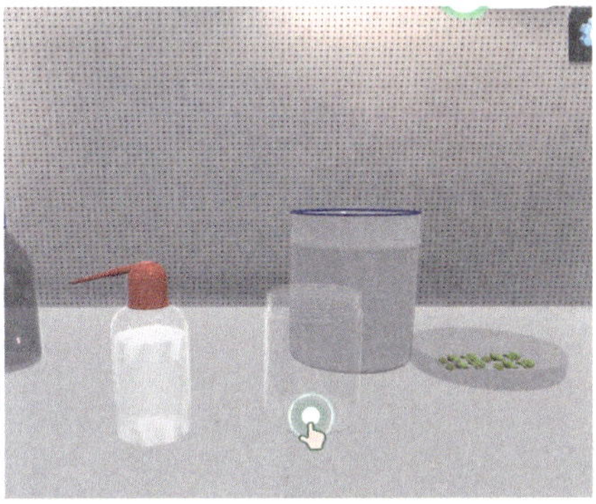

图 9-64　马铃薯花蕾消毒

图 9-65　马铃薯花药接种

4. 花药愈伤组织分化

在花药愈伤组织诱导过程中，剔除褐化的花药，保留生长状态良好的胚性愈伤组织。待愈伤组织长到 1～2 mm 时，将其转接到分化培养基[MS＋0.5 mg/L NAA＋1.0 mg/L 6-苄氨基嘌呤（6-BA）＋1.0 mg/L KT]中进行培养，光照强度为 2 000 lx，每隔 20 d 继代 1 次；待分化植株长至 5～6 片叶时，进行切段繁殖和壮苗培养。壮苗培养基采用 MS＋20 mg/L 叶酸。

5. 花药再生植株的移栽

当花药再生植株长至 10～15 cm 时，打开封瓶膜炼苗 1 周，然后将花药再生植株移栽到含有经过高温灭菌的草炭土的营养钵中。移栽后，将植株置于温室内，定期喷施营养液壮苗，保持温室的温度在 22～24 ℃，每天光照 12 h。

6. 马铃薯双单倍体植株的形态学鉴定

马铃薯花药再生植株属于双单倍体，与四倍体植株相比，有明显的“小型化”特征。如图 9-66 所示，双单倍体植株矮小，叶、花和块茎等器官也小于四倍体植株。另外，双单倍体单株结薯数也明显少于四倍体植株。

图 9-66　马铃薯双单倍体植株形态学鉴定

7. 花药再生植株的细胞学鉴定

将花药再生植株转入 MS+0.5 mg/L NAA 培养基中诱导生根，当根长约为 0.5 cm 时，在上午 9:00—11:00 进行取样。洗净根上残存的培养基，在固定液(95%酒精 5 份+冰乙酸 3 份+三氯甲烷 2 份)中处理 24 h，然后转入已预热至 60 ℃的 1 mol/L 盐酸中，并在(60±1)℃的水浴中保温 10 min。制片，然后在 100 倍光学显微镜下观察染色体的数目。马铃薯双单倍体染色体数鉴定如图 9-67 所示。

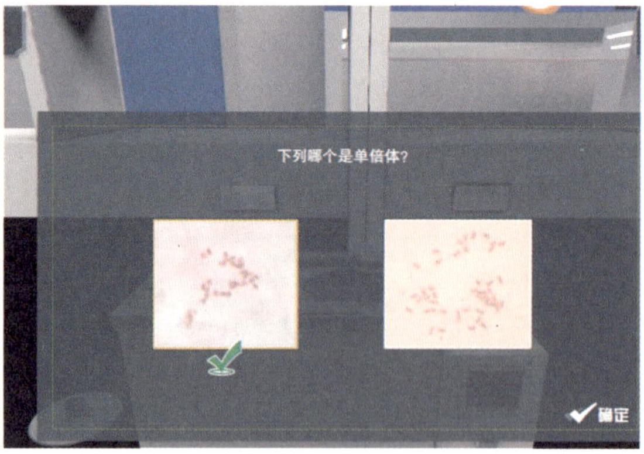

图 9-67　马铃薯双单倍体染色体数鉴定

五、作业与思考

1. 利用计算机完成马铃薯新品种选育的虚拟仿真过程。
2. 在马铃薯生产中，为什么要生产脱毒微型薯？

第十章

育种数据分析方法

实验一　方差分析在实验数据处理中的应用
实验二　隶属函数在作物品种评价中的应用
实验三　主成分分析在作物品种评价中的应用
实验四　聚类分析在作物品种评价中的应用
实验五　灰色关联度分析在作物品种评价中的应用
实验六　通径分析在作物农艺性状评价中的应用
实验七　作物育种材料的配合力与遗传力分析

实验一　方差分析在实验数据处理中的应用

一、目的要求

1. 了解方差分析的原理和方法；
2. 学会利用软件 SPSS 对数据进行方差分析。

二、应用软件

Excel 和 SPSS。

三、内容说明

(一)方差分析的原理

方差分析(Analysis of Variance，ANOVA)又称 F 检验，是由罗纳德·艾尔默·费希尔爵士提出的，用于 3 个及 3 个以上样本均数差别的显著性检验。方差分析作为一种常用的统计方法，能够分析不同因素对数据变异的影响，并确定哪些因素对数据的变异具有显著影响。

根据方差分析的基本原理，可以将不同处理均数的变异来源分为两部分，即组间差异和组内差异。

1. 组间差异

组间差异即由不同处理造成的差异，又称组间误差。组间误差用变量在各组的均值与总均值的离差平方和表示，记作 SS_b。组间自由度记作 df_b。

2. 组内差异

组内差异即由测量误差等造成的差异或个体间的差异，又称组内差异。组内误差用变量在各组的均值与该组内变量值的离差平方和的总和表示，记作 SS_w。组内自由度记作 df_w。总离差平方和 $SS_t = SS_b + SS_w$。

SS_w、SS_b 分别除以各自的自由度($df_w = n - m$，$df_b = m - 1$，其中 n 为样本总数，m 为组数)，得到其均方(平均平方)MS_w 和 MS_b。一种情况是处理没有作用，即各组样本均来自同一个总体，此时 $MS_b/MS_w \approx 1$；另一种情况是处理确实有作用，MS_b 是由误差与不同处理共同导致的结果，即各样本来自不同的总体，那么 $MS_b \gg MS_w$。MS_b 与 MS_w 的比值构成 F 分布。用 F 值与其临界值进行比较，可以推断各样本是否来自相同的总体。

(二)方差分析的分类及分析步骤

1. 单因素方差分析

单因素方差分析用于研究一个控制变量的不同水平是否对观测变量产生了显著影响。由于仅研究单个因素对观测变量的影响，该分析被称为单因素方差分析。例如，分析不同施肥量是否给作物产量带来显著影响、考察地区差异是否影响作物的农艺性状等，都可以通过单因素方差分析得到答案。

（1）明确观测变量和控制变量

例如，上述问题中的观测变量分别为作物产量、农艺性状，控制变量分别为施肥量、地区。

（2）剖析观测变量的方差

方差分析认为，观测变量值的变动会受到控制变量和随机变量两方面的影响。据此，单因素方差分析将观测变量总离差平方和分解为组间离差平方和及组内离差平方和两部分，用数学形式表述为 $SS_t = SS_b + SS_w$。

（3）推断控制变量

通过比较观测变量总离差平方和各部分所占的比例，推断控制变量是否给观测变量带来了显著影响。

在观测变量总离差平方和中，如果组间离差平方和所占的比例较大，说明观测变量的变动主要是由控制变量引起的，可以主要由控制变量来解释，控制变量给观测变量带来了显著影响；反之，如果组间离差平方和所占的比例较小，则说明观测变量的变动不是主要由控制变量引起的，不可以主要由控制变量来解释，控制变量的不同水平没有给观测变量带来显著影响，观测变量值的变动是由随机变量因素引起的。

完成上述单因素方差分析的基本分析后，可得到关于控制变量是否对观测变量造成显著影响的结论。接下来，还应进行其他几个重要的分析，主要包括方差齐性检验和多重比较检验。

（4）方差齐性检验

方差齐性检验主要是对控制变量不同水平下各观测变量总体方差是否相等进行检验。控制变量不同水平下观测变量总体方差无显著性差异是方差分析的前提要求，如果没有满足这个前提要求，就不能认为各总体的分布相同。因此，有必要对方差是否齐性进行检验。

在 SPSS 单因素方差分析中，方差齐性检验采用方差同质性（Homogeneity of Variance）检验方法，其原假设是各水平下观测变量的总体方差无显著性差异。

（5）多重比较检验

单因素方差分析的基本分析只能用于判断控制变量是否对观测变量产生了显著影响。如果控制变量确实对观测变量产生了显著影响，还应进一步确定控制变量的不同水平对观测变量的影响程度如何，其中哪个水平的作用明显区别于其他水平，哪个水平的作用是不显著的，等等。例如，如果确定了不同施肥量对作物的产量有显著影响，那么还需要了解 10、20、30 kg 肥料对作物产量的影响程度是否有差异，其中哪种施肥量水平对提高作物产量的作用不明显，哪种施肥量水平最有利于提高作物产量等。掌握了这些重要的信息，就能够帮助人们制订合理的施肥方案，实现低投入、高产出。

多重比较检验利用全部观测变量值，实现对各个水平下观测变量总体平均值的逐对比较。多重比较检验问题也是假设检验问题，因此也遵循假设检验的基本步骤。

1）两两比较的方法。

①最小显著性差异（Least Significant Difference，LSD）法：具有检验敏感性高的特点，即水平间的均值只要存在一定程度的微小差异，就可能被检验出来。

LSD 法利用全部观测变量值，而非仅使用某两组的数据。LSD 法适用于各总体方差相等的情况，但它并没有对犯一类错误的概率问题加以有效控制。

LSD 法是 t 检验的一个简单变形，并未对检验水准做出任何校正，只是在标准误差的计算上充分考虑了所有总体水平的样本信息，估计出一个更为稳健的标准误差，其单次比较的显著性水平 α 保持不变。因此，LSD 法是最灵敏的事后多重比较法。

LSD 法的应用最广，检验效能高，当组别较少时使用。

②Sidak 法：通过 Sidak 校正降低每次两两比较的"弃真"错误概率，以使最终整个比较的"弃真"错误概率保持为显著性水平 α。也就是说，每次比较的显著性水平 α 会随着比较次数的增多而减小。显然，Sidak 法比 LSD 法的灵敏度低。

③Bonferroni 法：与 Sidak 法类似，它的每一次比较实际上是 Bonferroni 校正在 LSD 法上的应用。Bonferroni 法在经过修正后，其每次比较的显著性水平比 Sidak 法更小。也就是说，Bonferroni 法比 Sidak 法的灵敏度更低。Bonferroni 法用于组别数量较少的情况。

④Scheffe 法：其实质是对多个总体平均值间的线性组合是否为 0 进行假设检验，多用于各组别样本含量不同的情况。

⑤Dunnett 法：常用于多个实验组与一个对照组间的比较。

以上 5 种方法的灵敏度从高到低的排列顺序为 LSD 法＞Sidak 法＞Bonferroni 法＞Scheffe 法＞Dunnett 法。

2)形成同质亚组的方法。

①SNK 法：全称为 Student-Newman-Keuls 法。它实质上是根据预先指定的准则，将各组均值分为多个亚组，利用 Studentized Range 分布来进行假设检验，并根据所要检验的均值个数调整总的"弃真"错误概率，使其不超过设定的显著性水平 α。

②Tukey 法：全称为 Tukeys Honestly Significant Difference 法。它也是利用 Studentized Range 分布来进行各组均数间的比较，与 SNK 法不同的是，它控制所有比较中最大的"弃真"错误概率，使其不超过设定的显著性水平 α。Tukey 法用于各组别样本含量相同的情况。

③Duncan 法：其思路与 SNK 法类似，但其检验统计量服从的是 Duncan's Multiple Range 分布。

2. 多因素方差分析

多因素方差分析用于研究 2 个及 2 个以上控制变量是否对观测变量产生显著影响。由于研究多个因素对观测变量的影响，该分析被称为多因素方差分析。多因素方差分析不仅能够分析多个因素对观测变量的独立影响，还能够分析多个控制因素的交互作用能否对观测变量的分布产生显著影响，进而最终找到利于观测变量的最优组合。

例如，在分析不同品种、不同施肥量对作物产量的影响时，可将作物产量作为观测变量，将品种和施肥量作为控制变量。利用多因素方差分析，研究不同品种、不同施肥量是如何影响作物产量的，并进一步研究哪个品种与哪种水平的施肥量，是提高作物产量的最优组合。

四、方法步骤

(一)单因素随机区组方差分析

【例】 黑龙江某地淋溶黑土上玉米氮肥品种肥效比较试验：每 667 m^2 施氮肥 3 kg，小区面积为 54 m^2，采用随机区组设计，设 4 次重复。施用不同氮肥的玉米产量见表 10-1。

表 10-1　施用不同氮肥的玉米产量　　kg

处理	产量			
	重复 1	重复 2	重复 3	重复 4
对照	126.6	148.7	121.9	83.1
碳酸铵	233.8	231.1	226.0	221.2
硫酸铵	261.0	263.3	248.4	259.2
硝酸铵	277.2	268.7	291.7	255.4
氨基氰	196.4	208.9	203.1	141.4
尿素	272.5	246.1	269.4	232.5
氯化铵	264.6	252.9	267.5	150.3
氨水	253.4	274.1	246.3	251.9

1. 建立数据

建立数据文件"施用不同氮肥的玉米产量.sav"，打开 SPSS(SPSS27.0)软件，点击【变量视图】，如图 10-1 所示。

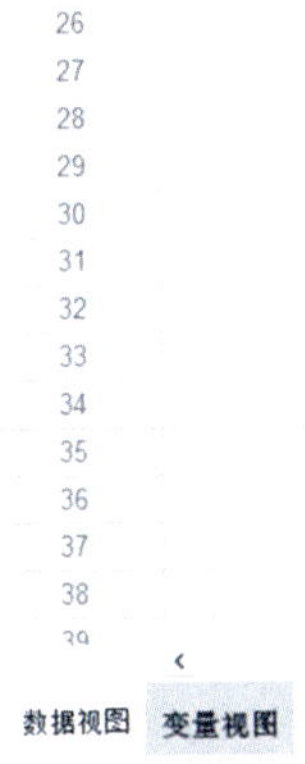

图 10-1　变量视图

在【变量视图】中将变量依次输入，名称顺序可以调换。"类型"若是选择数字，那么输入的数据就是数字，小数位数可以更改，如图 10-2 所示。

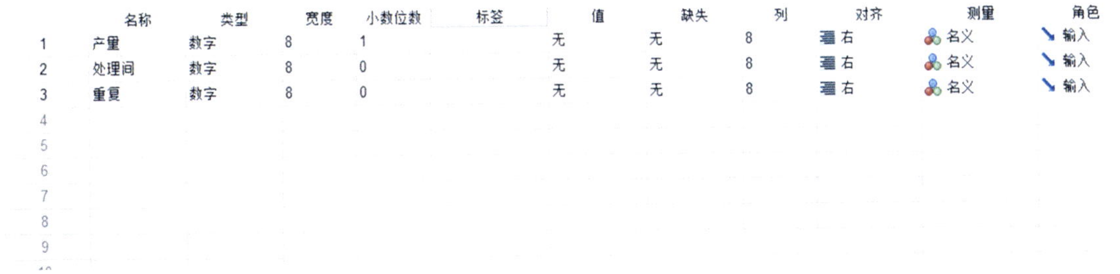

	名称	类型	宽度	小数位数	标签	值	缺失	列	对齐	测量	角色
1	产量	数字	8	1		无	无	8	右	名义	输入
2	处理间	数字	8	0		无	无	8	右	名义	输入
3	重复	数字	8	0		无	无	8	右	名义	输入
4											
5											
6											
7											
8											
9											

图 10-2　在【变量视图】中输入变量

点击【数据视图】，将数据逐个输入，也可将 Excel 中的数据导入或复制过来。

将试验中的 8 个处理依次用数字 1～8 表示，重复用数字 1～4 表示，如图 10-3 所示。将该文件进行保存，则数据文件“施用不同氮肥的玉米产量.sav”建立完成。

2. 方差分析

选择【分析】→【一般线性模型】→【单变量】，如图 10-4 所示，得到如图 10-5 所示的对话框。在【因变量】栏输入“产量”，在【固定因子】栏输入“处理间”和“重复”（采用随机区组设计时，需要将“重复”输入，完全随机设计则不需要）。

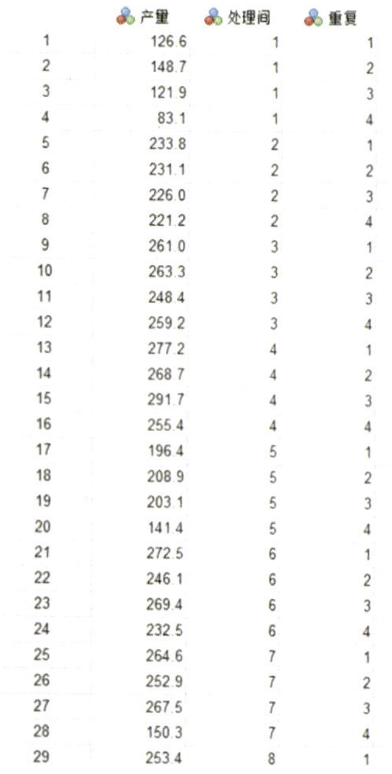

	产量	处理间	重复
1	126.6	1	1
2	148.7	1	2
3	121.9	1	3
4	83.1	1	4
5	233.8	2	1
6	231.1	2	2
7	226.0	2	3
8	221.2	2	4
9	261.0	3	1
10	263.3	3	2
11	248.4	3	3
12	259.2	3	4
13	277.2	4	1
14	268.7	4	2
15	291.7	4	3
16	255.4	4	4
17	196.4	5	1
18	208.9	5	2
19	203.1	5	3
20	141.4	5	4
21	272.5	6	1
22	246.1	6	2
23	269.4	6	3
24	232.5	6	4
25	264.6	7	1
26	252.9	7	2
27	267.5	7	3
28	150.3	7	4
29	253.4	8	1

图 10-3　数据视图

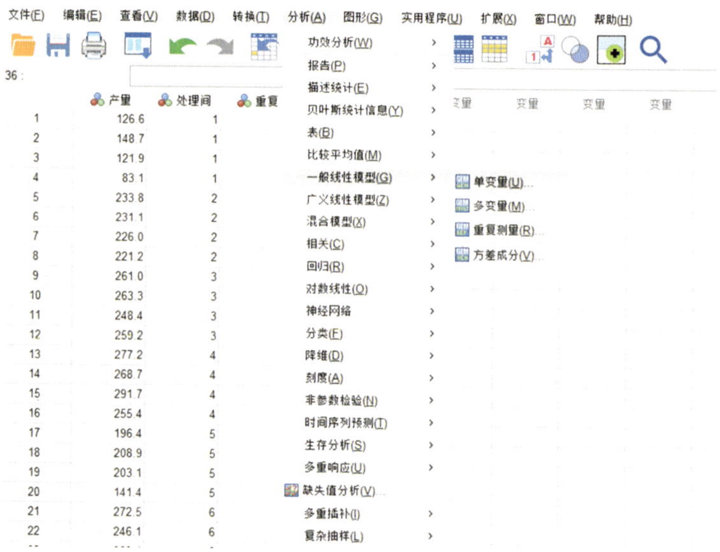

图 10-4　设置单变量分析对话框

点击【模型】，得到如图 10-6 所示的对话框。指定模型为【自定义模型】，将备选因子“处理间”和“重复”输入模型中。构建项目中均选默认值。

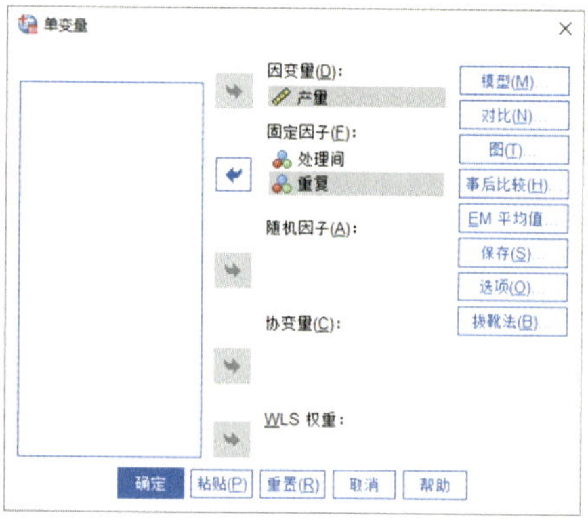

图 10-5　单变量分析参数设置对话框

图 10-6　单变量分析参数设置后显示的对话框

点击【继续】→【两两比较】，将因子“处理间”导入【两两比较】检验中，勾选【邓肯】，得到如图 10-7 所示的对话框，用 Duncan 法对各处理均数进行多重比较。

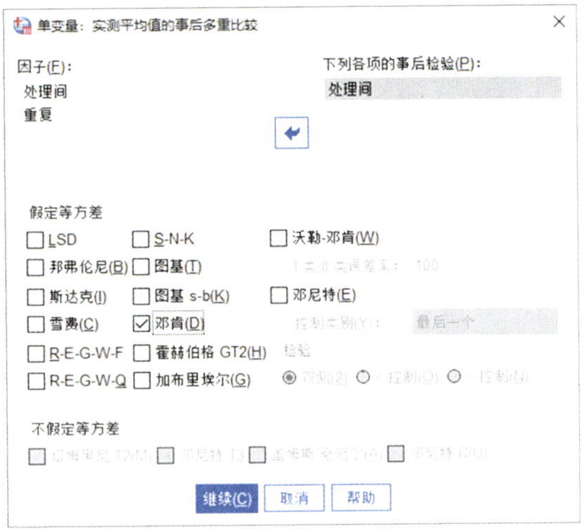

图 10-7　多重比较设置对话框

点击【继续】→【EM 平均值】，将“处理间”输入【显示下列各项的平均值】栏中，输出各处理对产量影响的平均值，点击【继续】→【选项】，勾选【齐性检验】和【残差图】，得到如图 10-8 所示的对话框。将显著性水平设置为 $\alpha=0.05$。

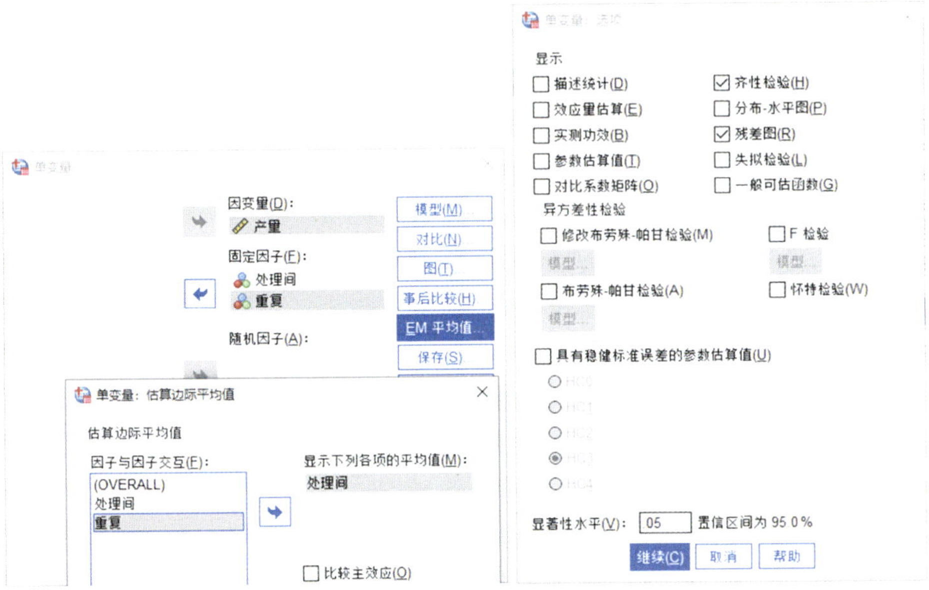

图 10-8　平均值设置对话框

点击【继续】→【确定】，得到运算结果。图 10-9 为各处理产量的平均值。

由图 10-10 可知，显著性代表 α 值，处理间和重复的 α 值分别为 0.000 和 0.004，二者均 <0.05 且 <0.01，表明处理间、重复均达到极显著性差异。将方差分析结果进行整理（表 10-2），可以发现不同氮肥品种之间的肥效有显著的差异，重复之间也有差异。为了进一步说明不同氮肥品种相对作用的大小，用 Duncan 法进行多重比较。

因变量：产量

处理间	平均值	标准误差	95% 置信区间 下限	95% 置信区间 上限
1	120.075	10.431	98.383	141.767
2	228.025	10.431	206.333	249.717
3	257.975	10.431	236.283	279.667
4	273.250	10.431	251.558	294.942
5	187.450	10.431	165.758	209.142
6	255.125	10.431	233.433	276.817
7	233.825	10.431	212.133	255.517
8	256.425	10.431	234.733	278.117

图 10-9　各处理产量的平均值

因变量：产量

源	III 类平方和	自由度	均方	F	显著性
修正模型	79076.145[a]	10	7907.615	18.169	<.001
截距	1641943.811	1	1641943.811	3772.657	<.001
处理间	71193.184	7	10170.455	23.368	<.001
重复	7882.961	3	2627.654	6.038	.004
误差	9139.664	21	435.222		
总计	1730159.620	32			
修正后总计	88215.809	31			

a. R^2 = .896（调整后 R^2 = .847）。

图 10-10　方差分析显示结果

表 10-2　方差分析整理结果

变异来源	SS	df	MS	*F* 值	α 值
重复	7 882.961	3	2 627.654	6.038**	0.004
处理间	71 193.184	7	10 170.455	23.368**	0.000
误差	9 139.664	21	435.222		
总变异	88 215.809	31			

注：** 表示在 $\alpha \leqslant 0.01$ 水平下差异显著。

多重比较的结果如图 10-11 所示。通过子集中的 4 列来标注字母，最右侧的一列为 a，往左依次是 b、c、d。

邓肯[a,b]

处理间	N	子集 1	子集 2	子集 3	子集 4
1	4	120.075			
5	4		187.450		
2	4			228.025	
7	4			233.825	
6	4			255.125	255.125
8	4			256.425	256.425
3	4			257.975	257.975
4	4				273.250
显著性		1.000	1.000	.081	.273

图 10-11　多重比较的结果

将多重比较的结果进行整理，见表10-3。硝酸铵、硫酸铵、氨水和尿素之间的差异不显著，硫酸铵、氨水、尿素、碳酸铵和氯化铵之间的差异也不显著，其他处理间均达到显著性差异。

表10-3　多重比较的整理结果

处理	玉米产量/kg	差异显著性(α=0.05)
硝酸铵	273.250	a
硫酸铵	257.975	ab
氨水	256.425	ab
尿素	255.125	ab
碳酸铵	233.825	b
氯化铵	228.025	b
氨基氰	187.450	c
对照	120.075	d

3. 结论

从方差分析及多重比较中可以得出以下结论：

①各处理施肥后的增产效果都比对照强，且差异极显著；

②氨基氰的肥效高于对照，但低于其他各处理；

③硫酸铵、氨水、尿素、氯化铵、碳酸铵的肥效相近，且产量差异不显著；

④尿素、氨水、硫酸铵、硝酸铵的肥效相近，且产量差异不显著；

⑤硝酸铵的肥效最好。

（二）双因素随机区组方差分析

【例】　玉米品种（*A*因素）与施肥量（*B*因素）双因素随机区组试验：*A*因素有A1、A2、A3共3个水平，*B*因素有B1、B2、B3共3个水平，设4次重复，小区计产面积为20 m^2，其试验结果见表10-4。试进行方差分析。

表10-4　试验结果　　kg

品种	施肥量	产量			
		重复1	重复2	重复3	重复4
A1	B1	16	15	13	14
	B2	11	14	13	12
	B3	12	9	8	9
A2	B1	15	13	11	11
	B2	17	19	15	14
	B3	17	16	18	16
A3	B1	18	18	16	17
	B2	10	8	10	8
	B3	9	8	8	8

1. 重复和处理组合的方差分析

①建立数据文件“玉米品种和施肥量.sav”，如图 10-12 所示。

②选择【分析】→【一般线性模型】→【单变量】，将“产量”输入【因变量】栏中，将“处理组合”和“重复”输入【固定因子】栏中。

③点击【模型】，指定模型为【自定义模型】。将备选因子“处理组合”和“重复”引入模型中。

④点击【继续】→【两两比较】，将“处理组合”引入【两两比较】栏中。同时，勾选【邓肯】，进行多重比较。

⑤点击【继续】→【选项】，将“处理组合”输入【显示下列各项的平均值】栏中，显著性水平设置为 $\alpha=0.05$。

⑥点击【继续】→【确定】，得到处理组合和重复的方差分析结果(图 10-13)。处理组合的 α 值为 0.000，0.000<0.01，表明处理组合达到极显著性差异；重复的 α 值为 0.022，0.01<0.022<0.05，表明重复达到显著性差异。

	产量	品种	施肥量	重复	处理组合
1	16	1	1	1	11
2	15	1	1	2	11
3	13	1	1	3	11
4	14	1	1	4	11
5	11	1	2	1	12
6	14	1	2	2	12
7	13	1	2	3	12
8	12	1	2	4	12
9	12	1	3	1	13
10	9	1	3	2	13
11	8	1	3	3	13
12	9	1	3	4	13
13	15	2	1	1	21
14	13	2	1	2	21
15	11	2	1	3	21
16	11	2	1	4	21
17	17	2	2	1	22
18	19	2	2	2	22
19	15	2	2	3	22
20	14	2	2	4	22
21	17	2	3	1	23
22	16	2	3	2	23
23	18	2	3	3	23
24	16	2	3	4	23

图 10-12　数据文件

因变量：产量

源	Ⅲ类平方和	自由度	均方	F	显著性
修正模型	402.778[a]	11	36.616	23.680	<.001
截距	6032.111	1	6032.111	3901.006	<.001
处理组合	384.889	8	48.111	31.114	<.001
重复	17.889	3	5.963	3.856	.022
误差	37.111	24	1.546		
总计	6472.000	36			
修正后总计	439.889	35			

a. R^2 = .916（调整后 R^2 = .877）。

图 10-13　方差分析结果

处理组合多重比较的结果如图 10-14 所示，$\alpha=0.05$。

邓肯[a,b]

		子集			
处理组合	N	1	2	3	4
33	4	8.25			
32	4	9.00			
13	4	9.50			
12	4		12.50		
21	4		12.50		
11	4		14.50	14.50	
22	4			16.25	16.25
23	4			16.75	16.75
31	4				17.25
显著性		.191	.040	.022	.294

图 10-14　处理组合多重比较的结果

当计算 $\alpha=0.01$ 时的多重比较结果时，将 $\alpha=0.05$ 调整为 $\alpha=0.01$ 即可。调整 α 值后的多重比较结果如图 10-15 所示。对于本实验，当 $\alpha=0.05$ 或 $\alpha=0.01$ 时，产量没有差异，但是经常会出现在 $\alpha=0.01$ 水平下未达到极显著性差异，而在 $\alpha=0.05$ 水平下达到显著性差异的情况。

邓肯[a,b]

		子集			
处理组合	N	1	2	3	4
33	4	8.25			
32	4	9.00			
13	4	9.50			
12	4		12.50		
21	4		12.50		
11	4		14.50	14.50	
22	4			16.25	16.25
23	4			16.75	16.75
31	4				17.25
显著性		.191	.040	.022	.294

图 10-15　调整 α 值后的多重比较结果

2. 重复、*A* 因素和 *B* 因素的方差分析

①选择【分析】→【一般线性模型】→【单变量】，将“产量”输入【因变量】栏中，将“重复”“品种”和“施肥量”输入【固定因子】栏中。

②点击【模型】，指定模型为【自定义模型】。将“重复”“品种”和“施肥量”分别引入模型，同时点击“品种”和“施肥量”，将“品种 * 施肥量”引入模型中，用于考察双因素间的交互作用，得到如图 10-16 所示的对话框。

图 10-16　模型设置对话框

③点击【继续】→【选项】，将“品种”“施肥量”和“品种 * 施肥量”输入【显示下列各项的平均值】栏中，显示边际均数。

④点击【继续】→【确定】，得到进一步的方差分析结果，如图 10-17 所示。

因变量：产量

源	III 类平方和	自由度	均方	F	显著性
修正模型	402.778[a]	11	36.616	23.680	<.001
截距	6032.111	1	6032.111	3901.006	<.001
重复	17.889	3	5.963	3.856	.022
施肥量	65.722	2	32.861	21.251	<.001
品种	91.556	2	45.778	29.605	<.001
施肥量 * 品种	227.611	4	56.903	36.799	<.001
误差	37.111	24	1.546		
总计	6472.000	36			
修正后总计	439.889	35			

a. R^2 = .916（调整后 R^2 = .877）。

图 10-17　进一步方差分析的结果

3. 结果分析

结合 2 次方差分析的结果，得到方差分析表（表 10-5）。

表 10-5　方差分析表

变异来源	SS	df	MS	F 值
区组	17.889	3	5.963	3.856*
处理组合	384.889	8	48.114	31.114**
A 因素	91.556	2	45.778	29.605**
B 因素	65.722	2	32.861	21.251**
$A\times B$ 互作	227.611	4	56.903	36.799**
误差	37.111	24	1.546	
总变异	439.889	35		

注：* 表示在 $\alpha\leqslant 0.05$ 水平下差异显著，** 表示在 $\alpha\leqslant 0.01$ 水平下差异显著。

由表 10-5 可知，区组间差异显著，其他变异来源的差异均为极显著；需要对 A 因素、B 因素做进一步的多重比较。

当 $\alpha=0.05$ 和 $\alpha=0.01$ 时，A 因素的多重比较结果如图 10-18 所示。

邓肯[a,b]

品种	N	子集 1	子集 2
3	12	11.50	
1	12	12.17	
2	12		15.17
显著性		.202	1.000

将显示齐性子集中各个组的平均值。
基于实测平均值。
误差项是均方（误差）= 1.546。

a. 使用调和平均值样本大小 = 12.000；

b. α = .05。

邓肯[a,b]

品种	N	子集 1	子集 2
3	12	11.50	
1	12	12.17	
2	12		15.17
显著性		.202	1.000

将显示齐性子集中各个组的平均值。
基于实测平均值。
误差项是均方（误差）= 1.546。

a. 使用调和平均值样本大小 = 12.000；

b. α = .01。

图 10-18　A 因素的多重比较结果

将 A 因素的多重比较结果进行整理，得到表 10-6。

表 10-6　A 因素的同类子集

A 因素	小区产量平均值/kg	差异显著性	
		$\alpha=0.05$	$\alpha=0.01$
A2	15.17	a	A
A1	12.17	b	B
A3	11.50	b	B

由表 10-6 可知，品种 A1 和 A3 之间差异不显著，其他品种之间差异显著且为极显著。

当 $\alpha=0.05$ 和 $\alpha=0.01$ 时，B 因素的多重比较结果如图 10-19 所示。

邓肯[a,b]

施肥量	N	子集		
		1	2	3
3	12	11.50		
2	12		12.58	
1	12			14.75
显著性		1.000	1.000	1.000

将显示齐性子集中各个组的平均值。
基于实测平均值。
误差项是均方（误差）= 1.546。
a. 使用调和平均值样本大小 = 12.000；
b. α = .05。

邓肯[a,b]

施肥量	N	子集	
		1	2
3	12	11.50	
2	12	12.58	
1	12		14.75
显著性		.043	1.000

将显示齐性子集中各个组的平均值。
基于实测平均值。
误差项是均方（误差）= 1.546。
a. 使用调和平均值样本大小 = 12.000；
b. α = .01。

图 10-19　B 因素的多重比较结果

B 因素的同类子集见表 10-7。

表 10-7　B 因素的同类子集

B 因素	小区产量平均值/kg	差异显著性	
		$\alpha=0.05$	$\alpha=0.01$
B1	14.75	a	A
B2	12.58	b	B
B3	11.50	c	B

由表 10-7 可知，施肥量 B1、B2 和 B3 之间差异显著，施肥量 B2 和 B3 之间差异不显著，其他施肥量之间差异极显著。

五、作业与思考

10 份玉米自交系经过耐碱发芽试验得到如下数据，见表 10-8，请用 SPSS 对数据进行方差分析和多重比较（“自交系名称-1”为处理后的代号）。

表 10-8　10 份玉米自交系在正常条件及碱胁迫下的萌发性状数据

自交系	发芽势/%	发芽率/%	发芽指数	活力指数	胚根长度/cm	胚芽长度/cm	胚根鲜重/g	胚芽鲜重/g
TX-025	13.33	16.67	4.35	3.83	0.08	0.12	0.88	1.52
TX-025	16.67	16.67	5.13	3.39	0.07	0.16	0.66	1.44
TX-025	13.33	16.67	4.35	3.83	0.08	0.14	0.77	1.48
TX-025-1	13.33	13.33	4.04	3.13	0.05	0.17	0.78	1.13
TX-025-1	10.00	10.00	3.28	3.39	0.04	0.13	1.03	0.00
TX-025-1	13.33	13.33	4.04	3.84	0.05	0.15	0.78	0.56
TX-039	93.33	96.67	44.11	764.01	6.69	8.48	16.78	6.22
TX-039	100.00	100.00	42.62	590.70	3.64	6.01	5.86	4.24
TX-039	96.67	98.33	43.36	673.10	5.17	7.25	11.35	5.24
TX-039-1	96.67	96.67	31.86	37.46	0.26	2.68	1.18	1.98
TX-039-1	90.00	90.00	28.51	45.08	0.24	2.19	1.58	2.58
TX-039-1	93.33	93.33	30.18	40.21	0.25	2.44	1.40	2.32
TX-054	100.00	100.00	46.29	834.22	3.80	8.65	17.41	8.72
TX-054	100.00	100.00	45.79	766.00	4.89	9.19	16.15	8.76
TX-054	100.00	100.00	46.04	796.11	4.35	8.92	16.78	8.74
TX-054-1	90.00	96.67	32.13	27.03	0.24	1.72	0.68	2.27
TX-054-1	90.00	90.00	31.51	26.61	0.07	1.41	0.41	2.24
TX-054-1	90.00	93.33	31.82	28.90	0.16	1.57	0.55	2.26
TX-068	100.00	100.00	40.95	719.40	8.52	8.45	17.57	10.28
TX-068	96.67	96.67	39.19	658.98	10.79	7.63	16.81	12.49
TX-068	98.33	98.33	40.07	765.87	9.66	8.04	17.20	11.58
TX-068-1	66.67	66.67	15.19	23.01	0.38	1.00	1.16	1.68
TX-068-1	80.00	100.00	22.62	30.54	0.56	1.17	1.35	1.37
TX-068-1	73.33	83.33	18.90	26.39	0.47	1.09	1.27	1.50
TX-102	100.00	100.00	29.79	302.82	2.84	8.93	9.92	7.33
TX-102	100.00	100.00	31.95	331.35	3.29	10.22	10.09	7.29
TX-102	100.00	100.00	30.87	390.86	3.07	9.58	10.00	7.31
TX-102-1	33.33	40.00	8.61	9.43	0.21	1.15	0.61	2.43
TX-102-1	20.00	43.33	6.09	5.76	0.01	0.85	0.08	1.58
TX-102-1	26.67	41.67	7.35	7.00	0.11	1.00	0.34	1.99

续表 10-8

自交系	发芽势/%	发芽率/%	发芽指数	活力指数	胚根长度/cm	胚芽长度/cm	胚根鲜重/g	胚芽鲜重/g
TX-107	93.33	93.33	34.60	252.21	2.85	4.25	7.29	4.07
TX-107	100.00	100.00	35.29	311.22	4.78	5.03	8.64	4.67
TX-107	96.67	96.67	34.94	287.59	3.82	4.64	7.99	4.38
TX-107-1	23.33	40.00	9.00	4.20	0.06	0.30	0.00	1.20
TX-107-1	33.33	40.00	9.61	8.17	0.06	0.35	0.00	1.12
TX-107-1	28.33	40.00	9.31	6.14	0.06	0.33	0.00	1.16
TX-123	66.67	100.00	20.62	246.87	4.89	3.90	11.31	4.17
TX-123	93.33	96.67	35.11	554.25	9.29	7.47	15.79	8.20
TX-123	80.00	98.33	27.86	430.43	7.09	5.69	13.61	6.26
TX-123-1	100.00	100.00	30.45	31.57	0.45	1.47	0.92	2.10
TX-123-1	100.00	100.00	26.12	39.88	0.40	1.75	1.38	2.16
TX-123-1	100.00	100.00	28.29	39.79	0.43	1.61	1.18	2.23
TX-139	90.00	90.00	30.84	477.34	6.27	8.59	15.48	8.06
TX-139	86.67	96.67	31.44	434.02	4.55	6.78	13.80	6.34
TX-139	88.33	93.33	31.14	472.86	5.41	7.69	14.61	7.17
TX-139-1	63.33	73.33	24.09	32.03	0.28	2.70	1.23	2.48
TX-139-1	46.67	60.00	13.34	20.82	0.12	1.52	1.23	2.03
TX-139-1	55.00	66.67	18.72	26.65	0.20	2.11	1.23	2.28
TX-161	100.00	100.00	46.29	203.35	4.15	4.48	8.19	3.18
TX-161	100.00	100.00	44.29	94.62	3.14	4.12	1.45	1.70
TX-161	100.00	100.00	45.29	150.65	3.65	4.30	4.82	2.44
TX-161-1	76.67	86.67	24.46	41.97	0.95	1.78	4.26	2.83
TX-161-1	76.67	83.33	25.15	109.37	1.01	1.61	4.37	3.96
TX-161-1	76.67	85.00	24.81	78.36	0.98	1.70	4.23	3.32
TX-166	100.00	100.00	33.29	127.26	2.03	3.25	3.82	2.87
TX-166	100.00	100.00	32.45	142.36	2.51	3.75	4.39	3.06
TX-166	100.00	100.00	32.87	131.13	2.27	3.50	4.11	2.96
TX-166-1	66.67	66.67	18.52	34.08	0.67	1.48	1.84	2.02
TX-166-1	90.00	90.00	22.17	37.28	0.70	1.89	1.68	1.76
TX-166-1	78.33	78.33	20.35	32.50	0.69	1.69	1.75	1.87

实验二　隶属函数在作物品种评价中的应用

一、目的要求

1. 熟悉隶属函数的原理和方法；
2. 学会利用隶属函数对作物品种进行评价。

二、应用软件

Excel。

三、内容说明

(一)实验原理

隶属函数(Membership Function)是用于表征模糊集合的数学工具。若对于论域(研究范围)U 中的任一元素 x，都有一个数 $A(x)\in[0,1]$与之对应，则称 A 为 U 上的模糊集，$A(x)$为 x 对 A 的隶属度。当 x 在 U 中变动时，$A(x)$就是一个函数，称为 A 的隶属函数。隶属度 $A(x)$越接近于 1，x 属于 A 的程度就越高；$A(x)$越接近于 0，x 属于 A 的程度就越低。

(二)计算过程

以每个性状 3 次重复测定值的平均值为基础数据，采用性状相对值来进行作物品种的综合评价，按式(10-1)计算抗逆系数(AC_i)，按式(10-2)或式(10-3)计算抗逆系数的隶属函数值。按式(10-4)计算供试材料萌发性状隶属函数值的平均值，所得结果为隶属度。隶属度越大，抗逆性越强；反之，抗逆性则越弱。

$$AC_i = X_i / CK_i \tag{10-1}$$

$$\mu(AC_i) = (AC_i - AC_{i\min}) / (AC_{i\max} - AC_{i\min}) \text{(性状表现和抗逆系数呈正相关)} \tag{10-2}$$

$$\mu(AC_i) = 1 - (AC_i - AC_{i\min}) / (AC_{i\max} - AC_{i\min}) \text{(性状表现和抗逆系数呈负相关)} \tag{10-3}$$

$$U = \mu(AC_i) \times 1/n \tag{10-4}$$

式中，X_i—胁迫下某一性状的测定值；

i—性状的数量($i=1,2,3,\cdots,n$)；

CK_i—对照处理下某一性状的测定值；

AC_i—供试材料某一性状的抗逆系数；

$\mu(AC_i)$—抗逆系数的隶属函数值；

$AC_{i\max}$—供试材料某一性状抗逆系数的最大值；

$AC_{i\min}$—供试材料某一性状抗逆系数的最小值；

U—隶属度。

四、方法步骤

结合实验一“作业与思考”中的数据，利用隶属函数分析 10 份材料的耐盐碱程度。

(一)玉米自交系萌发性状的差异分析

利用 Excel 在单元格内输入"=AVERAGE",选中 10 份玉米自交系在正常条件及碱胁迫下的原始数据,即可得到各自的平均数;在单元格内输入"=STDEV",选中 10 份玉米自交系在正常条件及碱胁迫下的原始数据,即可得到对应的标准差;在单元格内输入"=",选中每个萌发性状的标准差,再除以每个萌发性状所对应的平均数,即可得到相应的变异系数。10 份玉米自交系萌发性状的变异情况见表 10-9。

表 10-9　10 份玉米自交系萌发性状的变异情况

项目		发芽势	发芽率	发芽指数	活力指数	胚根长度	胚芽长度	胚根鲜重	胚芽鲜重
CK	平均数	85.60	89.70	33.11	393.13	10.69	5.67	4.21	5.91
	标准差	27.45	25.79	13.04	289.31	6.36	2.90	2.48	3.10
	变异系数/%	32.07	28.75	39.39	73.59	59.53	51.19	58.77	52.40
AS	平均数	63.00	68.10	19.84	24.39	1.18	1.92	0.74	2.27
	标准差	30.70	29.22	10.35	14.05	0.43	0.49	0.97	1.14
	变异系数/%	48.73	42.91	52.18	57.59	36.50	25.48	130.53	50.35

注:CK 表示对照处理,AS 表示碱胁迫。

碱处理的变异系数范围较对照处理的变异系数范围广,表明供试品种的萌发性状对碱处理的反应差异变化大,可继续进行分析。

(二)玉米自交系萌发性状的平均值

在 Excel 中分别计算 10 份玉米自交系在正常条件和碱胁迫下萌发性状的平均值,其结果分别见表 10-10 和表 10-11。

表 10-10　10 份玉米自交系在正常条件下萌发性状的平均值

品种	平均值							
	发芽势/%	发芽率/%	发芽指数	活力指数	胚根长度/cm	胚芽长度/cm	胚根鲜重/g	胚芽鲜重/g
TX-025	13	17	4.35	3.83	0.88	1.52	0.08	0.12
TX-039	93	97	44.11	764.01	17.32	6.48	6.69	8.48
TX-054	100	100	46.29	834.22	18.02	8.72	3.80	8.65
TX-068	100	100	40.95	719.40	17.57	10.28	8.52	8.45
TX-102	100	100	29.79	302.82	10.17	7.33	2.84	8.93
TX-107	93	93	34.60	252.21	7.29	4.07	2.85	4.25
TX-123	67	100	20.62	246.87	11.97	4.17	4.89	3.90
TX-139	90	90	30.84	477.34	15.48	8.06	6.27	8.59
TX-161	100	100	46.29	203.35	4.39	3.18	4.15	4.48
TX-166	100	100	33.29	127.26	3.82	2.87	2.03	3.25

表 10-11　10 份玉米自交系在碱胁迫下萌发性状的平均值

品种	平均值							
	发芽势/%	发芽率/%	发芽指数	活力指数	胚根长度/cm	胚芽长度/cm	胚根鲜重/g	胚芽鲜重/g
TX-025	13	13	4.04	3.13	0.78	1.13	0.38	1.28
TX-039	97	97	31.86	37.46	1.18	1.98	0.27	2.77
TX-054	90	97	32.13	27.03	0.84	2.27	0.25	1.78
TX-068	67	67	15.19	23.01	1.52	1.68	0.57	1.50
TX-102	33	40	8.61	9.43	1.09	2.43	0.53	2.88
TX-107	23	40	9.00	4.20	0.47	1.20	0.15	0.75
TX-123	100	100	30.45	31.57	1.04	2.36	0.45	1.47
TX-139	63	73	24.09	32.03	1.33	2.48	0.38	3.68
TX-161	77	87	24.46	41.97	1.72	1.68	3.40	4.36
TX-166	67	67	18.52	34.08	1.84	2.02	1.01	2.22

(三)萌发性状的方差分析

利用 SPSS 对含有 3 次重复的数据进行双因素方差分析，发现品种之间、处理之间、品种与处理的互作之间的性状均达到极显著性差异，重复之间未达到显著性差异，见表 10-12，可以进行进一步分析。

表 10-12　对玉米种子在碱胁迫下萌发性状的方差分析

变异来源	F 值					
	发芽势	发芽率	发芽指数	活力指数	胚芽长度	胚根长度
品种	143.35**	147.05**	103.67**	48.77**	19.68**	44.04**
处理	330.38**	249.17**	523.54**	910.87**	456.94**	868.31**
品种×处理	47.86**	25.52**	19.91**	48.02**	18.20**	28.77**
重复	0.96	0.62	0.01	0.30	0.45	0.00

注：** 表示在 $\alpha \leqslant 0.01$ 水平下差异显著。

(四)玉米自交系萌发性状耐碱系数的差异分析

按式(10-1)计算耐碱系数(AC_i)，得到表 10-13。

表 10-13　10 份玉米自交系萌发性状的耐碱系数

品种	耐碱系数							
	发芽势	发芽率	发芽指数	活力指数	胚根长度	胚芽长度	胚根鲜重	胚芽鲜重
TX-025	1.025 6	0.784 3	0.928 3	0.817 1	0.880 7	0.740 1	4.687 5	10.625 0
TX-039	1.039 4	0.996 6	0.722 3	0.049 0	0.067 9	0.306 0	0.040 2	0.326 9
TX-054	0.900 0	0.966 7	0.694 0	0.032 4	0.046 7	0.260 6	0.065 3	0.205 7

续表 10-13

品种	耐碱系数							
	发芽势	发芽率	发芽指数	活力指数	胚根长度	胚芽长度	胚根鲜重	胚芽鲜重
TX-068	0.666 7	0.666 7	0.371 0	0.032 0	0.086 2	0.163 4	0.066 9	0.177 5
TX-102	0.333 3	0.400 0	0.289 2	0.031 1	0.107 6	0.330 8	0.184 9	0.321 9
TX-107	0.250 9	0.430 1	0.260 0	0.016 6	0.064 0	0.294 8	0.052 6	0.176 5
TX-123	1.492 5	1.000 0	1.476 8	0.127 9	0.086 6	0.566 7	0.092 0	0.376 9
TX-139	0.703 7	0.814 8	0.781 2	0.067 1	0.085 9	0.307 9	0.060 9	0.428 6
TX-161	0.766 7	0.866 7	0.528 5	0.206 4	0.390 7	0.528 5	0.820 2	0.973 6
TX-166	0.666 7	0.666 7	0.556 4	0.267 8	0.481 7	0.702 1	0.495 1	0.683 1
$AC_{i\max}$	1.492 5	1.000 0	1.476 8	0.817 1	0.880 7	0.740 1	4.687 5	10.625 0
$AC_{i\min}$	0.250 9	0.400 0	0.260 0	0.016 6	0.046 7	0.163 4	0.040 2	0.176 5

通过各玉米自交系萌发性状耐碱系数的对比可知，碱处理对供试品种的萌发性状有不同程度的影响。

（五）玉米自交系萌发性状的隶属函数值计算

按照式(10-2)计算各性状耐碱系数的隶属函数值，见表 10-14。

表 10-14　10 份玉米自交系萌发性状的隶属函数值

品种	隶属函数值							
	发芽势	发芽率	发芽指数	活力指数	胚根长度	胚芽长度	胚根鲜重	胚芽鲜重
TX-025	0.624 0	0.640 5	0.549 2	1.000 0	1.000 0	1.000 0	1.000 0	1.000 0
TX-039	0.635 1	0.994 3	0.379 9	0.040 5	0.025 4	0.247 2	0.000 0	0.014 4
TX-054	0.522 8	0.944 4	0.356 7	0.019 7	0.000 0	0.168 5	0.005 4	0.002 8
TX-068	0.334 9	0.444 4	0.091 1	0.019 2	0.047 4	0.000 0	0.005 7	0.000 1
TX-102	0.066 4	0.000 0	0.023 9	0.018 1	0.073 0	0.290 3	0.031 1	0.013 9
TX-107	0.000 0	0.050 2	0.000 0	0.000 0	0.020 8	0.227 9	0.002 7	0.000 0
TX-123	1.000 0	1.000 0	1.000 0	0.139 0	0.047 9	0.699 4	0.011 2	0.019 2
TX-139	0.364 7	0.691 4	0.428 3	0.063 0	0.047 0	0.250 5	0.004 5	0.024 1
TX-161	0.415 4	0.777 8	0.220 6	0.237 0	0.412 5	0.633 1	0.167 8	0.076 3
TX-166	0.334 9	0.444 4	0.243 6	0.313 8	0.521 6	0.934 0	0.097 9	0.048 5

（六）计算各品种的隶属度

按照式(10-4)计算供试品种的隶属度，见表 10-15。

表 10-15　10 份玉米自交系萌发性状的隶属度及其排序

品种	隶属度	排序	品种	隶属度	排序
TX-025	0.851 7	1	TX-039	0.292 1	5
TX-054	0.252 5	6	TX-068	0.117 9	8
TX-102	0.064 6	9	TX-107	0.037 7	10
TX-123	0.489 6	2	TX-139	0.234 2	7
TX-161	0.367 6	3	TX-166	0.367 3	4

由隶属度及其排序可以评估出 10 份玉米自交系的耐碱能力。由于 TX-025 在正常处理下的萌发性状表现得很差，在品种比较时应将其去掉。

五、作业与思考

利用 20% PEG-600 溶液模拟干旱，对 7 份玉米自交系的萌发性状进行调查，得到如下数据(表 10-16)。利用隶属函数对这些自交系的耐旱性进行评价。

表 10-16　7 份玉米自交系干旱后萌发性状的数据

自交系	处理	发芽势/%	发芽率/%	发芽指数	活力指数	胚根长度/cm	胚芽长度/cm
BY-028	CK-1	93.33	93.33	44.43	373.68	10.59	8.41
BY-028	CK-2	100.00	100.00	42.62	409.14	12.46	9.60
BY-028	CK-3	96.67	96.67	43.53	402.62	11.64	9.25
BY-028	20%-1	26.67	76.67	13.52	70.57	6.32	5.22
BY-028	20%-2	40.00	96.67	17.61	81.88	10.08	4.65
BY-028	20%-3	36.67	93.33	16.22	66.65	6.06	4.11
BY-029	CK-1	96.67	100.00	37.67	158.59	13.52	4.21
BY-029	CK-2	93.33	100.00	31.45	143.74	12.40	4.57
BY-029	CK-3	86.67	100.00	33.25	142.32	11.22	4.28
BY-029	20%-1	36.67	96.67	15.36	49.00	13.07	3.19
BY-029	20%-2	33.33	90.00	16.16	42.82	10.47	2.65
BY-029	20%-3	46.67	93.33	16.50	50.00	11.02	3.03
BY-030	CK-1	100.00	100.00	58.29	252.96	17.49	4.34
BY-030	CK-2	100.00	100.00	51.79	386.32	21.42	7.46
BY-030	CK-3	100.00	100.00	53.79	412.00	25.47	7.66
BY-030	20%-1	73.33	83.33	21.24	86.86	16.84	4.09
BY-030	20%-2	86.67	100.00	23.09	102.50	20.53	4.44
BY-030	20%-3	76.67	100.00	23.87	140.83	23.33	5.90
BY-031	CK-1	96.67	96.67	64.69	403.04	18.62	6.23
BY-031	CK-2	100.00	100.00	56.79	359.45	19.27	6.33

续表 10-16

自交系	处理	发芽势/%	发芽率/%	发芽指数	活力指数	胚根长度/cm	胚芽长度/cm
BY-031	CK-3	100.00	100.00	63.79	361.67	20.69	5.67
BY-031	20%-1	93.33	100.00	28.25	63.57	9.63	2.25
BY-031	20%-2	76.67	100.00	27.50	80.31	11.72	2.92
BY-031	20%-3	80.00	96.67	31.41	72.24	7.61	2.30
BY-032	CK-1	100.00	100.00	73.79	587.33	20.25	7.96
BY-032	CK-2	100.00	100.00	75.79	564.60	18.44	7.45
BY-032	CK-3	100.00	100.00	70.79	455.86	18.77	6.44
BY-032	20%-1	96.67	100.00	25.67	81.88	19.06	3.19
BY-032	20%-2	73.33	93.33	23.00	76.36	17.50	3.32
BY-032	20%-3	53.33	70.00	18.67	77.09	20.06	4.13
BY-033	CK-1	100.00	100.00	66.29	648.94	25.74	9.79
BY-033	CK-2	100.00	100.00	60.95	501.64	19.10	8.23
BY-033	CK-3	93.33	93.33	61.10	542.57	22.18	8.88
BY-033	20%-1	66.67	93.33	22.57	57.55	12.01	2.55
BY-033	20%-2	56.67	96.67	20.96	57.64	2.55	2.75
BY-033	20%-3	60.00	96.67	21.24	37.29	11.50	1.76
BY-034	CK-1	100.00	100.00	53.45	316.44	14.89	5.92
BY-034	CK-2	86.67	90.00	41.72	255.77	17.66	6.13
BY-034	CK-3	90.00	96.67	45.26	306.86	17.86	6.78
BY-034	20%-1	73.33	90.00	23.42	59.26	5.96	2.53
BY-034	20%-2	56.67	90.00	20.34	45.16	6.62	2.22
BY-034	20%-3	63.33	86.67	19.96	43.12	6.35	2.16

注："CK"表示对照处理，"20%"表示用 20% PEG-600 进行处理。

实验三　主成分分析在作物品种评价中的应用

一、目的要求

1. 熟悉主成分分析的原理和方法；
2. 学会利用主成分分析对作物品种进行评价。

二、应用软件

Excel 和 SPSS。

三、内容说明

主成分分析(Principal Component Analysis，PCA)是以最少的信息丢失为前提，采用一种数学降维的方法，通过线性组合的方式将原有变量综合成少数几个新变量，用新变量代替原有变量参与数据建模的方法。主成分分析可以大大减少分析过程中的计算工作量。主成分分析对新变量的选取不是对原有变量的简单取舍，而是原有变量重组后的结果，因此不会造成原有变量信息的大量丢失，并能够代表原有变量的绝大部分信息。同时，选取的新变量之间互不相关，能够有效地解决变量信息重叠、多重共线性等给分析应用带来的诸多问题。

四、方法步骤

【例】 通过 10 份玉米自交系耐碱发芽试验得到试验数据，利用主成分分析来分析这 10 份材料的耐盐碱程度。

试验数据可以利用抗逆系数、隶属函数值进行分析，本实验利用隶属函数值进行分析。

(一)将数据导入 SPSS

将计算好的 10 份玉米自交系萌发性状的隶属函数值(表 10-17)保存在 Excel 中，可以是原始数据，也可以是多次重复的数据。

表 10-17　10 份玉米自交系萌发性状的隶属函数值

品种	隶属函数值							
	发芽势	发芽率	发芽指数	活力指数	胚根长度	胚芽长度	胚根鲜重	胚芽鲜重
TX-025	0.624 0	0.640 5	0.549 2	1.000 0	1.000 0	1.000 0	1.000 0	1.000 0
TX-039	0.635 1	0.994 3	0.379 9	0.040 5	0.025 4	0.247 2	0.000 0	0.014 4
TX-054	0.522 8	0.944 4	0.356 7	0.019 7	0.000 0	0.168 5	0.005 4	0.002 8
TX-068	0.334 9	0.444 4	0.091 1	0.019 2	0.047 4	0.000 0	0.005 7	0.000 1
TX-102	0.066 4	0.000 0	0.023 9	0.018 1	0.073 0	0.290 3	0.031 1	0.013 9
TX-107	0.000 0	0.050 2	0.000 0	0.000 0	0.020 8	0.227 9	0.002 7	0.000 0
TX-123	1.000 0	1.000 0	1.000 0	0.139 0	0.047 9	0.699 4	0.011 2	0.019 2
TX-139	0.364 7	0.691 4	0.428 3	0.063 0	0.047 0	0.250 5	0.004 5	0.024 1
TX-161	0.415 4	0.777 8	0.220 6	0.237 0	0.412 5	0.633 1	0.167 8	0.076 3
TX-166	0.334 9	0.444 4	0.243 6	0.313 8	0.521 6	0.934 0	0.097 9	0.048 5

打开 SPSS27.0，点击【文件】→【导入数据】→【Excel】，如图 10-20 所示。

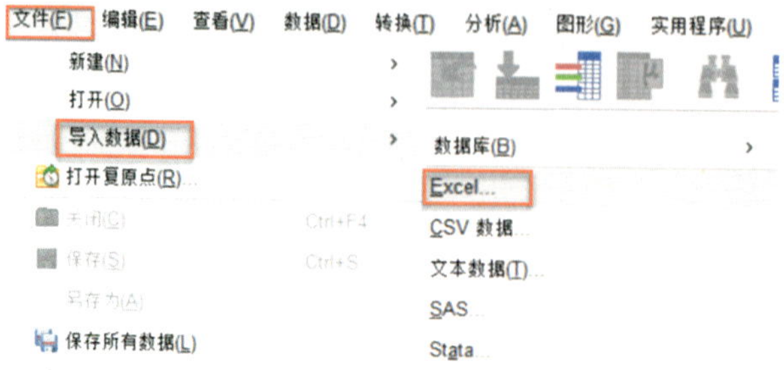

图 10-20　导入数据对话框

选择数据文件“10份玉米自交系萌发性状隶属函数值原始数据.xlsx”并打开，如图10-21所示。

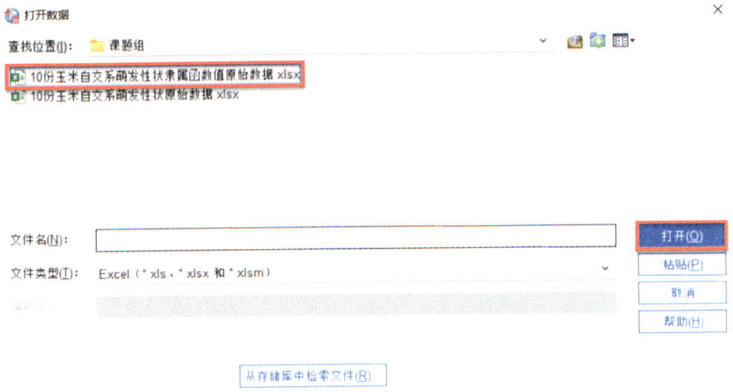

图 10-21　导入数据对话框

点击【确定】，如图10-22所示。

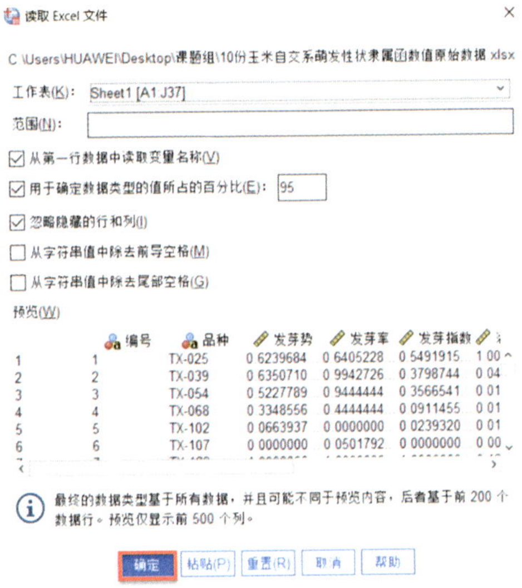

图 10-22　读取数据对话框

根据Excel数据的长度，将品种、发芽势、发芽率、发芽指数、活力指数、胚根长度、胚芽长度、胚根鲜重、胚芽鲜重的宽度改为5，小数位数改为4（“品种”除外），如图10-23所示。

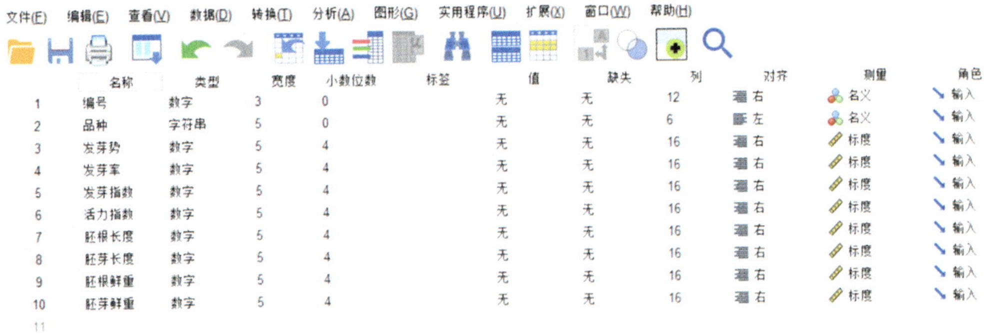

图 10-23　变量视图

调整后的数据如图 10-24 所示。

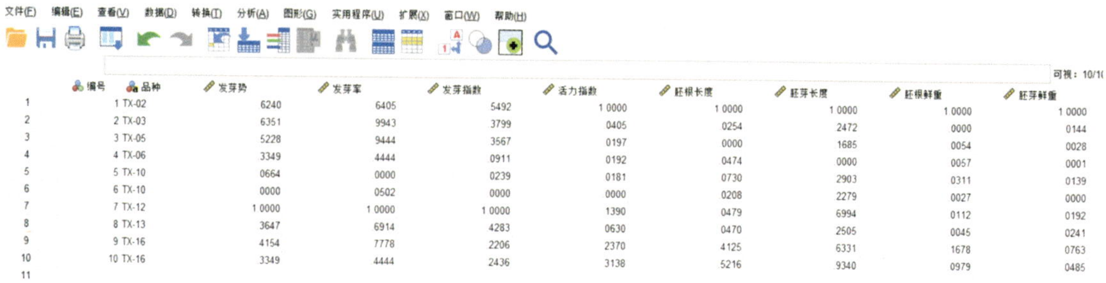

	编号	品种	发芽势	发芽率	发芽指数	活力指数	胚根长度	胚芽长度	胚根鲜重	胚芽鲜重
1	1	TX-02	6240	6405	5492	1.0000	1.0000	1.0000	1.0000	1.0000
2	2	TX-03	6351	9943	3799	0405	0254	2472	0000	0144
3	3	TX-05	5228	9444	3567	0197	0000	1685	0054	0028
4	4	TX-06	3349	4444	0911	0192	0474	0000	0057	0001
5	5	TX-10	0664	0000	0239	0181	0730	2903	0311	0139
6	6	TX-10	0000	0502	0000	0000	0208	2279	0027	0000
7	7	TX-12	1.0000	1.0000	1.0000	1390	0479	6994	0112	0192
8	8	TX-13	3647	6914	4283	0630	0470	2505	0045	0241
9	9	TX-16	4154	7778	2206	2370	4125	6331	1678	0763
10	10	TX-16	3349	4444	2436	3138	5216	9340	0979	0485
11										

图 10-24　调整后的数据

（二）相关性分析

一般要先对数据做相关性分析，确定性状间是否显著相关。点击【分析】→【相关】→【双变量】，如图 10-25 所示。

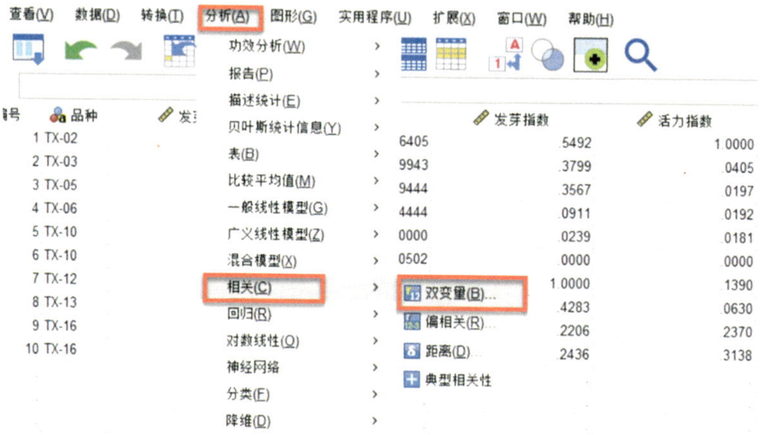

图 10-25　相关分析操作对话框

将所有性状选入【变量】栏，相关系数选择【皮尔逊】，显著性检验选择【双尾】，勾选【标记显著性相关性】，也就是在输出结果中把有统计学意义的结果用“ * ”表示出来，如图 10-26 所示。

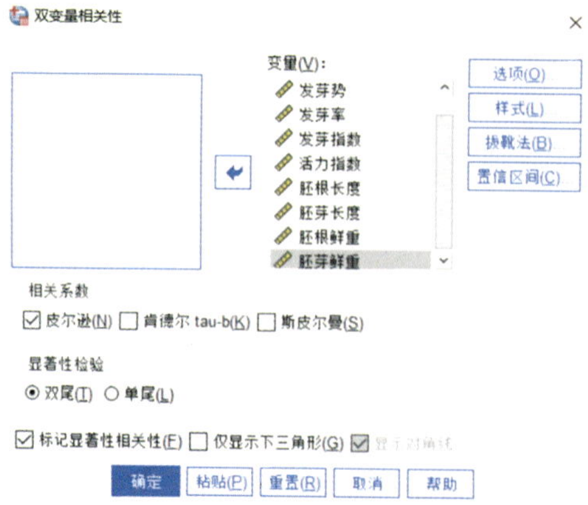

图 10-26　相关分析对话框

点击【选项】，勾选【平均值和标准差】和【成对排除个案】。如果在分析时遇到缺失值的情况，就将缺失值排除在数据分析之外。设置完毕后，点击【继续】，如图 10-27 所示。

点击【置信区间】，勾选【估算双变量相关性参数的置信区间】，置信区间设置为 95%，点击【继续】，如图 10-28 所示。

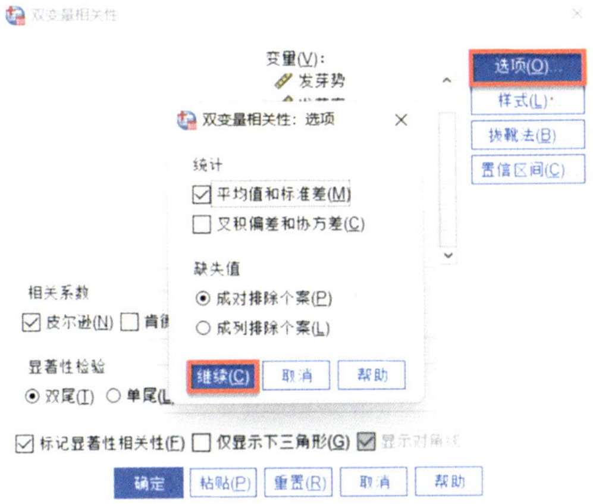

图 10-27　相关分析-选项对话框

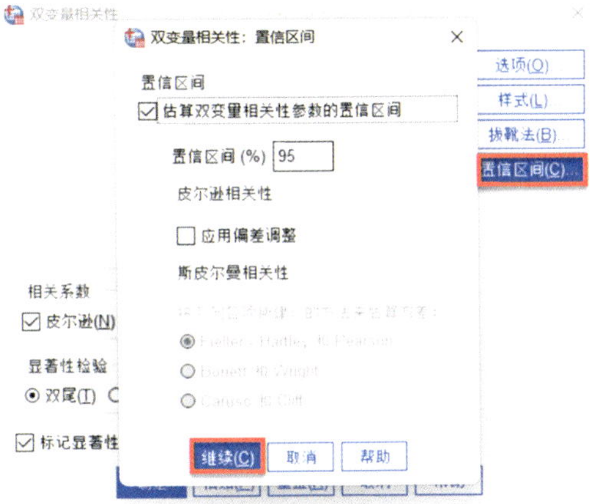

图 10-28　相关分析-置信区间对话框

其余设置采用系统默认值即可。点击【确定】，相关分析的结果如图 10-29 所示。

		发芽势	发芽率	发芽指数	活力指数	胚根长度	胚芽长度	胚根鲜重	胚芽鲜重
发芽势	皮尔逊相关性	1	.872**	.930**	.299	.150	.381	.218	.243
	显著性（双尾）		<.001	<.001	.401	.680	.278	.544	.499
	个案数	10	10	10	10	10	10	10	10
发芽率	皮尔逊相关性	.872**	1	.735*	.107	.006	.153	.042	.055
	显著性（双尾）	<.001		.015	.769	.987	.674	.908	.879
	个案数	10	10	10	10	10	10	10	10
发芽指数	皮尔逊相关性	.930**	.735*	1	.319	.146	.455	.230	.265
	显著性（双尾）	<.001	.015		.370	.687	.186	.523	.459
	个案数	10	10	10	10	10	10	10	10
活力指数	皮尔逊相关性	.299	.107	.319	1	.961**	.793**	.973**	.958**
	显著性（双尾）	.401	.769	.370		<.001	.006	<.001	<.001
	个案数	10	10	10	10	10	10	10	10
胚根长度	皮尔逊相关性	.150	.006	.146	.961**	1	.832**	.908**	.868**
	显著性（双尾）	.680	.987	.687	<.001		.003	<.001	.001
	个案数	10	10	10	10	10	10	10	10
胚芽长度	皮尔逊相关性	.381	.153	.455	.793**	.832**	1	.652*	.610
	显著性（双尾）	.278	.674	.186	.006	.003		.041	.061
	个案数	10	10	10	10	10	10	10	10
胚根鲜重	皮尔逊相关性	.218	.042	.230	.973**	.908**	.652*	1	.994**
	显著性（双尾）	.544	.908	.523	<.001	<.001	.041		<.001
	个案数	10	10	10	10	10	10	10	10
胚芽鲜重	皮尔逊相关性	.243	.055	.265	.958**	.868**	.610	.994**	1
	显著性（双尾）	.499	.879	.459	<.001	.001	.061	<.001	
	个案数	10	10	10	10	10	10	10	10

**. 在 0.01 级别（双尾），相关性显著。

*. 在 0.05 级别（双尾），相关性显著。

图 10-29　相关分析的结果

由相关分析的结果可知，多个性状的皮尔逊系数达到显著性，即各性状间均呈现不同程度的相关性；各指标间提供的信息相互依存，加之指标的变化幅度不同，在抗性评价中所起的作用也不同。玉米萌发期的耐盐碱性是一个综合性状，是由多个因素共同作用的结果，采用某一个或某几个指标不能准确地评价自交系的耐盐碱性。为了更全面地对供试材料进行耐盐碱性分析，采用主成分分析对数据进行进一步的综合评价。

（三）因子分析

点击【分析】→【降维】→【因子】，如图 10-30 所示。

图 10-30　因子分析-操作对话框

将除品种外的所有因子选入【变量】栏中，如图 10-31 所示。

点击【描述】，勾选【初始解】【系数】【显著性水平】和【KMO 和巴特利特球形度检验】，点击【继续】，如图 10-32 所示。

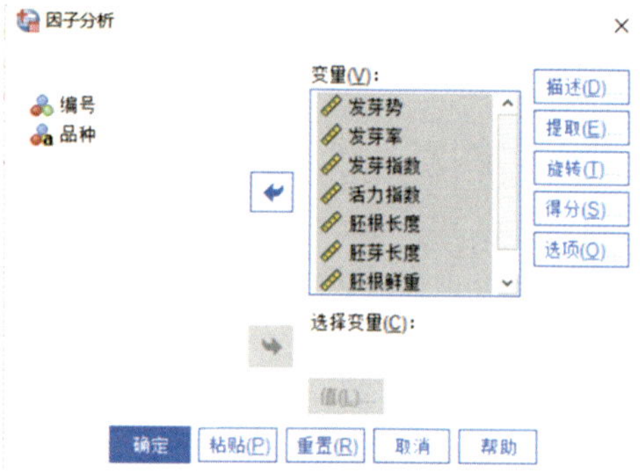

图 10-31　因子分析对话框

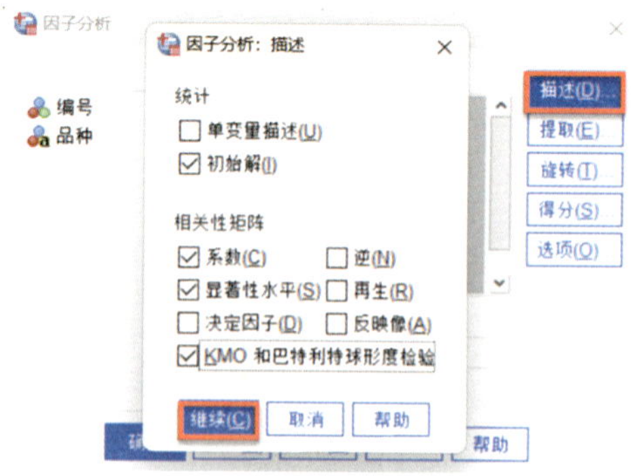

图 10-32　因子分析-描述对话框

点击【提取】，勾选【相关性矩阵】【未旋转因子解】【碎石图】，【基于特征值】选择特征值>1（数值的选择根据结果而定，默认是 1，这样既可以让信息量最大，又可以让提取的因子数最少），点击【继续】，如图 10-33 所示。

点击【旋转】，一般选择【最大方差法】，勾选【旋转后的解】（更加准确、清晰地描述出主成分），点击【继续】，如图 10-34 所示。

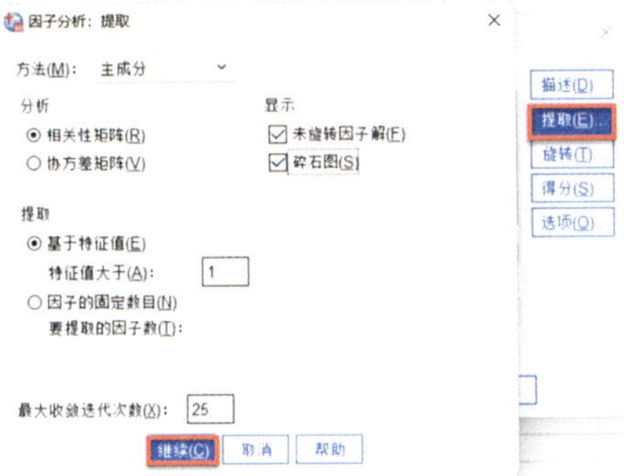

图 10-33　因子分析-提取对话框

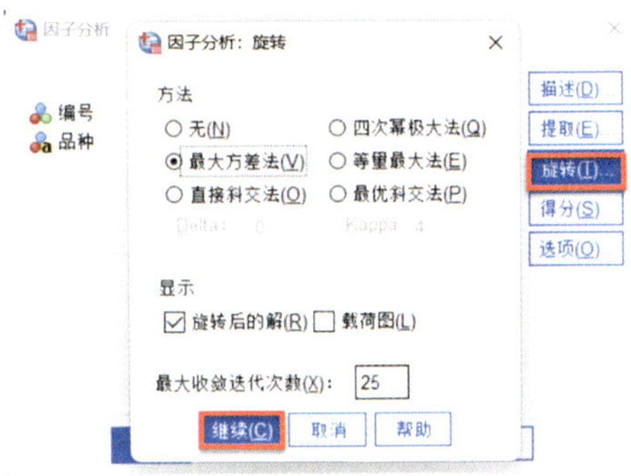

图 10-34　因子分析-旋转对话框

点击【因子得分】，勾选【保存为变量】【回归】和【显示因子得分系数矩阵】，点击【继续】，如图 10-35 所示。

点击【选项】，勾选【成列排除个案】【按大小排序】和【禁止显示小系数】，绝对值一般选择 0.5，点击【继续】，如图 10-36 所示。

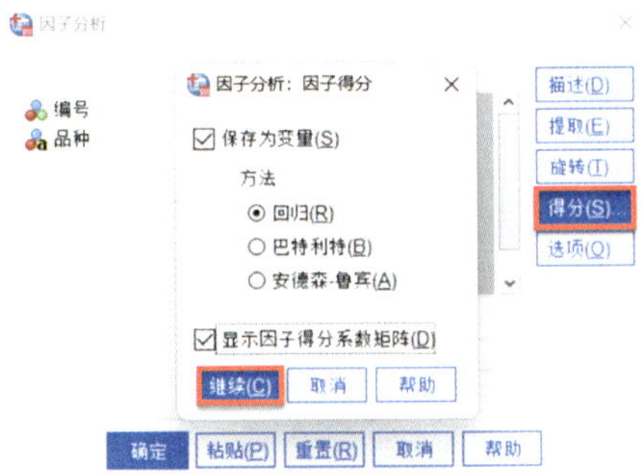

图 10-35　因子分析-因子得分对话框

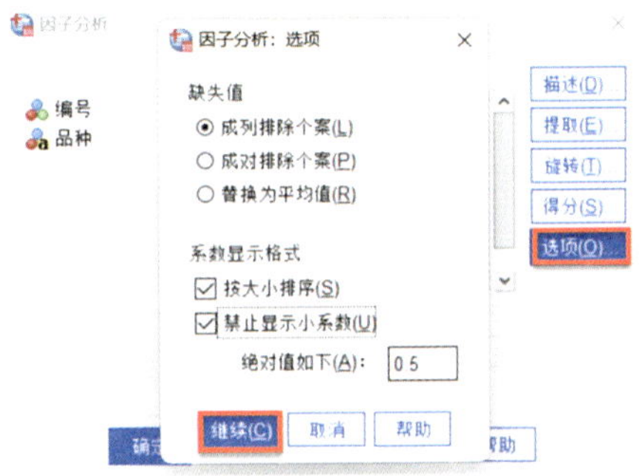

图 10-36　因子分析-选项对话框

最后点击【确定】。

(四)结果与分析

KMO 和巴特利特球形度检验并不是因子分析，而是一个因子分析显著性的先验检验，用于检验数据是否适合做因子分析和因子之间是否有关联度。从图 10-37 中可以看出，KMO 取样适切性量数为 0.541，与 0.6 接近，显著性水平 $\alpha<0.01$。由此可以得出，这 10 个因子之间表现为极显著相关。

如图 10-38 所示，“初始”表示每个因子分别研究的信息保留量，为 1(100%)；“提取”表示归类后每个因子会有一定程度的损失。初始值－提取值＝信息损失量。从图 10-38 中可以看出，每个因子的提取值均>0.6，足以证明每个因子的信息损失量较小。

KMO 取样适切性量数		.541
巴特利特球形度检验	近似卡方	124.227
	自由度	28
	显著性	<.001

图 10-37　KMO 和巴特利特球形度检验结果

	初始	提取
发芽势	1.000	.974
发芽率	1.000	.849
发芽指数	1.000	.896
活力指数	1.000	.996
胚根长度	1.000	.950
胚芽长度	1.000	.704
胚根鲜重	1.000	.940
胚芽鲜重	1.000	.902

提取方法：主成分分析法

图 10-38　公因子方差结果

结合专业特点，方差累积应达到85%以上，令特征值>1。由图10-39可以看出，一共提取出两个主成分，保留下来的主成分能反映90.139%的信息量。

成分	初始特征值			提取载荷平方和			旋转载荷平方和		
	总计	方差百分比	累积%	总计	方差百分比	累积%	总计	方差百分比	累积%
1	4.765	59.566	59.566	4.765	59.566	59.566	4.449	55.612	55.612
2	2.446	30.572	90.139	2.446	30.572	90.139	2.762	34.526	90.139
3	.487	6.083	96.221						
4	.253	3.167	99.388						
5	.036	.453	99.841						
6	.010	.130	99.971						
7	.002	.027	99.998						
8	.000	.002	100.000						

提取方法：主成分分析法。

图10-39　总方差解释结果

碎石图通常用于选择合适的因子数量，确定因子数量时以特征值是否大于1为原则。如图10-40所示，特征值>1的因子有两个，表明有两个主成分，与总方差解释表相对应。从性状和特征值的曲线也能看出，前两个性状的变化会在很大程度上影响数据的分布。

旋转后的成分矩阵(图10-41)能够更加准确、清晰地描述出有几个主成分和每个主成分中各因子的占比。

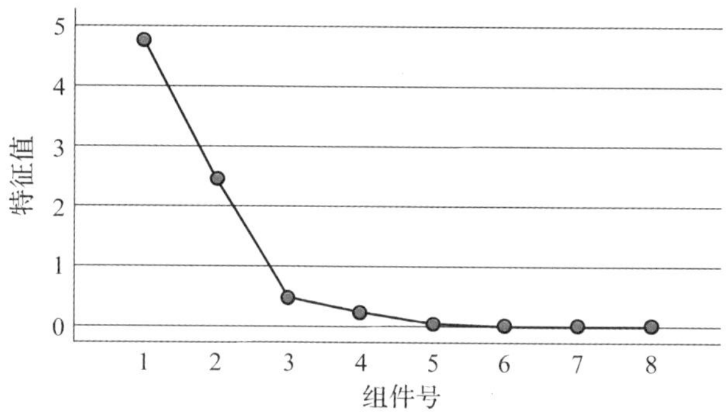

图10-40　碎石图

	成分 1	成分 2
活力指数	.988	
胚根长度	.974	
胚根鲜重	.968	
胚芽鲜重	.946	
胚芽长度	.790	
发芽势		.973
发芽指数		.926
发芽率		.921

提取方法：主成分分析法。
旋转方法：凯撒正态化最大方差法。
a. 旋转在3次迭代后已收敛。

图10-41　旋转后的成分矩阵

表10-18中主成分1和主成分2的方差贡献率，为图10-41中的提取载荷平方和方差百分率。自交系萌发性状隶属函数值的主成分分析结果表明，因子1～8的方差贡献率依次升高。设置特征值>1的成分为主成分，可以提取出两个主成分，方差贡献率依次为59.57%、30.57%，见表10-18。两个主成分的方差累计贡献率达到90.14%，大于专业特点要求的85%，即两个主成分把玉米自交系萌发性状的绝大部分信息反映出来了。因此，可以选取这两个主成分作为玉米自交系萌发性状的综合评价指标。

表10-18　自交系萌发性状主成分分析的方差贡献率　　%

主成分	方差贡献率	主成分	方差贡献率
1	59.57	2	30.57

返回数据视图，可以看到数据后面的两个主成分（公因子）的得分，整理后见表10-19。

表 10-19　计算结果-两个主成分因子得分

自交系	FAC_1 得分	FAC_2 得分	自交系	FAC_1 得分	FAC_2 得分
TX-025	2.63	0.20	TX-039	−0.61	0.75
TX-054	−0.66	0.52	TX-068	−0.58	−0.54
TX-102	−0.28	−1.35	TX-107	−0.39	−1.40
TX-123	−0.36	1.98	TX-139	−0.48	0.16
TX-161	0.23	0.02	TX-166	0.51	−0.34

根据式（10-5）计算各品种的综合得分：

$$D=\frac{\sum_{i=1}^{n}FAC_i/P_i}{\sum_{i=1}^{n}P_i} \quad (10\text{-}5)$$

式中，D—品种的综合得分；

P_i—主成分中第 i 个公因子的贡献率；

FAC_i—主成分中第 i 个公因子的得分。

在本实验中，$D=(0.595\ 7FAC_1+0.305\ 7FAC_2)/(0.595\ 7+0.305\ 7)$。

通过主成分综合得分模型计算出10份玉米自交系萌发性状的综合得分和综合排名，见表10-20。综合得分越高，等级越高，耐盐碱性就越强。

表 10-20　玉米自交系萌发性状的主成分因子得分及其综合排名

自交系	FAC_1 得分	FAC_2 得分	综合得分	综合排名
TX-025	2.63	0.20	1.81	1
TX-123	−0.36	1.98	0.43	2
TX-166	0.51	−0.34	0.22	3
TX-161	0.23	0.02	0.16	4
TX-039	−0.61	0.75	−0.15	5
TX-054	−0.66	0.52	−0.26	6
TX-139	−0.48	0.16	−0.26	7
TX-068	−0.58	−0.54	−0.57	8
TX-102	−0.28	−1.35	−0.64	9
TX-107	−0.39	−1.40	−0.74	10

由表10-20可知，综合得分≥1的自交系有1份，为TX-025；综合得分为0～1的自交系有3份，分别为TX-123、TX-166和TX-161；6份自交系的综合得分＜0，分别为TX-039、TX-054、TX-139、TX-068、TX-102和TX-107。

五、作业与思考

利用主成分分析对实验二“作业与思考”中的7个玉米自交系进行耐旱性评价。

实验四　聚类分析在作物品种评价中的应用

一、目的要求

1. 了解聚类分析的基本原理和方法；

2. 掌握利用 SPSS 进行聚类分析的操作步骤，能够对实际数据进行聚类分析并解释其结果。

二、应用软件

Excel 和 SPSS。

三、内容说明

（一）定义

聚类分析（Cluster Analysis）是根据某些数量特征将观察对象进行分类的一种数理统计方法。聚类分析属于分类学范畴。聚类分析的目标是找到最合适的群组数量和群组分配，以便最好地解释数据的结构和关系。聚类分析的原理是基于数据的相似性或距离量度的计算，通过计算样本之间的距离来确定它们的相似程度，并将相似的样本归为一组。

（二）常用的聚类分析方法

聚类分析的方法有多种。使用不同的聚类分析方法，得到的结果会有所不同，但这些结果无法在统计理论上分出优劣，只能针对具体的问题、数据特征，采用几种方法进行尝试，再观察哪一个分类结果更符合实际和更合理。

1. 系统聚类分析法

系统聚类分析法（Hierarchial-cluster Analysis）又称凝聚型谱系聚类法，是应用最广泛的聚类分析方法。它的基本逻辑是先把每个个案（或变量）看作一类，然后根据个案（或变量）之间的距离或相似性将个案（或变量）归为小类，再继续根据类别之间的距离或相似性逐步向上归类，直到所有个案（或变量）都聚合成一大类为止。系统聚类分析法适合样本容量不大的数据，一般以样本容量＜200 个为宜。

该聚类分析法的具体步骤如下：

①将 n 个个案（或变量）归为 n 类，一个个案（或变量）单独为一类；

②计算所有类与类之间的距离；

③合并距离最近的两类为新的一类；

④计算新的一类与当前各类的距离；

⑤再次合并距离最近的两类为新的一类；

⑥如此重复，直到所有个案（或变量）全都归为一大类；

⑦根据最终的聚类图，确定个案（或变量）的分类数和类别。

系统聚类分析法是从每个个案（或变量）开始进行分类的，所以当样本容量很大时，计算的工作量也会非常大。因此，系统聚类分析法只适合样本容量不太大的数据。如果样本容量＞200

个，宜采用快速聚类法，因为样本越大，系统聚类分析法的判别图形就会越分散，不易解释。进行系统聚类分析时，每个个案（或变量）一旦归为某一类，就不允许再改变，但最初的分类可能不是最优的选择。

2. *K*-均值聚类法

K-均值聚类法（*K*-Means Clustering）又称快速聚类法，是在聚类的类别数已确定的情况下，快速将其他个案归类到相应的类别，适合大样本数据的聚类。它的基本逻辑是根据对样本已有信息的了解，先将数据粗略地分为若干类，然后根据一定的原则（最小距离原则或者相似性原则）修改、调整初始的分类，并不断进行迭代调整，直到分类合理为止。

该聚类方法的具体步骤如下：

①选择若干聚类中心，依据与聚类中心的距离分出初始分类；

②判断初始分类是否合理；

③如果合理，则完成分类；

④如果不合理，再根据一定的原则修改、调整分类。

快速聚类法的分类数需要提前确定，而且分类数确定后就不能更改了。因此，快速聚类法的分类数需要根据行业特点、对研究对象的预先了解、对研究事物的判断来确定。

在实际研究中，为了更合理地确定分类数，还可以先对部分代表性样本进行系统聚类分析，从而辅助确定分类数。

该方法的不足之处是分类数从初始分类开始就确定不变了，所以要求事先要对样本有足够的了解；仅限于个案间的聚类（Q 型聚类），不能对变量进行聚类；个案间距离的测量使用的是欧氏距离的平方，因此只能对连续变量进行聚类。

3. 二阶聚类法

二阶聚类法（Two Step Cluster）又称两步聚类法，其基本逻辑是以个案（或变量）间的距离为依据，形成相应的聚类特征树节点，通过节点来构造聚类特征树，最后通过信息准则确定最优分组个数，并对各个节点进行分组。

二阶聚类法的具体步骤如下：

（1）预聚类

根据定义的最大类别数，对个案（或变量）进行初步分类。

（2）正式聚类

对预聚类得到的初步分类再进行聚类，并最终确定聚类结果。

（3）确定分类数

在正式聚类的过程中，系统会根据一定的统计标准，自动确定聚类的最优分类数。

二阶聚类法不同于前面的两种分析方法，它不需要研究人员预先指定具体的分类数或者范围，而是在分析过程中，系统会根据一定的统计标准自动地选择最优的分类数。显然，相比于其他聚类方法，二阶聚类法的分类结果会更加智能，也能够较大程度地减少人为主观因素的干扰。

该方法的优势是能够同时处理分类变量和连续变量，可自动选择最优的分类数，适用于大样本数据分析。

常用的聚类方法的比较见表 10-21。

表 10-21　常用的聚类方法的比较

聚类方法	聚类对象	变量类型	分类数	样本容量
系统聚类分析法	个案或变量	连续变量或分类变量	固定分类数或指定范围	以<200 个为宜
K-均值聚类法	个案	连续变量	固定分类数	大样本
二阶聚类法	个案或变量	连续变量和分类变量	系统自动确定	大样本

四、方法步骤

【例】 利用 SPSS 对实验三中玉米自交系萌发性状通过主成分分析得到的综合得分(*D*)进行聚类分析，并将这些材料进行耐碱性分类。

(一)数据准备

准备 10 份玉米自交系萌发性状的主成分综合得分，为方便统计，也可将材料重新进行编号，见表 10-22。

表 10-22　10 份玉米自交系萌发性状的主成分综合得分

编号	品种	*D*	编号	品种	*D*
1	TX-025	1.81	2	TX-039	0.43
3	TX-054	0.22	4	TX-068	0.16
5	TX-102	−0.15	6	TX-107	−0.26
7	TX-123	−0.26	8	TX-139	−0.57
9	TX-161	−0.64	10	TX-166	−0.74

(二)导入数据

将需要进行聚类分析的数据导入 SPSS 中。点击菜单栏中的【文件】，选择文件类型并选择文件，如图 10-42 所示。最终导入的数据形式与 Excel 表格类似，不过每一列都是一个变量，如图 10-43 所示。

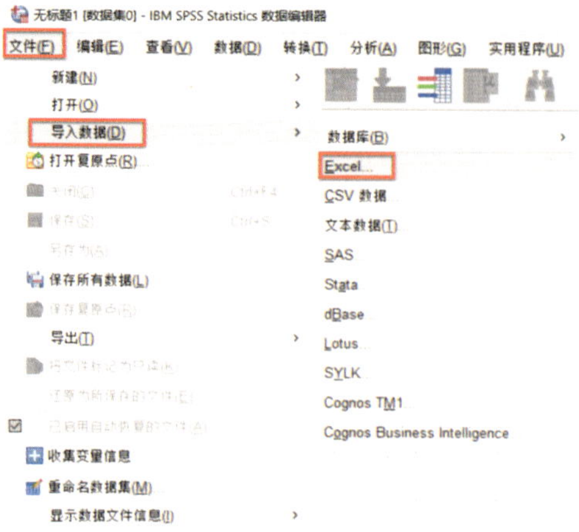

图 10-42　导入数据

	编号	品种	发芽势	发芽率	发芽指数	活力指数	胚根长度cm	胚芽长度cm	胚根鲜重g	胚芽鲜重g
1	1	TX-025	13	17	4.35	3.83	88	1.52	08	12
2	2	TX-039	93	97	44.11	764.01	17.32	6.48	6.69	8.48
3	3	TX-054	1.00	1.00	46.29	834.22	18.02	8.72	3.80	8.65
4	4	TX-068	1.00	1.00	40.95	719.40	17.57	10.28	8.52	8.45
5	5	TX-102	1.00	1.00	29.79	302.82	10.17	7.33	2.84	8.93
6	6	TX-107	93	93	34.60	252.21	7.29	4.07	2.85	4.25
7	7	TX-123	67	1.00	20.62	246.87	11.97	4.17	4.89	3.90
8	8	TX-139	90	90	30.84	477.34	15.48	8.06	6.27	8.59
9	9	TX-161	1.00	1.00	46.29	203.35	4.39	3.18	4.15	4.48
10	10	TX-166	1.00	1.00	33.29	127.26	3.82	2.87	2.03	3.25
11										

图 10-43　数据视图

(三)数据处理

在 SPSS 中选择【分析】菜单下的【分类】子菜单，然后选择【系统聚类】，如图 10-44 所示。

在系统聚类分析对话框中，选择要进行聚类的变量 D，并将其添加到【变量】栏中；将“品种”放入【个案标注依据】栏中，如图 10-45 所示。

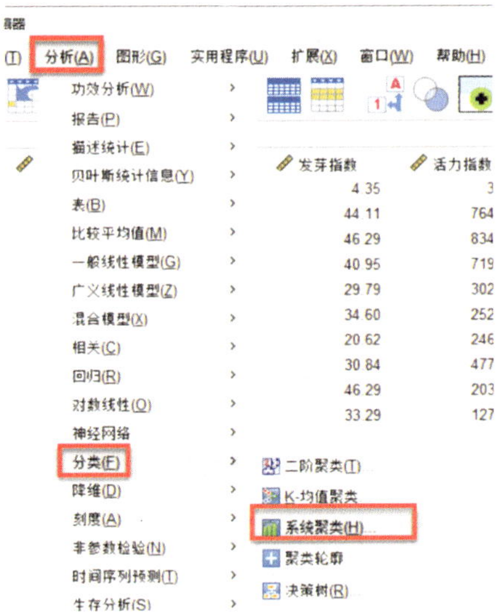

图 10-44　聚类分析操作步骤

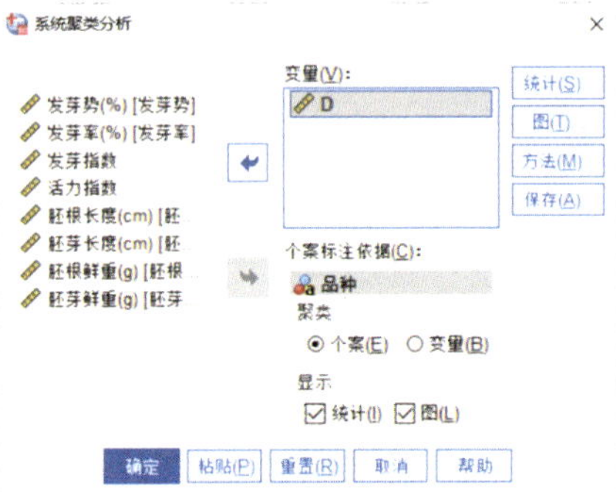

图 10-45　聚类分析对话框

选择【图】，勾选【谱系图】，【方向】选择“垂直”，点击【继续】，如图 10-46 所示。

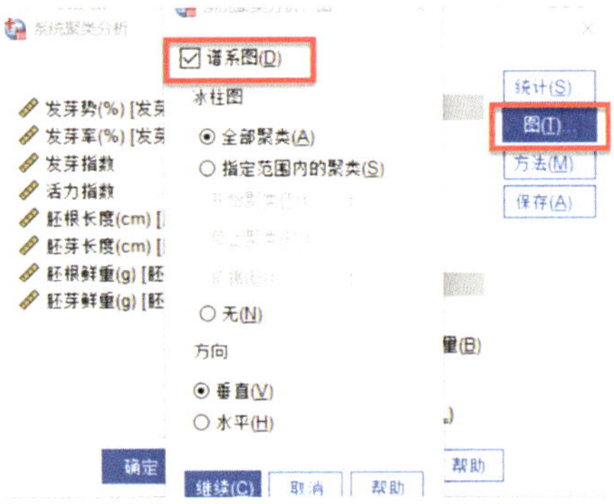

图 10-46　聚类分析-图对话框

选择【方法】,【聚类方法】选择“组间连接”,【区间】选择“欧氏距离”,点击【继续】,如图 10-47 所示,最后点击【确定】。

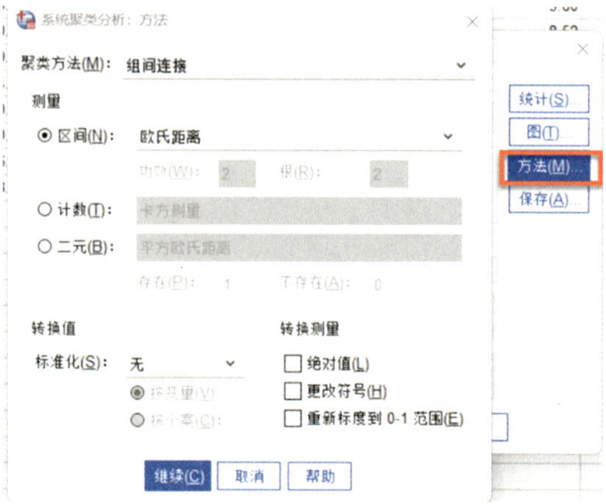

图 10-47　聚类分析-方法对话框

聚类方法有 2 种,即组内连接和组间连接。

组内连接是一种基于距离的聚类方法,它将最相似的数据点组合在一起,形成一个簇。在组内连接中,每个数据点都与它最近的邻居形成一个簇,直到所有数据点都被分配到一个簇中。

组间连接是一种基于密度的聚类方法,它将低密度区域中的数据点分配到不同的簇中。在组间连接中,每个数据点都被分配到一个簇中,直到所有数据点都被分配到一个簇中。

总的来说,组内连接和组间连接的区别在于它们如何定义簇。组内连接基于距离,而组间连接基于密度。选择合适的聚类方法需要考虑数据的类型、大小、分布,聚类的目的和聚类的数量等因素。

【区间】内有欧氏距离、平方欧氏距离、余弦、皮尔逊相关性等方法,如图 10-48 所示。

欧氏距离和平方欧氏距离是聚类分析中常用的 2 种距离度量,通常在基于距离的聚类方法中使用。在聚类分析中,欧氏距离通常用于连续数据的聚类。当数据是连续的并且可以用数值表示时,欧氏距离是一种常用的距离度量。欧氏距离用于度量两个数据点之间的直线距离,它考虑了数据点在空间中的位置。因此,欧氏距离适用于空间数据、图像数据、时间序列数据等。

然而,当数据离散或分类时,欧氏距离可能不太适用。在这种情况下,其他距离度量,如曼哈顿距离、切比雪夫距离或余弦相似度等,可能更适用。

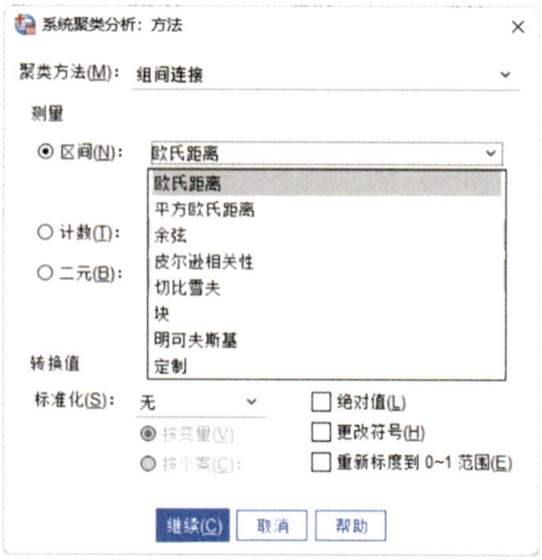

图 10-48　聚类分析-方法对话框

(四)结果分析

聚类分析树状图如图 10-49 所示。

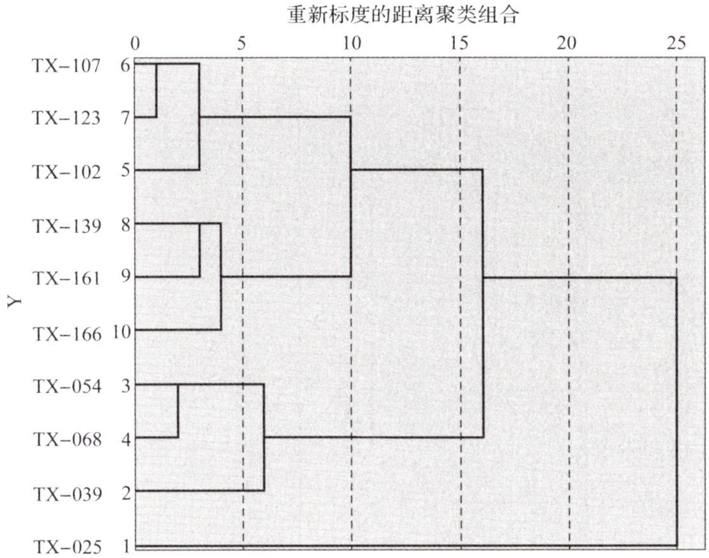

图 10-49　聚类分析树状图

双击树状图,可以对图形格式进行修改,如修改线条、文字、底纹等,如图 10-50 所示。

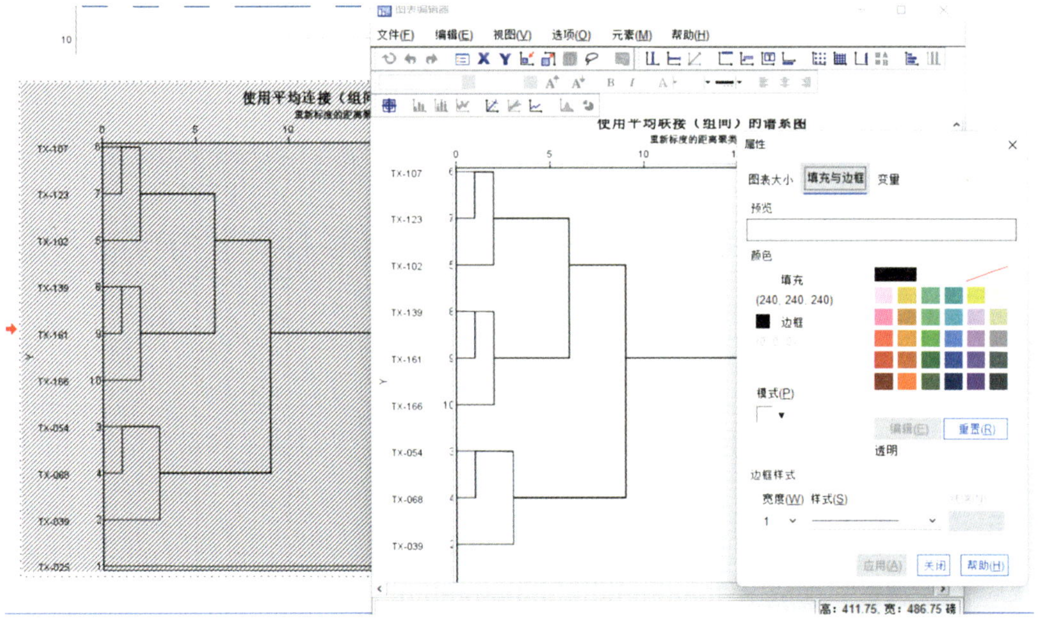

图 10-50　树状图格式修改对话框

树状图经过格式修改后,在欧氏距离为 12.5 处添加一条趋势线,如图 10-51 所示。通过趋势线将试验材料的数据分成 3 类:

第 1 类为耐碱性材料,共 1 份自交系,为 TX-025;

第 2 类为中耐碱性材料,共 3 份自交系,分别为 TX-039、TX-054 和 TX-068;

第 3 类为碱敏感材料,共 6 份自交系,分别为 TX-102、TX-107、TX-123、TX-139、TX-161 和 TX-166。

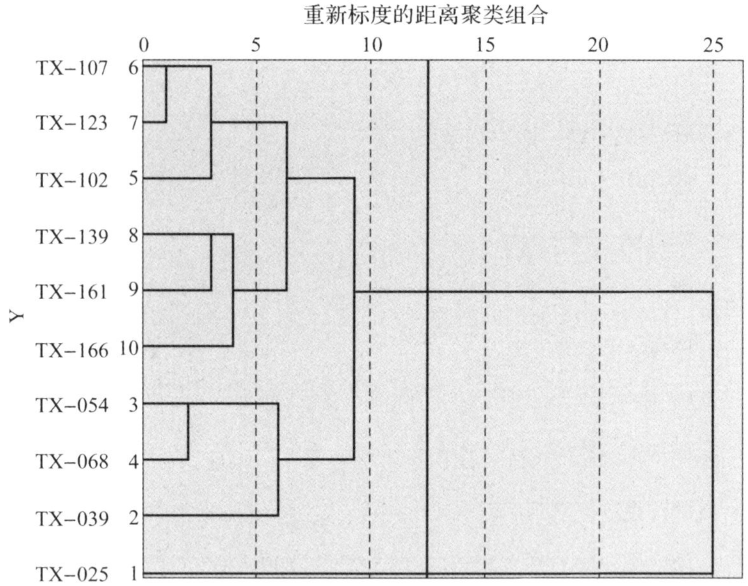

图 10-51　趋势线添加结果

五、作业与思考

对利用隶属函数和主成分分析得到的玉米自交系耐旱综合得分进行聚类分析，并比较二者的结果是否有差异，叙述造成差异的原因。

实验五　灰色关联度分析在作物品种评价中的应用

一、目的要求

1. 熟悉灰色关联度分析的原理和方法；
2. 学会利用灰色关联度分析对作物品种进行评价。

二、应用软件

Excel 和 SPSSAU 网站。

三、内容说明

（一）方法介绍

灰色关联度分析（Grey Relational Analysis）是灰色系统分析方法的一种。它是将因素之间发展趋势的相似或相异程度，即“灰色关联度”，作为衡量因素间关联程度的一种方法。两个系统之间的因素随时间或不同对象变化的关联性大小的量度，称为关联度。在系统发展过程中，若两个因素变化的趋势具有一致性，即同步变化程度较高，则二者的关联程度较高；反之，则较低。

(二)计算步骤

1.确定反映系统行为特征的参考数列和影响系统行为的比较数列

对一个抽象系统或现象进行分析,要先选准反映系统行为特征的数据序列,即参考数列。由影响系统行为的因素组成的数据序列,称为比较数列。

参考数列:$X'_0=\{X'_0(1),X'_0(2),\cdots,X'_0(i)\}$。其中,$i$—影响因素(性状)的数量。

比较数列:$X'_j=\{X'_j(1),X'_j(2),\cdots,X'_j(i)\}$。其中,$i$—影响因素(性状)的数量;$j$—个体数量。

2.对参考数列和比较数列进行无量纲化处理

系统中各因素的物理意义不同,导致数据的量纲也不一定相同,不便于进行比较,或在比较时难以得到正确的结论。因此,在进行灰色关联度分析时,一般都要对原始数据进行无量纲化处理。

(1)初值化

$$X_{ij}=\frac{X'_{ij}}{X'_{i1}} \tag{10-6}$$

式中,X_{ij}—无量纲化处理后的第 i 个影响因素(性状)的第 j 个个体的转换值;

X'_{ij}—第 j 个个体的第 i 个影响因素(性状);

X'_{i1}—第 i 个影响因素(性状)的第 1 个维度值。

初值化方法适用于较稳定现象的无量纲化,因为这样的数列多数呈稳定增长趋势。通过初值化处理,可使增长趋势更加明显。

(2)均值化

$$X_{ij}=\frac{X'_{ij}}{\overline{X}} \tag{10-7}$$

式中,$\overline{X}$—第 i 个影响因素(性状)的平均值。

一般说来,均值化方法比较适用于处理没有明显升降趋势现象的数据。

(3)区间化

$$X_{ij}=\frac{X'_{ij}-\min X'_{ij}}{\max X'_{ij}-\min X'_{ij}} \tag{10-8}$$

式中,$\min X'_{ij}$—系统第 j 个个体的第 i 个影响因素(性状)的最小值;

$\max X'_{ij}$—系统第 j 个个体的第 i 个影响因素(性状)的最大值。

一般情况下,3 种方法不宜混合、重叠使用。在进行系统因素分析时,可根据实际情况选用其中的一种方法。

3.求参考数列与比较数列的灰色关联系数

所谓关联程度,实质上是指曲线间几何形状的差别程度。因此,曲线间差值的大小可作为关联程度的衡量尺度。对于一个参考数列 X_0,有若干比较数列 $X_1,X_2,\cdots,X_j$,各比较数列与参考数列在各个时刻(即曲线中的各点)的灰色关联系数(以下简称"关联系数")ξ_{ij} 可由式(10-9)算出:

$$\xi_{ij}=\frac{\Delta(\min)+\xi\Delta(\max)}{\Delta_{ij}+\xi\Delta(\max)} \tag{10-9}$$

式中,ξ—分辨系数,$0<\xi<1$,通常取 0.5,用于削弱因 $\Delta(\max)$ 过大而使关联系数失真的影响

（引入这个系数是为了提高关联系数之间的差异显著性）；$\Delta(\max)$—两级最大差，$\Delta(\max)=\max_i\max_j\Delta_{ij}$；$\Delta(\min)$—两级最小差，$\Delta(\min)=\min_i\min_j\Delta_{ij}$；$\Delta_{ij}$—参考序列 X_0 与 j 个试验材料相应的绝对差值，$\Delta_{ij}=|X_{i0}-X_{ij}|$。

4. 求关联度

关联系数是比较数列与参考数列在各个时刻（即曲线中的各点）的关联程度值，所以它的数不止一个，而信息过于分散不便于进行整体性比较。因此，有必要将各个时刻（即曲线中的各点）的关联系数集中为一个值（关联度），作为比较数列与参考数列间关联程度的数量表示。关联度 r_i 的计算公式如下：

$$r_i=\frac{1}{n}\sum_{i=1}^{n}\xi_{ij} \tag{10-10}$$

当所有性状的权重相同时，关联度即为所有性状关联系数的平均值；当所有性状的权重不相同时，关联度即为对应性状的关联系数与权重系数的乘积之和。

$$r_i=\sum_{i=1}^{n}W_i\xi_{ij} \tag{10-11}$$

式中，W_i—权重系数。

5. 关联度排序

各因素之间的关联程度主要是通过关联度的大小和次序来描述，而不仅是关联度的大小。

四、方法步骤

（一）针对品种的综合评价

【例】通过随机区组试验种植了 9 个糯玉米品种，经过田间调查后得到数据，见表 10-23。该数据为 3 次重复的平均值。通过以下性状对糯玉米品种进行综合评价。

表 10-23 各参试品种的主要性状值

品种名称	穗位系数	茎粗/mm	抗倒伏压强/kPa	穿刺强度/kPa	叶夹角度/(°)	成苗率/%	成穗率/%	鲜穗重/(kg/hm²)	生育期/d	适采期/d
吉农糯 111	0.45	28.04	307.90	417.80	38.14	97.37	75.73	10 922.48	92	6
金糯 262	0.51	26.46	297.90	357.48	25.30	97.37	94.59	17 632.17	92	7
米甜糯 628	0.44	27.50	258.10	363.06	32.66	97.37	91.96	18 281.64	95	7
垦粘 8	0.47	27.92	413.60	377.38	40.00	100.00	92.11	15 015.95	87	8
万糯 2000	0.48	27.501	299.30	428.08	23.50	84.21	80.95	13 964.16	98	4
粘 T2001	0.45	24.487	444.20	305.24	41.64	84.21	90.89	10 829.88	97	6
粘 T2005	0.57	28.700	838.50	427.56	39.28	89.47	90.97	17 280.63	99	5
黑美人	0.55	31.378	401.90	347.60	32.68	76.32	79.76	11 142.65	96	6
粘 25	0.35	26.120	385.40	251.22	35.62	94.74	88.89	12 954.30	98	7

利用 Excel 进行计算，具体步骤如下：

1. 确定参考序列 X_0

将品种选育目标与优良品种的极限结合起来，构建一个理想品种。理想品种的各性状值构成参考数列，记为 X_0，见表 10-24。参试品种的各性状值为比较数列，记为 X_{ij}；性状用 i 表示，共有 10 个；参试品种数为 j，共有 9 个。

本例取穗位系数(i_0)、茎粗(i_1)、抗倒伏压强(i_2)、穿刺强度(i_3)、叶夹角度(i_4)、成苗率(i_5)、成穗率(i_6)、鲜穗重(i_7)、生育期(i_8)和适采期(i_9)共 10 个性状。

取最小值：i_0、i_4、i_8；

取平均值：i_1；

取最大值：i_2、i_3、i_5、i_6、i_7、i_9。

表 10-24　理想品种的各性状值

数列	性状值									
	i_0	i_1	i_2	i_3	i_4	i_5	i_6	i_7	i_8	i_9
X_0	0.35	27.27	838.46	428.08	23.50	100.00	94.74	19 419.01	87	8

2. 进行无量纲化处理

对参试品种的性状值进行无量纲化处理后，得到如表 10-25 所示的结果。

表 10-25　参试品种性状的无量纲化数值

数列	无量纲化数值									
	i_0	i_1	i_2	i_3	i_4	i_5	i_6	i_7	i_8	i_9
X_0	1.00	1.00	1.00	1.00	1.00	1.00	1.00	1.00	1.00	1.00
X_1	1.29	1.02	0.37	0.98	1.62	0.97	0.80	0.60	1.06	0.75
X_2	1.46	0.96	0.36	0.84	1.08	0.97	1.00	0.96	1.06	0.88
X_3	1.26	1.00	0.31	0.85	1.39	0.97	0.97	1.00	1.09	0.88
X_4	1.34	1.01	0.49	0.88	1.70	1.00	0.97	0.82	1.00	1.00
X_5	1.37	1.00	0.36	1.00	1.00	0.84	0.86	0.76	1.13	0.50
X_6	1.29	0.89	0.53	0.71	1.77	0.84	0.96	0.59	1.11	0.75
X_7	1.63	1.04	1.00	1.00	1.67	0.95	0.94	0.95	1.14	0.63
X_8	1.57	1.14	0.48	0.81	1.39	0.76	0.84	0.61	1.10	0.75
X_9	1.00	0.95	0.46	0.59	1.52	0.95	0.94	0.71	1.13	0.88

3. 求参考数列与比较数列的关联系数

在参试品种的所有性状中，计算绝对差值 Δ_{ij}，即 X_1 的绝对差值为 0.29(i_0)、0.02(i_1)、0.63(i_2)、0.02(i_3)、0.62(i_4)、0.03(i_5)、0.20(i_6)、0.40(i_7)、0.06(i_8)、0.25(i_9)，其他性状同此计算。绝对差值 $\Delta_i(k)$ 中的 $\Delta(\min)=0.000\ 0$，$\Delta(\max)=0.772\ 1$，将各绝对差值代入式(10-9)中，计算出 X_j 与 X_0 的关联系数，其结果见表 10-26。

表 10-26　参试品种性状的关联系数

数列	关联系数									
	i_0	i_1	i_2	i_3	i_4	i_5	i_6	i_7	i_8	i_9
X_1	0.570 4	0.950 6	0.379 3	0.950 6	0.383 1	0.927 7	0.658 1	0.490 4	0.865 2	0.606 3
X_2	0.455 6	0.905 9	0.375 6	0.706 4	0.828 0	0.927 7	1.000 0	0.905 9	0.865 2	0.762 4
X_3	0.596 9	1.000 0	0.358 1	0.719 6	0.496 8	0.927 7	0.927 7	1.000 0	0.810 5	0.762 4

续表 10-26

数列	关联系数									
	i_0	i_1	i_2	i_3	i_4	i_5	i_6	i_7	i_8	i_9
X_4	0.531 0	0.974 7	0.430 2	0.762 4	0.354 8	1.000 0	0.927 7	0.681 4	1.000 0	1.000 0
X_5	0.509 9	1.000 0	0.375 6	1.000 0	1.000 0	0.706 4	0.733 3	0.616 0	0.747 6	0.435 0
X_6	0.570 4	0.777 8	0.450 3	0.570 4	0.333 3	0.706 4	0.905 9	0.484 3	0.777 8	0.606 3
X_7	0.379 3	0.905 9	1.000 0	1.000 0	0.364 9	0.777 8	0.905 9	0.885 1	0.733 3	0.509 9
X_8	0.403 1	0.733 3	0.425 4	0.669 6	0.496 8	0.616 0	0.706 4	0.496 8	0.793 8	0.606 3
X_9	1.000 0	0.885 1	0.416 2	0.484 3	0.425 4	0.885 1	0.865 2	0.570 4	0.747 6	0.762 4

4. 求关联度

各性状的权重系数见表 10-27。

表 10-27　各性状的权重系数

性状	权重系数	性状	权重系数	性状	权重系数	性状	权重系数	性状	权重系数
i_0	0.10	i_2	0.05	i_4	0.05	i_6	0.10	i_8	0.10
i_1	0.05	i_3	0.05	i_5	0.10	i_7	0.30	i_9	0.10

根据性状权重系数的不同，采用等权和加权 2 种方法计算关联度，等权关联度为 m，加权关联度为 n。结果如下：

$$m_1=\frac{1}{9}(0.570\,4+0.950\,6+0.379\,3+0.950\,6+0.383\,1+0.927\,7+0.658\,1+0.490\,4+0.865\,2+0.606\,3)=0.678\,2$$

$$m_2=\frac{1}{9}(0.455\,6+0.905\,9+0.375\,6+0.706\,4+0.828\,0+0.927\,7+1.000\,0+0.905\,9+0.865\,2+0.762\,4)=0.773\,3$$

$$m_3=\frac{1}{9}(0.596\,9+1.000\,0+0.358\,1+0.719\,6+0.496\,8+0.927\,7+0.927\,7+1.000\,0+0.810\,5+0.762\,4)=0.760\,0$$

$$m_4=\frac{1}{9}(0.531\,0+0.974\,7+0.430\,2+0.762\,4+0.354\,8+1.000\,0+0.927\,7+0.681\,4+1.000\,0+1.000\,0)=0.766\,2$$

$$m_5=\frac{1}{9}(0.509\,9+1.000\,0+0.375\,6+1.000\,0+1.000\,0+0.706\,4+0.733\,3+0.616\,0+0.747\,6+0.435\,0)=0.712\,4$$

$$m_6=\frac{1}{9}(0.570\,4+0.777\,8+0.450\,3+0.570\,4+0.333\,3+0.706\,4+0.905\,9+0.484\,3+0.777\,8+0.606\,3)=0.618\,3$$

$$m_7=\frac{1}{9}(0.379\,3+0.905\,9+1.000\,0+1.000\,0+0.364\,9+0.777\,8+0.905\,9+0.885\,1+0.733\,3+0.509\,9)=0.746\,2$$

$m_8=\frac{1}{9}(0.4031+0.7333+0.4254+0.6696+0.4968+0.6160+0.7064+0.4968+0.7938+0.6063)=0.5948$

$m_9=\frac{1}{9}(1.0000+0.8851+0.4162+0.4843+0.4254+0.8851+0.8652+0.5704+0.7476+0.7524)=0.7042$

$n_1=0.5704\times0.1+0.9506\times0.05+0.3793\times0.05+0.9506\times0.05+0.3831\times0.05+0.9277\times0.1+0.6581\times0.3+0.4904\times0.1+0.8652\times0.1+0.6063\times0.1=0.6431$

$n_2=0.4556\times0.1+0.9059\times0.05+0.3756\times0.05+0.7064\times0.05+0.8280\times0.05+0.9277\times0.1+1.0000\times0.3+0.9059\times0.1+0.8652\times0.1+0.7624\times0.1=0.8136$

$n_3=0.5969\times0.1+1.0000\times0.05+0.3581\times0.05+0.7196\times0.05+0.4968\times0.05+0.9277\times0.1+0.9277\times0.3+1.0000\times0.1+0.8105\times0.1+0.7624\times0.1=0.8312$

$n_4=0.5310\times0.1+0.9747\times0.05+0.4302\times0.05+0.7624\times0.05+0.3548\times0.05+1.0000\times0.1+0.9277\times0.3+0.6814\times0.1+1.0000\times0.1+1.0000\times0.1=0.7764$

$n_5=0.5099\times0.1+1.0000\times0.05+0.3756\times0.05+1.0000\times0.05+1.0000\times0.05+0.7064\times0.1+0.7333\times0.3+0.6160\times0.1+0.7476\times0.1+0.4350\times0.1=0.6668$

$n_6=0.5704\times0.1+0.7778\times0.05+0.4503\times0.05+0.5704\times0.05+0.3333\times0.05+0.7064\times0.1+0.9059\times0.3+0.4843\times0.1+0.7778\times0.1+0.6063\times0.1=0.6085$

$n_7=0.3793\times0.1+0.9059\times0.05+1.0000\times0.05+1.0000\times0.05+0.3649\times0.05+0.7778\times0.1+0.9059\times0.3+0.8851\times0.1+0.7333\times0.1+0.5099\times0.1=0.7597$

$n_8=0.4031\times0.1+0.7333\times0.05+0.4254\times0.05+0.6696\times0.05+0.4968\times0.05+0.6160\times0.1+0.7064\times0.3+0.4968\times0.1+0.7938\times0.1+0.6063\times0.1=0.5779$

$n_9=1.0000\times0.1+0.8851\times0.05+0.4162\times0.05+0.4843\times0.05+0.4254\times0.05+0.8851\times0.1+0.8652\times0.3+0.5704\times0.1+0.7476\times0.1+0.7524\times0.1=0.7077$

参试品种的关联度及其排名见表 10-28。

表 10-28　参试品种的关联度及其排名

序列	品种	等权关联度	排名	加权关联度	排名
X_2	金糯 262	0.678 2	1	0.643 1	2
X_4	垦粘 8	0.773 3	2	0.813 6	3
X_3	米甜糯 628	0.760 0	3	0.831 2	1
X_7	粘 T2005	0.766 2	4	0.776 4	4
X_5	万糯 2000	0.712 4	5	0.666 8	6
X_9	粘 25	0.618 3	6	0.608 5	5
X_1	吉农糯 111	0.746 2	7	0.759 7	7
X_6	粘 T2001	0.594 8	8	0.577 9	8
X_8	黑美人	0.704 2	9	0.707 7	9

(二)针对所有性状对某一重要性状影响的综合评价

【例】　依然利用上述 9 个糯玉米品种的数据，寻找不同性状对糯玉米产量的影响。取鲜穗重(i_0)、穗位系数(i_1)、茎粗(i_2)、抗倒伏压强(i_3)、穿刺强度(i_4)、叶夹角度(i_5)、成苗率(i_6)、成穗率(i_7)、生育期(i_8)和适采期(i_9)共 10 个性状。

1. 利用 Excel 软件计算

①以数列为列,性状为行,求出各参试品种性状的平均值,见表 10-29。

表 10-29 各参试品种性状值及其平均值

性状	性状值									$\overline{X}$
	X_1	X_2	X_3	X_4	X_5	X_6	X_7	X_8	X_9	
i_0	10 922.48	17 632.17	18 281.64	15 015.95	13 964.16	10 829.88	17 280.63	11 142.65	12 954.30	14 224.87
i_1	0.45	0.51	0.44	0.47	0.48	0.45	0.57	0.54	0.34	0.47
i_2	28.04	26.46	27.50	27.92	27.50	24.49	28.70	31.38	26.12	27.57
i_3	307.90	297.86	258.08	413.60	299.32	444.16	838.46	401.94	385.36	405.19
i_4	417.80	357.48	363.06	377.38	428.08	305.24	427.56	347.60	251.22	363.94
i_5	38.14	25.30	32.66	40.00	23.50	41.64	39.28	32.68	35.62	34.31
i_6	97.37	97.37	97.37	100.00	84.21	84.21	89.47	76.32	94.74	91.23
i_7	75.73	94.59	91.96	92.11	80.95	90.89	90.97	79.76	88.89	87.32
i_8	92	92	95	87	98	97	99	96	98	95
i_9	6	7	7	8	4	6	5	6	7	6

②对原始数据采用均值化法进行无量纲化处理,参试品种性状均值化变换值见表 10-30。

表 10-30 参试品种性状均值化变换值

性状	均值化变换值								
	X_1	X_2	X_3	X_4	X_5	X_6	X_7	X_8	X_9
i_0	0.767 8	1.239 5	1.285 2	1.055 6	0.981 7	0.761 3	1.214 8	0.783 3	0.910 7
i_1	0.948 5	1.074 9	0.936 9	0.997 3	1.021 8	0.947 4	1.204 6	1.147 0	0.720 3
i_2	1.017 2	0.959 7	0.997 6	1.012 7	0.997 6	0.888 3	1.041 1	1.138 3	0.947 5
i_3	0.759 9	0.735 1	0.636 9	1.020 8	0.738 7	1.096 2	2.069 3	0.992 0	0.951 1
i_4	1.148 0	0.982 3	0.997 6	1.036 9	1.176 3	0.838 7	1.174 8	0.955 1	0.690 3
i_5	1.111 5	0.737 3	0.951 8	1.165 7	0.684 8	1.213 5	1.144 7	0.952 5	1.038 1
i_6	1.067 3	1.067 3	1.067 3	1.096 2	0.923 1	0.923 1	0.980 8	0.836 5	1.038 5
i_7	0.867 3	1.083 3	1.053 2	1.054 8	0.927 1	1.040 9	1.041 9	0.913 5	1.018 0
i_8	0.969 6	0.969 6	1.001 2	0.916 9	1.032 8	1.022 2	1.043 3	1.011 7	1.032 7
i_9	0.964 3	1.125 0	1.125 0	1.285 7	0.642 9	0.964 3	0.803 6	0.964 3	1.129 0

③求取性状序列两极差。以鲜穗重求出两级最大差 Δ(max)＝0.854 5，两级最小差 Δ(min)＝0.000 8。

④计算关联系数。将相应数值代入公式，即可得到 X_0 对 X_i 各性状的关联系数。产量与各性状的关联系数见表 10-31。

表 10-31　产量与各性状的关联系数

性状	关联系数								
	X_1	X_2	X_3	X_4	X_5	X_6	X_7	X_8	X_9
i_1	0.704 1	0.723 2	0.551 9	0.881 5	0.915 8	0.697 9	0.978 4	0.541 2	0.694 5
i_2	0.632 6	0.605 4	0.598 8	0.910 5	0.965 8	0.772 3	0.712 2	0.547 2	0.922 3
i_3	0.983 5	0.459 4	0.398 0	0.926 3	0.638 6	0.561 6	0.333 9	0.673 1	0.915 3
i_4	0.530 1	0.625 3	0.598 8	0.959 9	0.688 3	0.848 2	0.916 1	0.714 5	0.660 9
i_5	0.555 2	0.460 5	0.562 7	0.796 5	0.591 1	0.486 7	0.860 7	0.717 7	0.771 7
i_6	0.589 0	0.714 0	0.663 5	0.915 0	0.881 0	0.726 7	0.647 2	0.890 8	0.771 2
i_7	0.812 6	0.733 6	0.649 2	1.000 0	0.888 4	0.605 5	0.713 1	0.767 9	0.800 7
i_8	0.680 5	0.613 9	0.601 8	0.756 2	0.894 8	0.622 0	0.714 9	0.652 8	0.779 1
i_9	0.686 3	0.790 0	0.728 6	0.651 1	0.558 7	0.679 2	0.510 5	0.703 7	0.667 1

⑤计算关联度。将求得的关联系数代入公式计算等权关联度，求每个品种的等权关联度 m，其结果见表 10-32。计算过程如下：

$$m_1=\frac{1}{9}(0.704\,1+0.723\,2+0.551\,9+0.881\,5+0.915\,8+0.697\,9+0.978\,4+0.541\,2+0.694\,5)=0.743\,2$$

$$m_2=\frac{1}{9}(0.632\,6+0.605\,4+0.598\,8+0.910\,5+0.965\,8+0.772\,3+0.712\,2+0.547\,2+0.922\,3)=0.740\,8$$

……

$$m_9=\frac{1}{9}(0.686\,3+0.790\,0+0.728\,6+0.651\,1+0.558\,7+0.679\,2+0.510\,5+0.703\,7+0.667\,1)=0.663\,9$$

表 10-32　品种与性状的关联度及其排序

性状	性状名称	等权关联度	排名
i_7	成穗率	0.774 6	1
i_6	成苗率	0.755 4	2
i_1	穗位系数	0.743 2	3
i_2	茎粗	0.740 8	4
i_4	穿刺强度	0.726 9	5
i_8	生育期	0.701 8	6

续表 10-32

性状	性状名称	等权关联度	排名
i_9	适采期	0.663 9	7
i_3	抗倒伏压强	0.654 4	8
i_5	叶夹角度	0.644 8	9

2. 利用网页 SPSSAU 计算

①进入官网“https://spssau.com/index.html”。

②登录方式可选择“微信登录”，建立账号后，可以将计算后的数据保存在系统中。点击【进入 SPSSAU】，如图 10-52 所示。

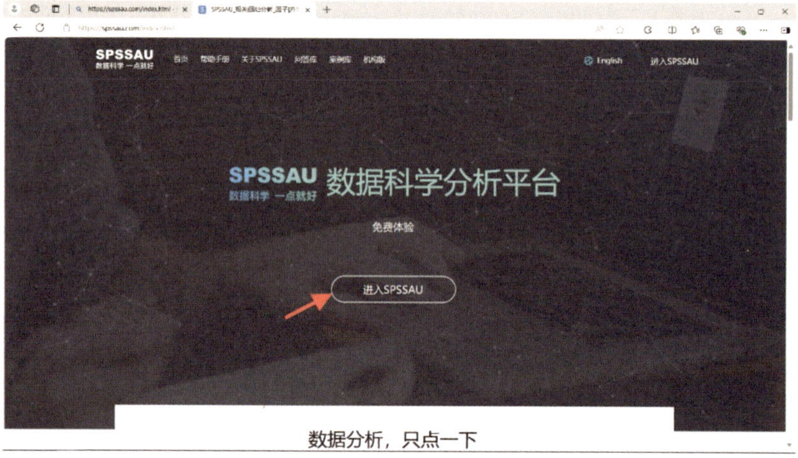

图 10-52　点击【进入 SPSSAU】界面

③上传文件界面如图 10-53 所示。

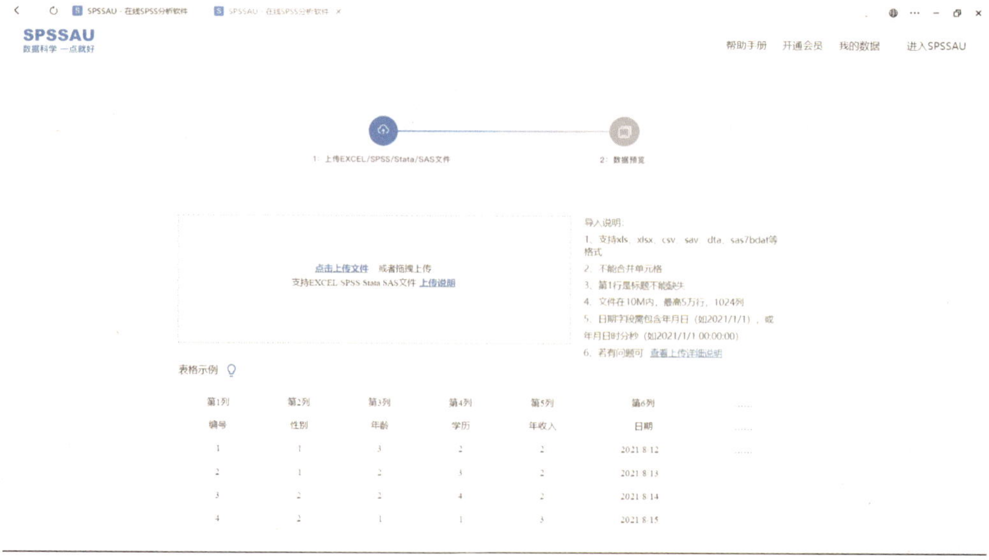

图 10-53　上传文件界面

④根据示例数据，将数据文件整理成系统能够识别的格式，点击【点击上传数据 或者拖拽上传】，选定文件后，点击【打开】，如图 10-54 所示。

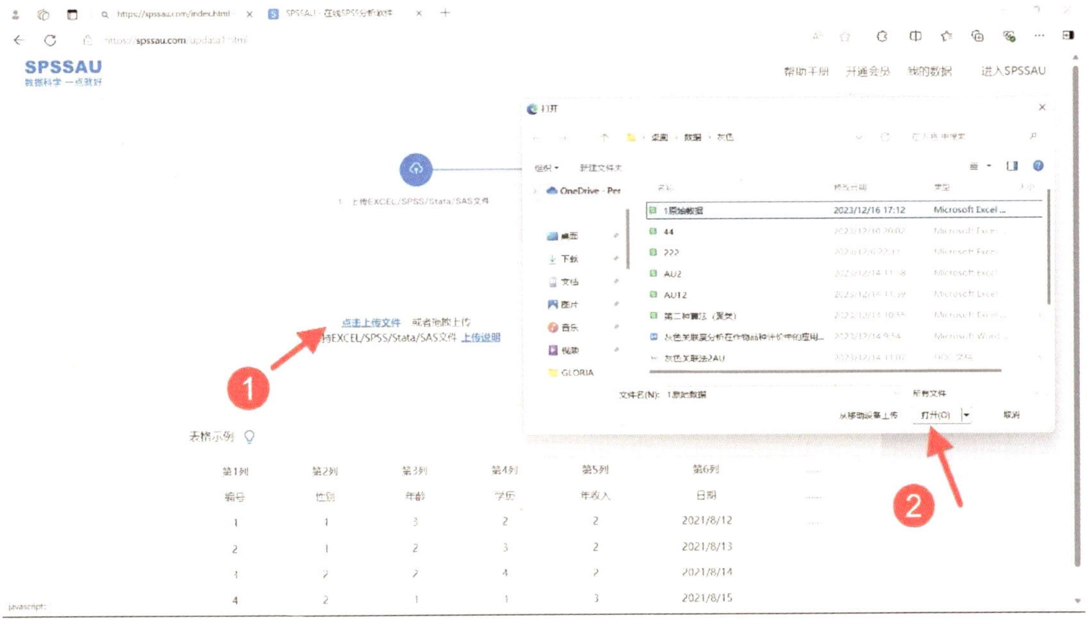

图 10-54 导入文件步骤界面

⑤点击【上传数据】，如图 10-55 所示。确认数据无误后，点击【进入分析】，如图 10-56 所示。左侧分析方法选择【灰色关联法】；计算方式根据实际情况选择，采用量纲化方式，分辨系数为 0.5；设置参考母序列为“产量”，注意指标的权重是否需要更改；确认后，点击【开始分析】，如图 10-57 所示。

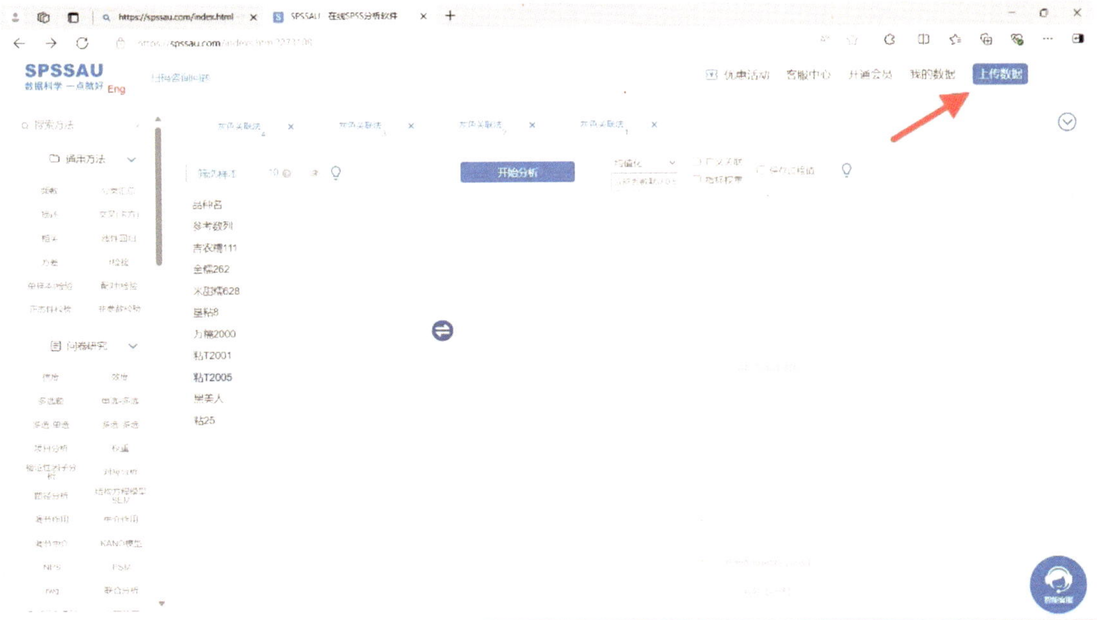

图 10-55 上传数据步骤界面

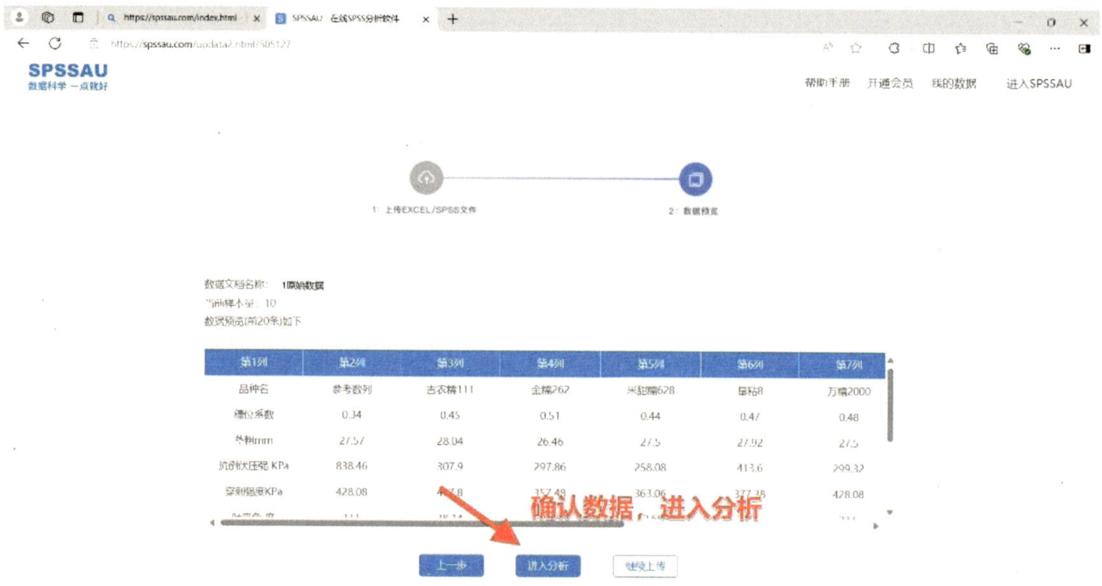

图 10-56　数据导入后的界面

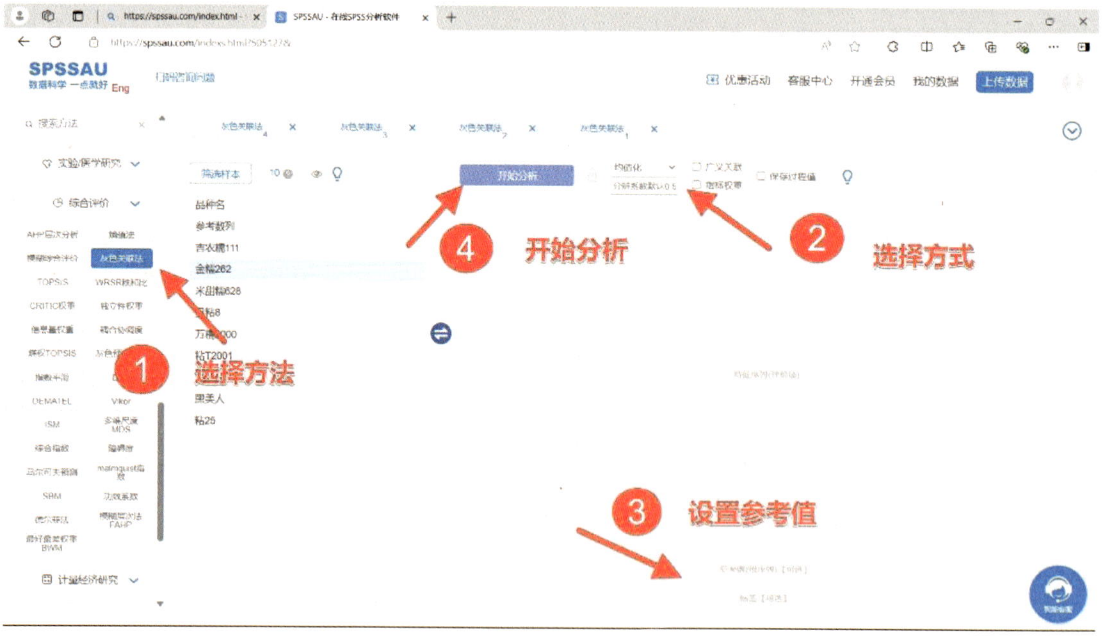

图 10-57　数据分析步骤

数据分析已经完成，分析结果如图 10-58 所示。

将结果导出至 Word，挑选所需要的数据即可。关联系数结果见表 10-33。

图 10-58　分析结果

表 10-33　关联系数结果

序号	关联系数								
	穗位系数	茎粗	抗倒伏压强	穿刺强度	叶夹角度	成苗率	成穗率	生育期	适采期
第 1 项	0.793	0.735	0.990	0.644	0.667	0.697	0.874	0.774	0.778
第 2 项	0.808	0.711	0.577	0.728	0.578	0.800	0.816	0.719	0.858
第 3 项	0.664	0.706	0.515	0.706	0.674	0.760	0.748	0.708	0.812
第 4 项	0.923	0.942	0.953	0.975	0.863	0.945	1.000	0.833	0.750
第 5 项	0.946	0.978	0.740	0.780	0.699	0.922	0.927	0.932	0.670
第 6 项	0.788	0.845	0.673	0.900	0.604	0.810	0.711	0.726	0.773
第 7 项	0.986	0.799	0.446	0.946	0.908	0.747	0.800	0.801	0.626
第 8 项	0.655	0.660	0.768	0.801	0.803	0.929	0.842	0.751	0.792
第 9 项	0.785	0.950	0.946	0.758	0.844	0.844	0.866	0.850	0.763

对关联系数结果进行加权处理，最终得出关联度值，使用关联度值对 9 个评价对象进行评价和排序。关联度值介于 0～1，该值越大，表示其与“参考值”（母序列）之间的相关性越强，也意味着对其评价越高。从表 10-34 中可以看出，针对本次 9 个评价项，成穗率的综合评价最高（关联度为 0.843），其次是成苗率（关联度为 0.828）。

表 10-34　关联度排序

评价项目	关联度	排名	评价项目	关联度	排名	评价项目	关联度	排名
穗位系数	0.816	3	穿刺强度	0.804	5	成穗率	0.843	1
茎粗	0.814	4	叶夹角度	0.738	8	生育期	0.788	6
抗倒伏压强	0.734	9	成苗率	0.828	2	适采期	0.758	7

注意：本方法和 Excel 软件计算的结果不同，这是因为权重的设置方式不同。本方法中的权重可以设置为“等权”。

五、作业与思考

1. 利用灰色关联度分析对 8 个玉米品系进行综合评价。参考数列与试验品系（品种）各指标的平均值见表 10-35，各农艺性状的权重系数见表 10-36。

表 10-35 参考数列与试验品系（品种）各指标的平均值

品种	平均值									
	成苗率/%	株高/cm	穗位/cm	穗长/cm	穗行数	产量/(kg/hm^2)	容重/(g/L)	籽粒含水量/%	倒伏率/%	斑病级别
X_1	93.33	287.00	97.00	21.84	16.27	7 484.00	630.00	28.07	5.0	0.50
X_2	97.50	250.00	65.00	18.87	17.73	6 455.58	612.89	25.81	12.0	0.30
X_3	95.83	272.00	105.00	19.18	15.93	9 008.64	588.31	29.02	0.8	0.80
X_4	92.50	254.00	107.00	18.89	17.20	8 756.99	581.16	31.99	15.0	1.00
X_5	94.17	276.00	80.00	18.32	18.93	9 508.28	629.07	30.59	0.0	0.60
X_6	92.50	258.00	98.00	19.08	18.40	8 065.75	605.11	31.46	3.0	0.60
X_7	98.33	285.00	100.00	19.57	15.87	9 030.40	583.33	32.54	6.0	0.80
X_8	95.83	292.00	126.00	19.35	17.33	9 024.67	556.27	32.78	2.0	1.00

表 10-36 各农艺性状的权重系数

农艺性状	权重系数	农艺性状	权重系数	农艺性状	权重系数	农艺性状	权重系数	农艺性状	权重系数
成苗率	0.10	穗位	0.05	穗行数	0.05	容重	0.10	倒伏率	0.10
株高	0.05	穗长	0.05	产量	0.30	籽粒含水量	0.10	斑病级别	0.10

2. 利用作业 1 的数据进行收获时的籽粒含水量与其他性状的关联度分析。

实验六 通径分析在作物农艺性状评价中的应用

一、目的要求

1. 学习和了解通径分析在育种工作中的应用；
2. 学会利用 SPSS 数据分析软件实现通径分析。

二、应用软件

Excel 和 SPSS。

三、内容说明

（一）通径分析的原理

通径分析（Path Analysis）是数量遗传学家 Sewall Wright 于 1921 年提出的一种多元统计技

术。通径分析可以通过对自变量与因变量之间表面直接相关性的分解，来研究自变量对因变量的直接重要性和间接重要性，从而为统计决策提供可靠的依据，在众多领域得到了广泛应用。

如果自变量数量比较多，且自变量间的相互关系比较复杂（如有些自变量间的关系是相关关系，有些自变量间则可能是因果关系），或者某些自变量是通过其他自变量间接地对因变量产生影响，这时就可以采用通径分析。

（二）通径分析的思路

通径分析在多元回归的基础上将简单相关系数 r_{iY} 分解为直接通径系数（某一自变量对因变量的直接作用）和间接通径系数（某一自变量通过其他自变量对因变量的间接作用）。通径分析的理论已证明：

任一自变量 X_i 与因变量 Y 之间的简单相关系数（r_{iY}）＝X_i 与 Y 之间的直接通径系数（P_{iY}）＋所有 X_i 与 Y 之间的间接通径系数　（10-12）

任一自变量 X_i 与因变量 Y 之间的间接通径系数＝皮尔逊相关系数（r_{ij}）×通径系数（P_{jY}）　（10-13）

在通径分析的过程中，一般认为最难计算的就是通径系数。事实上，通过软件进行线性回归计算时，计算结果中线性回归方程的标准化系数（Standardized Coefficients）就是通径系数，再乘以相关系数就可以获得间接通径系数。

运用 SPSS 软件，只需要一个程序，便可获得通径系数、相关系数以及显著性检验等信息。

四、方法步骤

【例】 利用通径分析，研究小麦丰产 3 号的各性状与单株籽粒产量之间的相关关系。小麦性状与产量数据见表 10-37。

表 10-37　小麦性状与产量数据

序号	单株穗数	每穗结实小穗数	百粒重/g	株高/cm	单株籽粒产量/g
1	10	23	4	113	15.7
2	9	20	4	106	14.5
3	10	22	4	111	17.5
4	13	21	4	109	22.5
5	10	22	4	110	15.5
6	10	23	4	103	16.9
7	8	23	3	100	8.6
8	10	24	3	114	17.0
9	10	20	3	104	13.7
10	10	21	3	110	13.4
11	10	23	4	104	20.3
12	8	21	4	109	10.2
13	6	23	3	114	7.4
14	8	21	4	113	11.6
15	9	22	4	105	12.3

(一)录入数据

启动 SPSS 程序,将数据输入到 SPSS 中,并命名各变量,设置变量标签,如图 10-59 所示。其中,单株籽粒产量为因变量 Y,单株穗数、每穗结实小穗数、百粒重、株高分别为自变量 X_1、X_2、X_3 和 X_4。

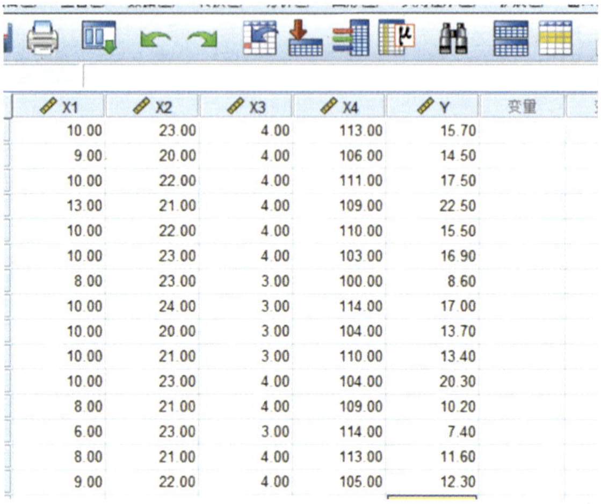

图 10-59　数据视图

(二)对因变量 Y 实施正态性检验

选择【分析】→【描述统计】→【探索】,将因变量 Y 选入变量中,如图 10-60 所示。

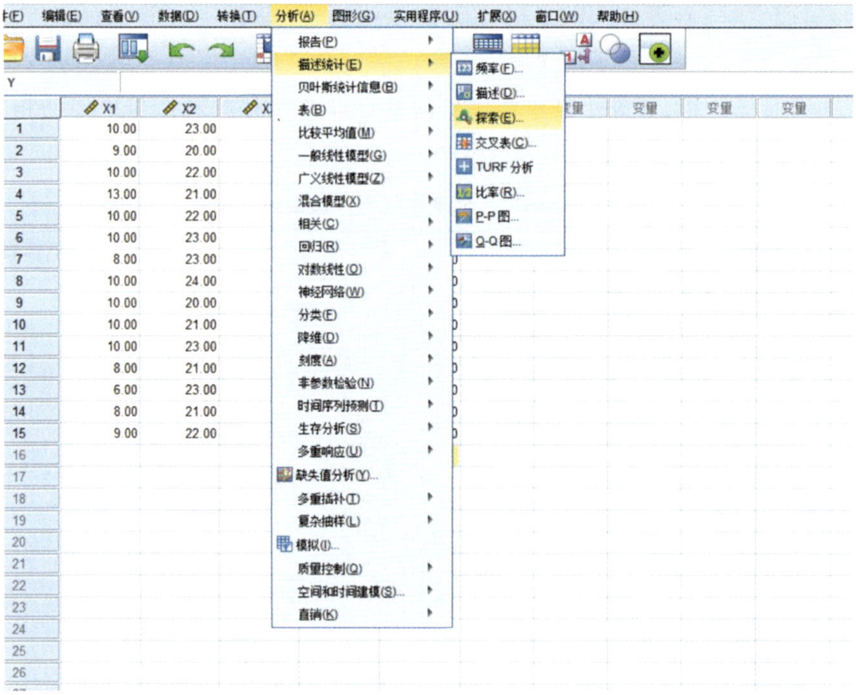

图 10-60　分析步骤

系统显示如图 10-61 所示的界面。

点击【图】,勾选【含检验的正态图】【直方图】,点击【继续】,如图 10-62 所示。

图 10-61　探索对话框

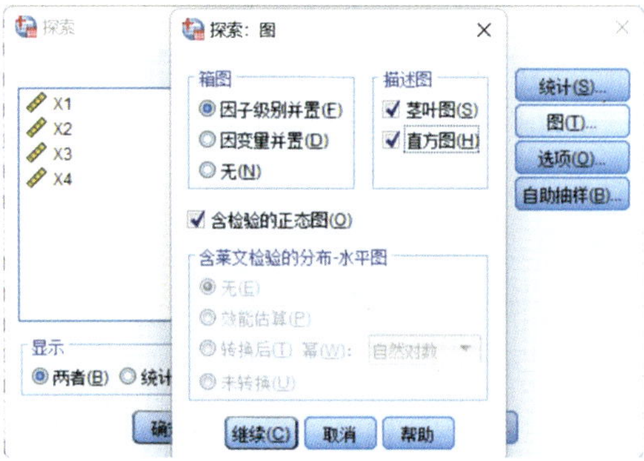

图 10-62　探索-图对话框

其他选项为系统默认，点击【确定】，显示如图 10-63 所示的结果。

	柯尔莫戈洛夫-斯米诺夫(V)[a]			夏皮洛-威尔克		
	统计	自由度	显著性	统计	自由度	显著性
Y	.099	15	.200*	.987	15	.996

*. 这是真显著性的下限。

a. 里利氏显著性修正。

图 10-63　正态性检验结果

SPSS 对一组数据进行正态性检验有 2 种方法，即 Kolmogorov-Smirnov Test(柯尔莫戈洛夫-斯米诺夫检验法)和 Shapiro-Wilk Test(夏皮洛-威尔克检验法)。Kolmogorov-Smirnov Test 的检验结果较精确，适用于大样本的检验；Shapiro-Wilk Test 适用于小样本的检验。本实验中的 $n=15$，属于小样本，因此在对因变量 Y 进行正态性检验后，利用 Shapiro-Wilk Test 的输出结果。Shapiro-Wilk Test 的统计量为 0.987，显著水平 $=0.996>0.05$，所以因变量 Y 服从正态分布，即 Y 是正态变量，可以进行回归分析。

(三)回归分析

点击【分析】→【回归】→【线性】，如图 10-64 所示。

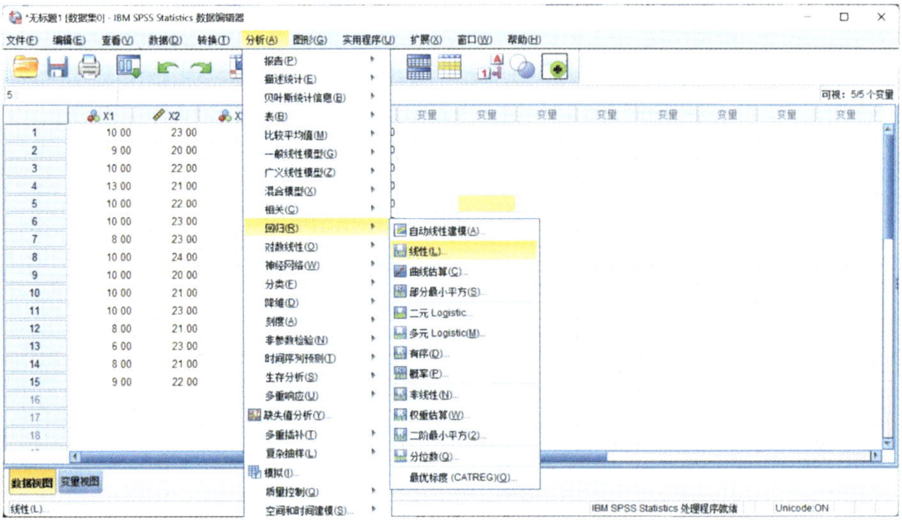

图 10-64　回归分析操作步骤

在显示的界面中，将因变量 Y 放入【因变量】栏中，将自变量 X_1、X_2、X_3、X_4 放入【自变量】栏中，点击【确定】，如图 10-65 所示。

点击【统计】，勾选【描述】。根据需要，可以将其他选项选入，然后点击【继续】和【确定】，系统开始进行分析，如图 10-66 所示。

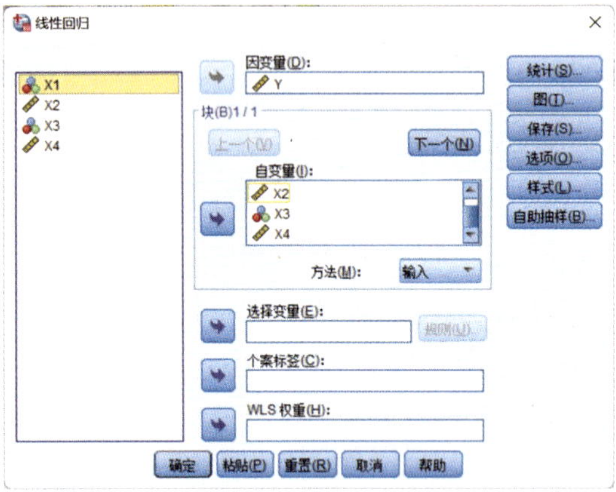

图 10-65　线性回归对话框

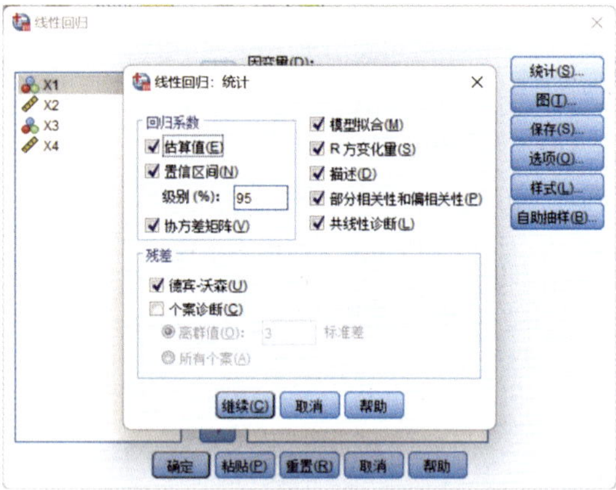

图 10-66　线性回归-统计对话框

(四)结果分析

系数结果如图 10-67 所示，图 10-67 中的“标准化系数 Beta”为直接通径系数。

在相关性结果中，性状对产量的简单相关系数就是 r_{1Y}、r_{2Y}、r_{3Y} 和 r_{4Y}，如图 10-68 所示。

		未标准化系数		标准化系数			B 的 95.0% 置信区间		相关性			共线性统计	
模型		B	标准错误	Beta	t	显著性	下限	上限	零阶	偏	部分	容差	VIF
1	(常量)	-33.817	14.254		-2.372	.039	-65.576	-2.057					
	X1	2.314	.306	.866	7.554	.000	1.632	2.997	.897	.922	.824	.905	1.105
	X2	.651	.378	.192	1.720	.116	-.192	1.494	.046	.478	.188	.953	1.050
	X3	1.862	.973	.220	1.913	.085	-.307	4.031	.434	.518	.209	.904	1.106
	X4	.050	.103	.054	.485	.638	-.180	.280	-.007	.152	.053	.978	1.023

a. 因变量：Y

图 10-67　系数结果

		Y	X1	X2	X3	X4
皮尔逊相关性	Y	1.000	.897	.046	.434	-.007
	X1	.897	1.000	-.136	.283	-.094
	X2	.046	-.136	1.000	-.160	.123
	X3	.434	.283	-.160	1.000	-.011
	X4	-.007	-.094	.123	-.011	1.000
显著性（单尾）	Y	.	.000	.435	.053	.491
	X1	.000	.	.315	.153	.370
	X2	.435	.315	.	.285	.331
	X3	.053	.153	.285	.	.484
	X4	.491	.370	.331	.484	.
个案数	Y	15	15	15	15	15
	X1	15	15	15	15	15
	X2	15	15	15	15	15
	X3	15	15	15	15	15
	X4	15	15	15	15	15

图 10-68　相关性结果

根据式(10-13)可得：

X_1通过X_2对Y的间接通径系数为$r_{12}\times P_{2Y}=-0.136\times0.192=-0.0261$；

X_1通过X_3对Y的间接通径系数为$r_{13}\times P_{3Y}=0.283\times0.220=0.0623$；

X_1通过X_4对Y的间接通径系数为$r_{14}\times P_{4Y}=-0.094\times0.054=-0.0051$；

X_2通过X_1对Y的间接通径系数为$r_{21}\times P_{1Y}=-0.136\times0.866=-0.1178$；

X_2通过X_3对Y的间接通径系数为$r_{23}\times P_{3Y}=-0.16\times0.220=-0.0352$；

X_2通过X_4对Y的间接通径系数为$r_{24}\times P_{4Y}=0.123\times0.054=0.0066$；

X_3通过X_1对Y的间接通径系数为$r_{31}\times P_{1Y}=0.283\times0.866=0.2451$；

X_3通过X_2对Y的间接通径系数为$r_{32}\times P_{2Y}=-0.16\times0.192=-0.0307$；

X_3通过X_4对Y的间接通径系数为$r_{34}\times P_{3Y}=-0.011\times0.054=-0.0006$；

X_4通过X_1对Y的间接通径系数为$r_{41}\times P_{1Y}=-0.094\times0.866=-0.0814$；

X_4通过X_2对Y的间接通径系数为$r_{42}\times P_{2Y}=0.123\times0.192=0.0236$；

X_4 通过 X_3 对 Y 的间接通径系数为$r_{43}\times P_{3Y}=-0.011\times0.220=-0.0024$。

简单相关系数和通径系数的分解见表 10-38。

表 10-38　简单相关系数和通径系数的分解

自变量	直接通径系数	间接通径系数				相关系数
		单株穗数	每穗结实小穗数	百粒重	株高	
单株穗数	0.866**		−0.026 1	0.062 3	−0.005 1	0.897 1
每穗结实小穗数	0.192	−0.117 8		−0.035 2	0.006 6	0.045 6
百粒重	0.220	0.245 1	−0.030 7		−0.000 6	0.433 8
株高	0.054	−0.081 4	0.023 6	−0.002 4		−0.006 2

注：** 表示作用极显著。

在自变量对单株籽粒产量的直接影响中，单株穗数的直接作用最大且达到极显著，百粒重次之，株高的直接作用最小。通过分析各个间接通径系数可以发现，单株穗数通过百粒重对单株籽粒产量的间接作用较大。虽然单株穗数通过每穗结实小穗数对单株籽粒产量产生一定负值的间接作用，但是由于其直接通径系数较大，从而使单株穗数对单株籽粒产量的影响较大。至于每穗结实小穗数，其直接通径系数和间接通径系数均较小，对单株籽粒产量的影响不大，可不必过多考虑。株高同理。

五、作业与思考

利用表 10-35 的数据，对收获时的籽粒含水量及其他性状进行通径分析。

实验七　作物育种材料的配合力与遗传力分析

一、目的要求

1. 了解配合力与遗传力在作物育种中的作用；

2. 利用 DPS 数据分析软件进行配合力与遗传力分析。

二、应用软件

DPS 软件。

三、内容说明

(一)配合力

配合力是指一个自交系(或亲本系)与其他亲本杂交所产生的 F_1 的产量或其他数量性状的表现。配合力的高低与自交系(或亲本系)本身的农艺性状没有直接关系。

一般配合力是指一个亲本与其他若干亲本系或与遗传基础广泛的群体杂交所产生的 F_1 在某个数量性状上的平均表现。一般配合力主要是由亲本品种中基因的加性效应决定的,其高低取决于自交系所含有利基因的数量。一般配合力反映了亲本品种把性状传递给后代群体的能力,可以在品种之间进行比较,以选择最佳的杂交亲本。

特殊配合力是指两个亲本所组配的杂交种的产量水平或者其他数量性状的表现,由基因间的显性、超显性和上位性等非加性效应决定。特殊配合力由双亲的等位基因或非等位基因间的相互作用反映出来,不可遗传。特殊配合力反映了特定亲本组合产生杂种优势的潜在能力,据此可以选配最佳的组合。

配合力的重要意义在于组配杂交组合时对亲本的选配,应在亲本性状一般配合力高的基础上,选用有较大特殊配合力方差的亲本。根据配合力选配杂交组合,以获得杂种优势子代的育种,称为配合力育种。

$$\text{一般配合力(GCA)}=\text{某一亲本参与的所有组合 } F_1 \text{ 的平均值}-\text{总平均值} \tag{10-14}$$

$$\text{特殊配合力效应值(SCA)}=\text{某一组合 } F_1 \text{ 实测值/理论值} \tag{10-15}$$

$$\text{理论值}=\text{全组试验均值}+\text{父本的一般配合力}+\text{母本的一般配合力} \tag{10-16}$$

对于根据式(10-14)至式(10-16)得到的数值来说,正值越大,说明配合力越强;负值越大,说明配合力越弱。

(二)遗传力

遗传力(Heritability)又称遗传率,是指遗传方差在表型方差(V_p,总方差,即遗传方差与环境方差的和)中所占的比例。对于作物遗传育种而言,遗传力的重要性不言而喻。由于数量性状受环境的影响较大,确定数量性状遗传力的大小有助于判断此数量性状基因座在遗传育种中的价值大小。遗传学家希望通过找到对性状贡献度大、遗传力高的数量性状基因座来进行品种改良与筛选。

遗传力分为广义遗传力与狭义遗传力 2 种。

广义遗传力是指基因对个体性状变异的总贡献程度,即遗传方差(V_g)在表型方差中所占的比例。它包括基因的加性效应和显性效应,以及基因与环境交互作用的影响。广义遗传力可以评估遗传因素在个体性状变异中的重要性,对作物育种有重要意义。

$$\text{广义遗传力}=\frac{V_g}{V_p}\times 100\% \tag{10-17}$$

狭义遗传力是指基因的加性效应对个体性状变异的贡献程度，即加性方差（V_A，由基因的加性效应造成的方差，是遗传方差的一部分）在表型方差中所占的比例。它排除了显性效应和基因与环境交互作用的影响，只考虑基因的加性效应。狭义遗传力主要用于评估遗传因素对个体性状变异的贡献程度，并在家族遗传研究和选择育种中具有重要的应用价值。

$$\text{狭义遗传力}=\frac{V_A}{V_p}\times 100\% \tag{10-18}$$

遗传力表明某一性状受遗传控制的程度，它的数值范围为 0～1。当遗传力＝1 时，表明表型变异完全是由遗传因素决定的；当遗传力＝0 时，表明表型变异是由环境造成的。

遗传力的大小取决于遗传方差与环境方差的相对大小。由此可以知道，遗传力是一个相对值。遗传方差取决于群体内部的遗传变异，而这一变异是相对稳定的，因此遗传方差是比较稳定的；环境方差则可能每时每刻都在发生变化，如今天取样计算遗传力与明天取样计算遗传力都可能得出不同的结果。当遗传方差一定时，环境方差越大，所得到的遗传力就越小。因此，遗传力的大小也会随着环境的变化而变化，遗传力计算的稳定性决定于环境的稳定性。

如何提高遗传力？主要方法是尽量减小环境方差。环境控制是所有育种试验设计好坏的关键，环境控制的目的就是要最大限度地减少环境变异，最大限度地增加表型变异中遗传变异的比例，进而提高育种选择的准确率。

环境控制的主要措施包括采用长期气象资料获取降雨和光热等信息，以确定试验点的合理分布、光温特性，并采取相应的管理措施；利用历史试验数据评价试验点和田块的均一性和可靠性；利用土壤信息确定田间的水分和养分状况，并进行有效的管理；实施合理有效的田间试验设计和统计分析，最大限度地减小环境方差；采取均一的田间管理和农艺措施（播种、施肥、除草、打药等），以减少环境方差和试验误差。

四、方法步骤

【例】 试验利用 4 个测验种（A1～A4）与 5 个待测系（DH1～DH5），采用 NCⅡ不完全双列杂交法进行组配，获得 20 个测交种，进而对测交种进行田间试验。田间试验采用随机区组设计，调查株高数据，见表 10-39。

表 10-39　测交种的株高表现

父本	母本	株高			父本	母本	株高		
		重复 1	重复 2	重复 3			重复 1	重复 2	重复 3
A1	DH1	348.0	335.6	337.0	A3	DH1	336.0	334.4	335.0
A1	DH2	341.4	345.8	353.6	A3	DH2	339.0	363.4	348.6
A1	DH3	330.4	302.8	327.2	A3	DH3	326.6	333.4	337.6
A1	DH4	338.0	347.6	358.0	A3	DH4	340.6	340.6	347.6
A1	DH5	289.8	285.6	298.0	A3	DH5	318.6	314.4	315.6
A2	DH1	331.8	338.0	365.0	A4	DH1	349.2	336.6	343.4
A2	DH2	335.0	337.8	338.2	A4	DH2	348.4	341.6	338.0
A2	DH3	311.0	300.0	332.0	A4	DH3	307.6	287.6	319.8
A2	DH4	339.6	346.4	343.8	A4	DH4	322.0	327.8	332.4
A2	DH5	310.0	299.4	320.0	A4	DH5	302.4	290.6	292.6

(一)将数据导入软件

按照表 10-39 中数据的排列方式将数据复制，打开 DPS 数据处理系统，右击单元格，点击【选择性粘贴】，选择【文本及数值】，点击【确定】，如图 10-69 所示。

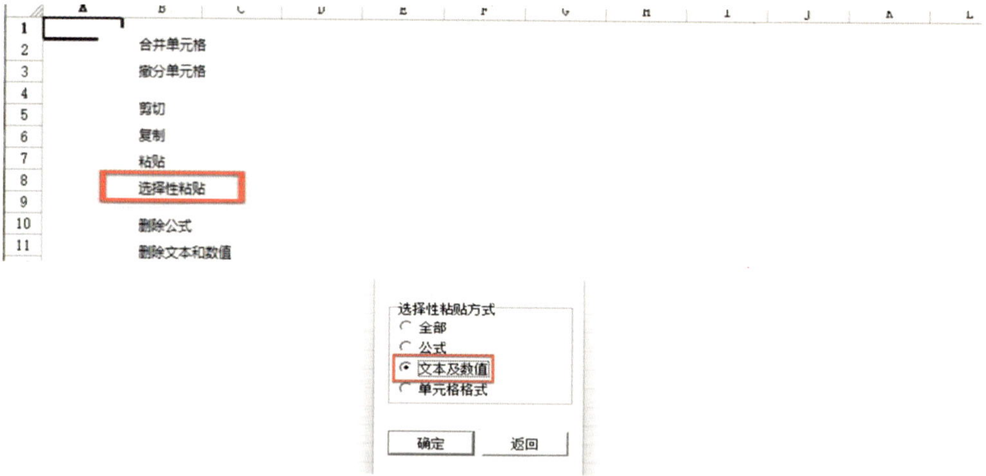

图 10-69　导入数据操作步骤

(二)数据处理

将数据全选(务必全选，否则会报错)，在任务栏中找到【专业统计】，选中【植物遗传育种】，再选中【NCⅡ交叉(不完全双列杂交)试验配合力分析】，将【父本个数】设置为“4”，点击【确定】，如图 10-70 所示。数据分析的结果如图 10-71 所示。

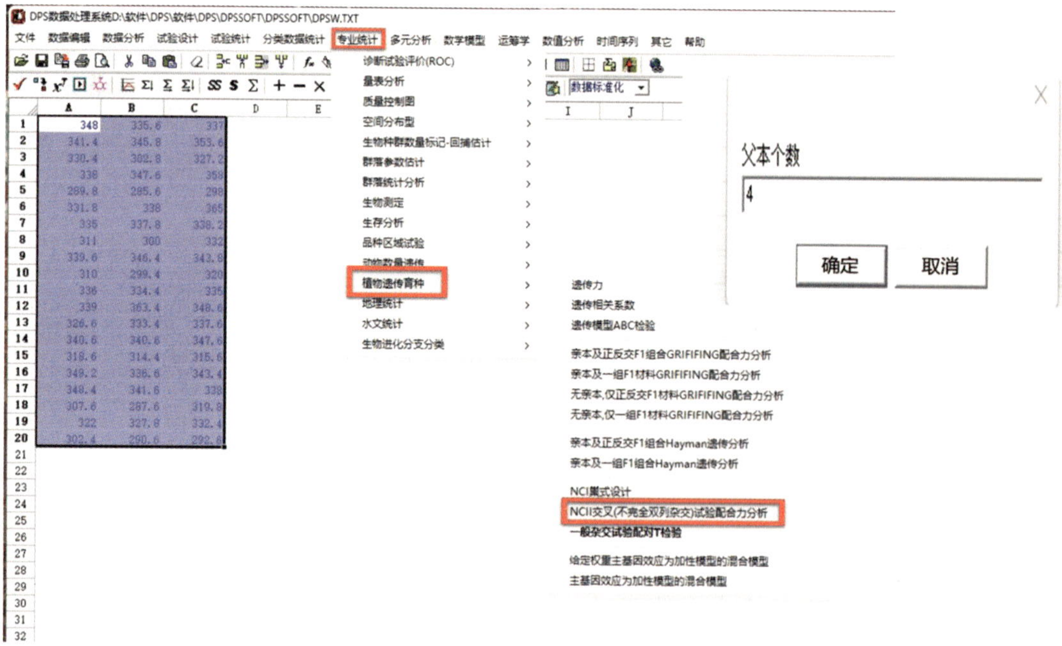

图 10-70　分析操作步骤

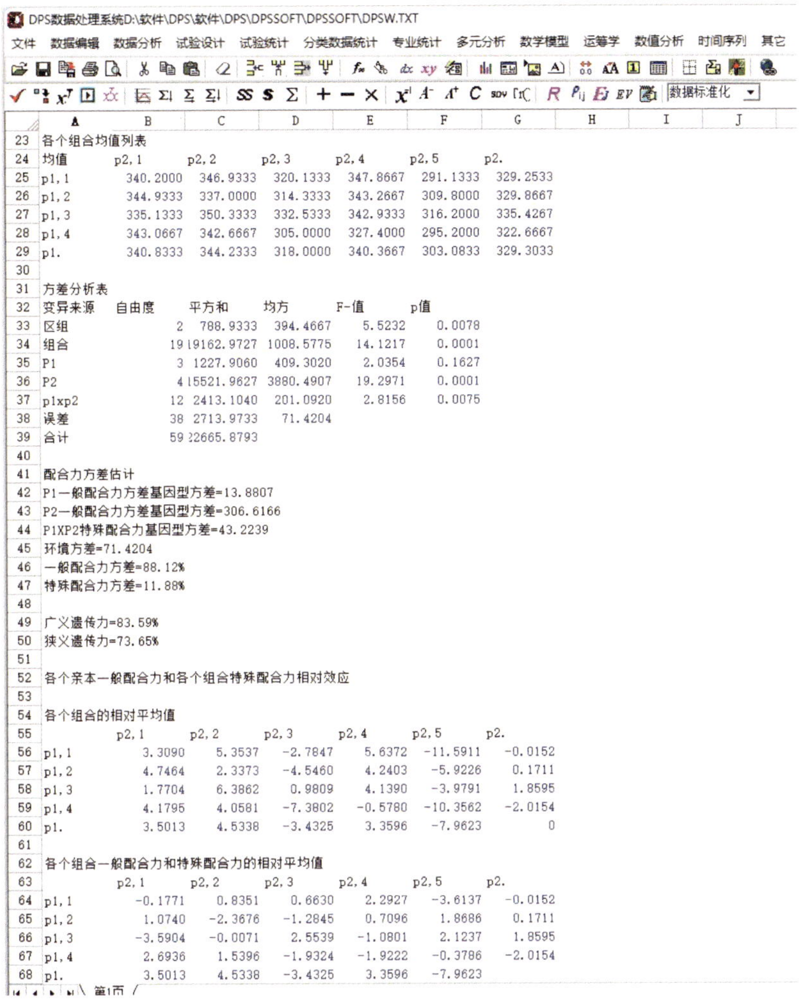

图 10-71　数据分析的结果

(三)数据解析

1. 组合平均值

表 10-40 为 20 个测交组合株高的平均值,(P1,i)代表父本,(P2,j)代表母本。P1. 为母本(P2,j)的 5 个平均值,P2. 为父本(P1,i)的 4 个平均值,总平均值为 329. 303 3。

表 10-40　20 个测交组合株高的平均值

组合	株高					
	P2,1	P2,2	P2,3	P2,4	P2,5	P2.
P1,1	340. 200 0	346. 933 3	320. 133 3	347. 866 7	291. 133 3	329. 253 3
P1,2	344. 933 3	337. 000 0	314. 333 3	343. 266 7	309. 800 0	329. 866 7
P1,3	335. 133 3	350. 333 3	332. 533 3	342. 933 3	316. 200 0	335. 426 7
P1,4	343. 066 7	342. 666 7	305. 000 0	327. 400 0	295. 200 0	322. 666 7
P1.	340. 833 3	344. 233 3	318. 000 0	340. 366 7	303. 083 3	329. 303 3

2. 方差分析

由表 10-41 可知，区组间、组合（测验种）间、P2（母本）间、P1×P2（母本和父本互作）间均达到极显著差异水平，P1（父本）间没有达到显著性差异水平。

表 10-41　方差分析

变异来源	df	SS	MS	F 值	α 值
区组	2	788.933 3	394.466 7	5.523 2	0.007 8
组合	19	19 162.972 7	1 008.577 5	14.121 7	0.000 1
P1	3	1 227.906 0	409.302 0	2.035 4	0.162 7
P2	4	15 521.962 7	3 880.490 7	19.297 1	0.000 1
P1×P2	12	2 413.104 0	201.092 0	2.815 6	0.007 5
误差	38	2 713.973 3	71.420 4		
合计	59	22 665.879 3			

3. 性状的相对平均值

$$P_{ij}\text{的相对平均值}=\frac{(P_{ij}-\text{总平均值})}{\text{总平均值}}\times 100 \tag{10-19}$$

式中，P_{ij}—第 i 个父本和第 j 个母本组合的性状值。

各个组合的相对平均值见表 10-42。

表 10-42　各个组合的相对平均值

组合	相对平均值					
	P2,1	P2,2	P2,3	P2,4	P2,5	P2.
P1,1	3.309 0	5.353 7	−2.784 7	5.637 2	−11.591 1	−0.015 2
P1,2	4.746 4	2.337 3	−4.546 0	4.240 3	−5.922 6	0.171 1
P1,3	1.770 4	6.386 2	0.980 9	4.139 0	−3.979 1	1.859 5
P1,4	4.179 5	4.058 1	−7.380 2	−0.578 0	−10.356 2	−2.015 4
P1.	3.501 3	4.533 8	−3.432 5	3.359 6	−7.962 3	0

4. 性状的配合力相对值

$$\text{配合力的相对平均值}=P_{ij}\text{的相对平均值}-\text{P1. 的相对平均值}-\text{P2. 的相对平均值} \tag{10-20}$$

各个组合一般配合力和特殊配合力的相对平均值见表 10-43。

表 10-43　各个组合一般配合力和特殊配合力的相对平均值

组合	P2,1	P2,2	P2,3	P2,4	P2,5	P2.
P1,1	−0.177 1	0.835 1	0.663	2.292 7	−3.613 7	−0.015 2
P1,2	1.074	−2.367 6	−1.284 5	0.709 6	1.868 6	0.171 1
P1,3	−3.590 4	−0.007 1	2.553 9	−1.080 1	2.123 7	1.859 5
P1,4	2.693 6	1.539 6	−1.932 4	−1.922 2	−0.378 6	−2.015 4
P1.	3.501 3	4.533 8	−3.432 5	3.359 6	−7.962 3	

5. 配合力

$$配合力=P_{ij}的相对平均值\times总平均值\times100\% \tag{10-21}$$

将配合力数据进行整理得到表 10-44。在表 10-44 中，P1. 行所对应的数值和 P2. 列所对应的数值为一般配合力，其余数值为特殊配合力。

表 10-44 各个组合的一般配合力和特殊配合力

组合	配合力					
	P2,1	P2,2	P2,3	P2,4	P2,5	P2.
P1,1	−0.583 2	2.750 0	2.183 3	7.549 9	−11.900 0	−0.050 1
P1,2	3.536 7	−7.796 6	−4.229 9	2.336 7	6.153 4	0.563 4
P1,3	−11.823 3	−0.023 4	8.410 1	−3.556 8	6.993 4	6.123 4
P1,4	8.870 1	5.070 0	−6.363 5	−6.329 9	−1.246 7	−6.636 8
P1.	11.529 9	14.930 0	−11.303 3	11.063 3	−26.220 1	

将表 10-44 中的特殊配合力与对应行和列的一般配合力相加，如−0.583 2+(−0.050 1)+11.529 9=10.896 6，得到各个组合的总配合力(表 10-45)。

表 10-45 各个组合的总配合力

组合	总配合力				
	P2,1	P2,2	P2,3	P2,4	P2,5
P1,1	10.896 6	17.629 9	−9.170 1	18.563 2	−38.170 2
P1,2	15.630 1	7.696 8	−14.969 8	13.963 4	−19.503 3
P1,3	5.830 0	21.030 0	3.230 1	13.629 9	−13.103 3
P1,4	13.763 2	13.363 1	−24.303 6	−1.903 4	−34.103 6

经过 DPS 软件计算后，还可得到表 10-46。表 10-46 中的数据表明，株高的待测系方差>测验系方差，说明母本对这些性状的影响较大。狭义遗传力反映了加性方差在表型方差中所占的比例，它可以稳定遗传，对育种更有指导作用。在表 10-46 中，株高的广义遗传力为 83.59%，数值较高，表示其遗传因素在个体性状变异中的贡献程度较大。狭义遗传力为 73.65%，说明其主要受加性基因的控制，不易受环境影响，应放到早代进行选择。

表 10-46 遗传参数详情

项目	数值	项目	数值
测验系方差	13.880 7	待测系方差	306.616 6
测验系×待测系方差	43.223 9	环境方差	71.420 4
一般配合力方差/%	88.12	特殊配合力方差/%	11.88
广义遗传力/%	83.59	狭义遗传力/%	73.65

五、作业与思考

试验利用4个测验种(A1～A4)与6个待测系(DH1～DH6),采用NCⅡ不完全双列杂交法进行组配,获得24个测交种,进而对测交种进行田间试验。田间试验采用随机区组设计,调查产量数据。利用表10-47的数据对两个亲本的配合力进行分析,并对产量的遗传力进行分析。

表10-47 测交种的产量数据 kg

父本	母本	产量			父本	母本	产量		
		重复1	重复2	重复3			重复1	重复2	重复3
A1	DH1	6.54	6.76	6.67	A3	DH1	6.09	5.19	5.69
A1	DH2	5.23	6.36	3.87	A3	DH2	5.45	5.57	6.05
A1	DH3	4.35	3.59	5.18	A3	DH4	7.57	6.33	7.83
A1	DH4	8.23	6.70	6.85	A3	DH3	5.93	5.25	5.58
A1	DH5	4.63	5.95	5.56	A3	DH5	7.57	9.88	7.36
A1	DH6	6.33	7.26	7.09	A3	DH6	5.13	5.61	5.07
A2	DH1	6.11	7.47	5.68	A4	DH1	6.64	5.48	6.87
A2	DH2	7.49	7.34	7.44	A4	DH2	7.26	7.67	7.22
A2	DH3	7.02	7.43	6.25	A4	DH3	4.38	5.24	6.80
A2	DH4	6.94	5.66	5.29	A4	DH4	7.40	7.52	7.51
A2	DH5	8.02	6.35	8.46	A4	DH5	6.99	6.50	7.59
A2	DH6	6.65	6.83	5.71	A4	DH6	8.23	5.86	5.15

参考文献

[1]陈亚兰,陈鑫.马铃薯遗传育种技术[M].武汉:武汉大学出版社,2015.

[2]陈佩度.作物育种生物技术[M].2版.北京:中国农业出版社,2010.

[3]邓杰,孙丽芳,王霞,等.89份玉米自交系萌发期耐盐碱性综合评价[J].玉米科学,2020,28(4):15-21.

[4]官春云.作物育种学实验(附光盘)[M].北京:中国农业出版社,2003.

[5]洪德林.作物育种学实验技术[M].北京:科学出版社,2010.

[6]李保云,张海林.农学专业实验指导[M].北京:中国农业大学出版社,2020.

[7]李红宇.水稻田间试验实用手册[M].2版.北京:中国农业出版社,2021.

[8]宋宪亮.作物育种学实验及实习指导[M].北京:中国农业出版社,2016.

[9]王灿.甜玉米主要性状的遗传分析及杂种优势研究[D].长春:吉林农业大学,2023.

[10]王平喜,王苗苗,刘佳惠,等.玉米RIL群体株型性状的灰色关联度和通径分析[J].山东农业大学学报(自然科学版),2022,53(5):673-678.

[11]徐一戎,邱丽莹.寒地水稻旱育稀植三化栽培技术图历[M].哈尔滨:黑龙江科学技术出版社,1996.

[12]轩瑞瑞.鲜食糯玉米品质评价及即食加工适宜性研究[D].南京:南京农业大学,2021.

[13]张永成,田丰.马铃薯试验研究方法[M].北京:中国农业科学技术出版社,2007.

[14]李鸣凤,龚梅,张爱红.水稻优质高产栽培技术[M].北京:中国农业科学技术出版社,2024.